AF459184

# MÉMOIRES

DE LA

# SOCIÉTÉ GÉOLOGIQUE

# DU NORD

# I

Dr Charles **BARROIS**. — RECHERCHES SUR LE TERRAIN CRÉTACÉ SUPÉRIEUR DE L'ANGLETERRE ET DE L'IRLANDE.

LILLE
IMPRIMERIE ET LIBRAIRIE SIX-HOREMANS
244, Rue Notre-Dame
1876

Per 4° [illegible]

A

M. le Professeur Jules GOSSELET

mon Maître.

Charles BARROIS.

# ERRATUM

Les couches de Totternhoe (Bedfordshire), p. 152, 223, appartiennent à la base de l'assise à *Holaster subglobosus* (niveau à *Plocoscyphia meandrina* et chloritic marl), c'est à tort qu'elles ont été comparées à la zone à *Inoceramus labiatus* (voir pour plus de détails, *Annales Soc. Géol. Nord, t. 3, juin 1876*).

# RECHERCHES

SUR LE

# TERRAIN CRÉTACÉ SUPÉRIEUR

## de l'Angleterre et de l'Irlande

PAR

**Charles BARROIS**

## INTRODUCTION

DE L'INSUFFISANCE DE NOS CONNAISSANCES GÉOLOGIQUES SUR LE TERRAIN CRÉTACÉ SUPÉRIEUR DE LA GRANDE-BRETAGNE. — CONSIDÉRATIONS SUR LA DISPOSITION GÉNÉRALE DU CRÉTACÉ SUPÉRIEUR DE LA GRANDE-BRETAGNE.

1. **De l'insuffisance de nos connaissances géologiques sur le Terrain crétacé supérieur de la Grande-Bretagne.** — Il y a peu de parties du monde qui aient attiré plus souvent et à plus juste titre l'attention des géologues que les falaises du sud de l'Angleterre ; elles ont été décrites, ou au moins visitées par des savants de toutes les nations. La variété des couches qui les constituent, et la richesse de leur faune sont telles, qu'elles pourront, pendant bien longtemps encore, fournir des sujets d'étude et de discussion.

Il semble singulier que de tous les terrains visibles dans ces falaises, le plus négligé par les géologues soit précisément le plus étendu, le plus populaire de tous, celui qui a valu à l'Angleterre son nom d'Albion, la craie. — Mantell, W. Phillips, S. Woodward, M. Godwin-Austen, ont fait d'importants travaux sur la craie d'Angleterre, mais cette partie supérieure du crétacé est cependant bien loin de posséder une bibliographie aussi complète que celle des terrains voisins ; il y a pour cela plusieurs raisons.

Dans l'étude stratigraphique détaillée de la craie le géologue n'est pas guidé par les variations lithologiques, il ne peut faire non plus d'aussi faciles moissons de fossiles que dans les couches voisines tertiaires et jurassiques, enfin et c'est la principale cause qui a détourné de cette étude, on l'a crue inutile, on a généralement admis que cette craie était une accumulation lente opérée dans une mer profonde, sans interruption dans la sédimentation et sans variation sensible dans la faune.

Cette manière de voir, que la comparaison de la craie avec la vase calcaire du fond de l'Atlantique rendait probable, ne semble pas conciliable avec ce que révèle l'observation scrupuleuse des faits. La craie d'Angleterre montre la superposition de plusieurs faunes distinctes, ainsi que leur séparation par des bancs durcis que l'on ne peut guère expliquer que par des émersions.

C'est surtout dans les falaises du sud de l'Angleterre qu'il est facile de s'en persuader; W. Phillips et M. Whitaker ont déjà attiré l'attention sur les bancs noduleux que l'on y rencontre, M. Hébert a décrit les zones paléontologiques de la falaise de Douvres et les a assimilées à ses divisions de la craie du bassin de Paris. MM. S. Woodward, C. Evans, Judd, se sont aussi occupés avec succès de la stratigraphie paléontologique de la craie.

M. Judd a dit avec raison dans un de ses travaux que le géologue qui suit en Angleterre la craie sur une certaine étendue doit renoncer à la diviser d'après ses modifications lithologiques, telles que la présence ou l'absence des silex ou autres variations de caractères chimiques et minéralogiques. En effet, l'ancienne division de la craie d'Angleterre en *craie avec silex* et *craie sans silex* n'est pas seulement incomplète, mais devient quelquefois même fausse et peut ainsi conduire à l'erreur; il est facile d'en donner des exemples, le cénomanien contient des silex dans le Dorsetshire, le turonien dans le Devonshire ainsi qu'en beaucoup d'autres points jusqu'au Norfolk, par contre la plus grande partie du sénonien est entièrement dépourvue de silex dans le Yorkshire.

C'est sans doute l'impossibilité de suivre ces divisions lithologiques qui a déterminé les géologues du Geological Survey à représenter sur leur grande carte la craie, c'est-à-dire l'ensemble du cénomanien, turonien et sénonien (crétacé supérieur) par une seule teinte, tandis qu'ils n'adoptent pas moins de dix couleurs pour le crétacé inférieur, des sables de Hastings à l'argile du gault.

L'objet de ce travail sera de rechercher dans les falaises ainsi que dans l'intérieur des terres, les zones paléontologiques de la craie en Angleterre et en Irlande; je m'aiderai pour les tracer des caractères lithologiques et stratigraphiques aussi bien que des caractères paléontologiques; la lumière ne pouvant résulter en géologie que de leur concours. Je montrerai ainsi que la craie d'Angleterre présente une succession de faunes différentes, ou de zones paléontologiques distinctes, entièrement comparables à celles que M. Hébert a reconnues dans le bassin de Paris, ainsi qu'à celles du N.-O. de l'Allemagne.

Dans la craie d'Angleterre comme dans celle du bassin de Paris, il y a entre les zones des bancs limites; l'importance de ces bancs sur lesquels M. Hébert a appelé l'attention, m'engagera à y revenir souvent. Ils représentent, si on peut ainsi s'exprimer, le dépôt négatif, comme la zone représente le dépôt positif. L'histoire de la terre qui nous est conservée par les terrains sédimentaires est comparable à celle que nous fournirait un volume en mauvais état; dans les deux cas il manque des pages. Il est presque aussi important de reconnaître les pages absentes que celles qui sont présentes ou illisibles ; ce sont celles qu'il est intéressant de chercher dans les autres exemplaires, ou autres contrées, de cette histoire tirée à un grand nombre d'exemplaires.

2. **Considérations sur la disposition générale du crétacé supérieur de la Grande-Bretagne.** — Le crétacé supérieur d'Angleterre est presque entièrement formé par la roche si connue qui a valu son nom à ce terrain, par la craie; je rattache cependant au crétacé supérieur l'upper green sand, formation arénacée qui en forme la base. J'ai donné ailleurs les motifs qui m'ont conduit à adopter cette opinion qui est également celle de M. Hébert; la raison la plus solide est que la mer du gault et la mer du cénomanien ont occupé des espaces notablement différents. Le gault et le néoconien ont la même distribution géographique, la zone à *Am. inflatus* (base de l'upper green sand) a une extension beaucoup plus vaste, elle se trouve avec les couches crétacées supérieures dans beaucoup de points où les eaux qui nourrissaient *Ammonites interruptus*, *Ammonites Lyelli*, *Nucula pectinata*, n'avaient pas pénétré.

Quant à la limite supérieure du terrain crétacé supérieur, elle n'est pas en question dans cette contrée où il y a une grande lacune entre les couches Éocènes et la craie à Belemnitelles. Ainsi délimité le crétacé supérieur commence avec l'apparition des Dicotylédones, il finit avec la disparition des Ammonites, des Rudistes, des Ptérodactyles, des Enaliosauriens.

« Ce terrain recouvert sur des étendues considérables par les formations tertiaire et quaternaire, occupe toute la portion orientale de l'Angleterre, ou en forme le substratum, depuis le cours supérieur du Derwent (Yorkshire) jusqu'aux environs de Newton-Bushel (Devonshire). Il forme ainsi avec les dépôts plus récents, les côtes de la mer du Nord, depuis les falaises de Speeton (Yorkshire), jusqu'à l'embouchure de la Tamise, puis de ce point à Sidmouth (Devonshire), celles du détroit du Pas-de-Calais et de la Manche, sauf quelques parties du littoral du Dorsetshire, qui sont jurassiques, et d'autres du Sussex et du Kent, qui appartiennent au groupe Wealdien. Cette étendue de côtes est presque égale à la moitié du périmètre total de l'Angleterre, dont l'autre moitié est formée par le terrain de transition » (d'Archiac. Histoire des progrès de la géologie, T. IV. p. 15).

La formation crétacée de l'Angleterre considérée au point de vue de l'hydrographie, ou du relief sous-marin de ce pays pendant la période où cette formation s'est effectuée, peut se diviser en plusieurs massifs que j'étudierai successivement. Ces massifs sont celui du Hampshire, celui de Londres et celui du nord de l'Angleterre.

Les eaux du massif de Hampshire se rendent actuellement dans la Manche, on peut l'appeler par conséquent *bassin du Hampshire* ou encore *bassin de la Frome*, attendu qu'à l'époque quaternaire tous les cours d'eau de cette région étaient tributaires de ce fleuve.

Les eaux du massif de Londres se réunissant dans la Tamise, je l'appellerai le *bassin de la Tamise* ou *bassin de Londres;* enfin les eaux du massif septentrional de l'Angleterre se jetant directement dans la mer du Nord forment le *bassin du nord de l'Angleterre.*

Ces bassins hydrographiques ont une existence ancienne ; lors du dépôt des couches crétacées, une crête de terrains primaires signalée par M. Godwin-Austen, et dont je me suis déjà occupé, séparait les bassins crétacés de Londres et du Hampshire. Une autre crête primaire indiquée par le Rev. O. Fischer, de Charnwood forest à Harwich, séparait le bassin de Londres du bassin du Nord. A l'époque de la formation du crétacé supérieur, ces crêtes primaires parallèles formaient tantôt des barrières, tantôt des hauts fonds entre les bassins.

J'étudierai dans trois chapitres différents les trois bassins du Hampshire, de Londres et du nord de l'Angleterre; ces divisions sont, on le voit, très-naturelles et parfaitement justifiées. J'ai cependant rapproché pour la facilité des descriptions le Norfolk du bassin de Londres, mais il appartient par tous ses caractères au bassin crétacé du nord de l'Angleterre.

Dans un quatrième chapitre je m'occuperai du terrain crétacé de l'Irlande ; je n'ai pu étudier le crétacé de l'Écosse récemment découvert par M. Judd.

De nombreux travaux ont été publiés sur le crétacé d'Angleterre et d'Irlande ; mais comme un historique général des études faites sur une région aussi vaste ne saurait être plus intéressant que clair, je mettrai plus en relief je crois les travaux de mes devanciers en les exposant au fur et à mesure que je décrirai les régions qu'ils ont étudiées.

Je ne puis terminer cette introduction sans offrir ici un témoignage public de ma reconnaissance à M. J. Gosselet, dont je m'honore d'être le disciple. Depuis plus de six ans il a bien voulu me prendre comme le compagnon de toutes ses courses ; j'espère qu'il voudra bien reconnaître dans ce travail le fruit des leçons qu'il m'a données.

Je dois également remercier M. Hébert qui a bien voulu m'encourager dans ces recherches, et revoir les déterminations d'un certain nombre de mes fossiles, cet appui m'a été d'un grand secours pour une étude qui a son point de départ dans ses beaux travaux sur la craie de France.

# Chapitre I.

## CRÉTACÉ SUPÉRIEUR DU BASSIN DU HAMPSHIRE.

### BASSIN DU HAMPSHIRE, SES LIMITES, SON ÉTENDUE. — HISTORIQUE.

**Bassin du Hampshire.** — Les couches tertiaires du Hampshire plongent faiblement et régulièrement vers le centre de ce bassin; leurs affleurements dessinent à la surface du sol une série de bandes concentriques dont les plus extérieures sont les plus anciennes. La craie forme le fond du bassin tertiaire du Hampshire, elle affleure sur ses bords formant ainsi de nouvelles bandes extérieures aux premières.

Ces couches crétacées reposent sur des roches plus anciennes au S., à l'E. et à l'O. du bassin; au N. elles se relèvent, le cénomanien affleure dans les vallées de Kingsclere et de Ham. La ligne anticlinale qui passe par ces vallées a été découverte par Buckland (1) en 1825, il fixait ainsi la limite entre le bassin de Londres et celui du Hampshire.

**Ses limites, son étendue.** — Un coup-d'œil sur la carte (pl. 1, fig. 1) indiquera nettement les limites de ce bassin crétàcé; ces limites sont du reste tracées avec la plus grande exactitude sur les magnifiques cartes du Geological Survey dues à MM. de la Beche, W.-T. Aveline, W. Whitaker, et surtout pour la craie à M. H.-W. Bristow; il me semble donc superflu de définir cette région si naturelle et si bien connue.

Du N. au S. du vallon de Ham au Mont Sainte-Catherine dans l'île de Wight, ce bassin mesure 90 kilomètres; il en mesure 275 de l'O. à l'E, du Devonshire à Beachy-Head (Sussex). Le bassin crétacé du Hampshire fait partie du comté de Devon, Somerset, Dorset, Wilts, Hants, Sussex et de l'île de Wight: cette contrée est décrite sur les feuilles 18, 17, 16, 15, 14, 12, 11, 10, 9, 5, de la carte du Survey. Le Geological Survey n'a employé que deux couleurs pour représenter le terrain crétacé supérieur, une pour l'upper green sand, l'autre pour la craie.

(1) Rev. W. Buckland. — Trans. geol. Soc. Lond. 2e sér. vol. II, p. 119.

Je vais énumérer ici les travaux déjà publiés sur cette région ; je diviserai ensuite en deux parties ce premier chapitre, dans la première je donnerai la description détaillée des couches crétacées du bassin de Hampshire, dans la seconde je traiterai des mouvements du sol qui ont dérangé es couches ainsi que de leur distribution géographique.

## HISTORIQUE.

1798 *De Luc :* Lettres sur l'histoire physique de la terre, 8° Paris. — Cet ouvrage contient une description de la craie de Beachy Head.

1802 *Sir H. C. Englefield* : Observations on some remarkable strata of flint in a chalk pit in the I. of Wight. Trans. Lin. Soc. vol. VI, p. 103, 303.

1804 *Rev. W. Gilpin* : Observations on the coasts of Hampshire, Sussex and Kent, 8° London.

1811 *Dr J. F. Berger* : A Sketch of the Geol. of some parts of Hampshire and Dorsetshire, Trans. Geol. Soc. Lond., vol. I, p. 249.

1813 *Anon* : Note on pure alumina from Sussex chalk, Ann. of Phil. vol. I, p. 467.

*Dr G. A. Mantell:* On the organic remains in the environs of Lewes, Sussex Advertiser..

1814 *T. Webster :* on the strata over the chalk. Trans. Geol. Soc. Lond. ser. 1, vol. 2, p. 161.

1815 *W. Smith :* Map of England and Wales.

1816 *Sir H. C. Englefield et T. Webster :* A description of the princ. pict. Beauties of the I. of Wight, Fol. London.

1818 *J. F. Daniell :* On the strata of a remark. chalk formation in the vicinity of Brighton. Journ. of Science, vol. IV, p. 227.

1819 *Dr G. A. Mantell:* A Sketch of the geol. structure of the south-Eastern part of Sussex. Gleaners Portfolio 8° Lewes.

1822 *Rev. W. D. Conybeare and W. Phillips*, Outlines of the Geol. of England and Wales, 8° London.

*Anon :* Remarks on the geol. of the cliffs at Brighton, Annals of Phil. ser. 2, vol. 3, p. 183.

*Dr G. A. Mantell :* The fossils of the south downs, 4° London.

*F. Sargent* : Notice on Fullers Earth found in chalk in Sussex. Trans. Geol. Soc. ser. 2, vol. I, p. 168.

*Sir H. T. de la Bèche :* Remarks on the geol. of the south coast of England, Trans. geol. Soc., ser. 2, vol. I, p. 40.

1824 *Dr W. H. Fitton :* Notes on parts of the opposite coasts of the English Channel, Ann. Phil. ser. 2, vol. VIII, p. 67.

*Rev. J. J. Conybeare:* On the substances contained in the interior of chalk flints. Trans. Geol. Soc., ser. 2, vol. I, p. 422.

*Dr G. A. Mantell :* Outlines of the Nat. hist. of the Environs of Lewes, 4° Lewes.

1825 *J. Provis :* A Sketch of the geol of the County of Wilts, in Britton's Beauties of Wiltshire, 8° London.

1826 *Rev. W. Buckland :* On the formation of the valleys of Kingsclere, and others valleys by the elevation of strata that enclose them. Trans. Géol. Soc. ser. 2, vol. II, p. 118.

*Dr G. A. Mantell :* Figures and Descriptions of the Salmo Lewesiensis, and other fishes from the Lewes chalk. Folio Lewes.

*Sir R. I. Murchison :* Geol. sketch of the N. W. Extremity of Sussex, and the adjoining parts of Hants and Surrey. Trans. Geol. Soc. ser. 2, vol. II, p. 97.

*Sir H. T. de la Bèche :* On the chalk and sands in the vicinity of Lyme-Regis. Trans. Geol. Soc. ser. 2, vol. II, p. 109.

1827 *Constant Prévost :* Essai sur la formation des terrains des environs de Paris. Acad. des Sciences, Juillet 1827.

1828 *P. J. Martin :* A geological memoir on a part of western Sussex, 4° London.

1829 *Dr G. A. Mantell :* A tabular arrangement of the organic remains of the county of Sussex. Trans. Geol. Soc., ser. 2, vol III, p. 201.

*E. de Beaumont :* Limites des bassins de Paris et de Londres.— Ann. Sci. nat. T. XVII, p. 35.

*P. J. Martin:* Observations on the anticlinal line of the London and Hampshire Basin. Phil. mag. Ser. 2 vol. V, p. 111

1831 *Miss E. Bennett :* A catalogue of the organic remains of the County of Wilts in-4, Warminster.

1833 *Dr G.-A. Mantell :* The geology of the S. E. of England, in-8, London.

*J.-D. Parry :* An Hist. and Descript. account of the Coast of Sussex, in-8, London.

*Sir C. Lyell :* Principles of Geology (1re edition), in-8, London.

1836 *Dr W.-H Fitton :* Observations on some of the strata between the Chalk and the Oxford oolite in the S. E. o England. Trans. Geol. Soc. Sér. 2, vol. IV, p. 103.

*Rev. Buckland and sir H. de la Beche :* Geology of Weymouth, Trans. Geol. Soc. Sér. 2, vol. IV, p. 1.

1837 *Rev. W.-B. Clarke :* Illustrations of the Geol. of the S. E. of Dorsetshire, Mag. nat. Hist. vol. X, p. 414, 461.

*Dr J. Mitchell :* On the strata near Swanwich, in the I. of Purbeck, Mag. nat. Hist., vol. X, p. 587.

1838 *Rev. W.-B. Clarke :* Illustrations of the Geol. of the S. E. of Dorsetshire, Mag. nat. Hist., sér. 2, vol. II, p. 79, 128.

1839 *Rev. W.-B. Clarke :* Illustrations of the Geol. of the S. E. of Dorsetshire, Mag. nat. Hist., sér. 2, vol. III, p. 390.

*R. Mudie :* Hampshire, Its Past and Present condition... 3 vol. in-8, Winchester.

*H. T. de la Beche :* Report on the Geol. of Cornwall, Devon, and West Somerset (ordnance Survey).

1841 *P. J. Martin :* On the relative connection of the Eastern and Western Chalk denudation, Proc. Geol. Soc., vol. III, p. 349.

1842 *F. Collier :* On vertical flint bands in Chalk, Geologist, p. 219.

*R. A. C. Godwin-Austen :* On the Geology of the South-East of Devonshire, Trans. Geol. Soc., sér. 2, vol. VI, p. 433.

1843 *Anon :* Wiltshire, Surface and Geology. Penny cyclopœdia, vol. XXVII.

*W. H. Hachter :* Observations on the Geol. of Salisbury and the vicinity, Hist. of modern Wiltshire, vol. VI, p. 691.

*Prof. J. Morris :* A catalogue of British fossils, in-8, London, 2e édition en 1854.

*P. O. Hutchinson :* The Geol. of Sidmouth and of South-Eastern Devon., in-8, Sidmouth.

1845 *Prof. E. Forbes and Captain L. L. B. Ibbetson :* On the Tertiary and cretaceous Formations of the Isle of Wight. Rep. Brit. assoc., p. 43.

*Dr W. H. Fitton :* Comparative remarks on the sections below the Chalk, Quart. journ. Geol. Soc., vol. 1, p. 179.

*W. Hopkins :* On the Geol. structure of the Wealden district and of the Bas Boulonnais, Trans. Geol. Soc., sér. 2, vol. VII, p. 1.

*Dr G. A. Mantell :* Notes on a microscopical examination of the Chalk ant flint... Ann. and mag. nat. Hist., sér. 1, vol. XVI, p. 73.

1846 *Toulmin-Smith :* Géologie du Surrey. Quart. journ. Géol. Soc., n° 1, p. 21.

1847 *Dr G. A. Mantell :* Geol. Excursions round the I. of Wight and along the adjacent coast of Dorsetshire, in-8, London.

*J. Prestwich :* On the probable age of the London clay, Quart. journ. Geol. Soc., vol. III, p. 354; on the Bagshot sands, ibid, p. 378.

*J. Toulmin-Smith :* On the different beds of the White Chalk; and on the faults and dislocations which they exhibit, Annals and mag., vol. XX, p. 334.

1848 *R. A. C. Godwin-Austen :* On the position in the cretaceous series of Beds containing Phosphate of lime, Quart. journ. Geol. Soc., vol IV, p. 257.

*J. C. Nesbit :* On the presence of phosphatic acid in the subordinate members of the Chalk formation, Quart. journ. Geol. Soc., vol. IV, p. 262.

*J. E. Paine and Prof. J. T. Way :* On the phosphoric strata of the Chalk formation. Journ Roy. Agric. Soc., sér. 1, vol. IX, p. 56.

*Weston :* On the Ridgeway fault, Quart. journ. Geol. Soc., p. 245.

1849 *Cap. L. L. B. Ibbetson :* Notes on the Geol. and chemical composition of the various strata in the Isle of Wight, in-8, London.

1850 *F. Dixon :* The Geol. and fossils of Tertiary and cretaceous formations of Sussex, in-4, London.

*J. Prestwich :* On the structure of the strata between the London clay and the Chalk, Quart. journ. Geol. Soc., vol. VI, p. 252.

*Prof. T. Rupert Jones :* A monograph of the Entomostraca of the Cret. form. of England, Mon. Paleont. Soc.

1851 *Prof. J. Prestwich* : A Geological Inquiry respecting the strata of the country around London, in-8, London.

*P. J. Martin :* On the anticlinal line of the London and Hampshire Basin Phil. mag., ser. IV, vol. II, p. 41, 126, 189, 278.

*D'Archiac :* Histoire des progrès de la Géologie, tome IX, Paris.

1852 *Rev. J. H. Austen :* A guide to the Geol. of Purbeck and the S. W. coast of Hampshire, in-8, Blandford.

*T. Davidson :* A monograph of British cretaceous Brachiopoda, Palœont. Soc. London ; et supplément en 1878.

*J. Prestwich :* On the structure of the strata between the London clay and the Chalk, Part. 3, Quart. journ. Geol. Soc., vol. VIII, p 235.

1853 *Prof. E. J. Chapman :* Absorption of water by Chalk, Phil. mag., ser. 4, vol. VI, p. 118.

*D. Sharpe :* Cephalopoda found in the Chalk of England, Palœontog. Soc. London.

1854 *J. Prestwich :* On the structure of the strata between the London clay and the Chalk, Part. 2, Quart. journ. Geol. Soc., vol. X, p. 75 ; — on the Thickness of the London clay, ibid... p. 401 ; — on the Features of the London clay, ibid... p. 485.

*P. J. Martin :* Additionnal observations on the anticlinal line of the London and Hampshire Basins, Phil. mag., ser. 4, vol. VII, p. 166.

1855 *S. P. Woodward* : On the structure and affinities of the Hippuritidœ. Quart. journ. Geol. Soc., vol. XI, p. 40.

*Anon :* Description of the south Eastern coast : The Land we live in, vol. II, p. 293, 332.

*J. Prestwich* : On the origin of the sand and gravel pipes in the Chalk of the London Tertiary district. Quart. journ. Geol Soc., vol. XI, p. 64 ; — on the correlation of the Eocene tertiaries of England, France, and Belgium, ibid... p. 206.

1856 *R. A. C. Godwin-Austen :* On the probable extension of the coal measures beneath the South-eastern part of England. Quart. journ. Geol. Soc., vol. XII, p. 38.

*P. J. Martin :* On the anclinal line of the London and Hampshire Basins. Phil. mag., ser. 4, vol. XII, p. 447.

id. : On some geological Features of the country between the south downs and the Sussex coast. Quart journ. Geol. Soc., vol. XII, p. 134.

*E. Renevier :* Couches de Blackdown. Bull. Soc. Vaudoise, Sc. nat., p. 51.

1857 *J. Prestwich :* On the correlation of the Eocene Tertiaries of England, France, and Belgium, Part. 2, The Paris group. Quart. journ. Geol. Soc., vol. XIII, p. 89.

*P. J. Martin :* On the anticlinal line of the London and Hampshire Basins, Phil. mag., ser. 4, vol. XIII, p. 33

1858 *G. P. Scrope :* Geology of Wiltshire, mag. of the Wilts. archœl. et nat. hist. Soc., vol. 5, p. 89.

*Dr E. P. Wilkins et P. J. Martin :* The geology of Brions et sons" » Geol. map in relief of Brighton.

*Hébert :* Note sur la craie de Meudon : Bull. Soc. Géol. France, vol. XVI, p. 143, 2e sér.

1859 *Anon* : The Isle of wight, in-8, London.

1862 *H. W. Bristow :* The geology of the Isle of Wight. Geol. Survey mem. in-8. London.

*Rev. W. Fox :* When and how was the I. of Wight Severed from the Mainland. — Geologist, vol. V, p. 452.

*E. Hébert :* Note sur la craie blanche et la craie marneuse dans le bassin de Paris, et sur la division de ce dernier étage en quatre assises, Bull. Soc. Geol. France, 2e sér., vol. XX, p. 605.

*De Mercey :* Note sur la craie dans le nord de la France, ibid.., p. 631.

*W Whitaker :* Geol. of Berks, and Hampshire, mem. geol. Survey, sheet 12, p. 12.

1863 *Anon :* Account of excursion to Lewes. Proc. Geol. assoc., vol. 1, p. 274.

*J. Stevens :* Saint-Mary Bourne, Past and Present, containing an account of the geology of the Parish, in 8.

*Hébert :* Note sur la craie blanche du bassin de Paris, Bull. Soc. géol. France, 2e sér. vol. XX, p. 605.

1864 *Mrs M. H. Merrifield* : A Sketch of the Natural history of Brighton and its vicinity, in-8.

*Dr T. Wright* : A monograph of the British fossil Echinodermata from the cretaceous formations, Palœontog. Society, in-4, London.

*S. P. Woodward* : Note on *Plicatula sigillina*, Geol. mag., vol. I, p. 112.

1865 *W. Whitaker* : On the chalk of the Isle of Wight Quart journ, Geol. Soc. vol. XXI, p. 400.

1866 *C. J. A. Mëyer* : Notes on the correlation of the cretaceous rocks of the South-East and west of England, Geol. mag., vol. III, p. 13.

*Pr. J. Buckman* : On the Geol. of the county of Dorset. journ. Bath et W. Eng. Soc., ser. 2, vol. XIV, p. 36.

*Rev. O. Fischer* : On the desintegration of a chalk cliff. Geol. mag. vol. III p. 354.

*G. Poulett Scrope* : Terraces of the chalk downs, Geol. mag., vol. III, p. 208.

*Hébert* ; De la craie dans le Nord du bassin de Paris. Comptes-Rendus académie, juin.

1867 *J. Stevens* : A descriptive list of flint implements found at Saint-Mary Bourne.... with a sketch of the geological features...; in-8, London.
1869 *T. Davidson* : Notes on continental geology and paleontology (cretaceous). Geol. mag., vol. VI, p. 251.
1870 *T. Codrington* : On the superficial deposits of the south of Hampshire and the I. of Wight. Quart. journ. Geol. Soc., vol. XXVI, p. 528.
1871 *W. Whitaker* : On the chalk of the cliffs from Seaford to Eastbourne, Sussex. Geol. mag., vol. VIII, p. 198.
*D. Forbes* : Analysis of white chalk, Shoreham, Sussex.
*W. Whitaker* : On the chalk of the southern Part. of Dorset and Devon, Quart. journ. Geol. Soc., vol. XXVII, p. 93.
*W. Whitaker* : On the occurrence of the chalk rock near Salisbury, Geol. mag., vol. IX, p. 427.
*H. Willett* : Catalogue of the cretaceous fossils in the Brighton museun, in-8, Brighton.
*S. V. Searles-Wood* : On the denudation of the valley of the Weald, Quart. journ. Geol. Soc., vol. XXVII, p. 3.
*Prof. Rupert-Jones* : On the Valley of Kingsclere : Geol. mag., vol. VIII, p. 511.
1872 *Prof. Rupert-Jones et W. K. Parker* : Foraminifera of the family Rotalinœ found in the cretaceous formations, Quart. journ. Geol. Soc., vol. XXVIII, p. 103.
*H. Willett* : First Quarterly Report on the Sub-Wealden Exploration, in-8, Brigton.
*A. Angell* : Note on a collection of Foraminifera from the chalk in the Neighbourhood. Rep. Winchester and Hants Sci; Soc. for 1870, p. 20.
*B. N. Earle* : Remarks on the excavations being made for the foundations of the New Town Hall (Winchester, ibid..., p, 34.
*W. Whitaker* : memoirs geological Survey, vol. IV. — The London basin.
id. : Geol. mag., vol. IX, p. 427 (on the chalk rock).
*T. Codrington* : id. id id.
*Hébert* : Ondulations de la craie dans le bassin de Paris, Bull. Soc. Géol. France. Tome XXIX, p. 446, 583.
*J. Prestwich* : Discours présidentiel, Quart. journ. Geol. Soc., vol. XXVIII, p. 63.
1873 *G. P. Chambers* : A Handbook for Eastbourne, in-8, London, 6e édition, 1874.
*R. A. C. Godwin-Austen* : Presidential address to section C (Geology), Brit. assoc. Rep. for 1872, Brighton.
*H. Willett* : Second, third, fourth and fifth, quarterly Reports on the sub-Wealden Exploration, in-8, Brighton.
*J. C. Mansel-Pleydel* : Geology of Dorset. Geol. mag., vol. X, p. 402.
*J. Howell* : Geology of Brighton, Geol. association. vol. III, p. 168.
1874 *De Rance* : On the Physical changes preceding the deposition of the cret. strata in the S. W. of England, Geol. mag, vol. 1, p. 246.
*J. Hopkinson* : Excursions to Eastbourne and St Leonards. Proc. Geol. assoc., vol. III, p. 211.
*C. J. A. Meyer* : On the cretaceous rocks of Beer Head, Quart. journ. Geol. Soc., vol. XXX, p. 369.
*Ch. Barrois* : Sur le Gault, Ann. Soc. Géol. Nord, p. 45, vol. II.
1875 *A. J. Jukes-Browne* : Cambridge greensand, Quart. journ. Geol. Soc., vol. XXX, p. 271.
*Hébert* : Annales Sc. Géol., 1875, p. 89. — Bassin d'Uchaux.
Id. Ondulations de la craie dans le bassin de Paris, Bull. Soc. Géol. France, 3e sér., vol. III, p. 512.
*Ch. Barrois* : Craie du Sud de l'Angleterre, Ann. Soc. Géol. Nord, vol. II, p. 89.
Id. La zone à Belemnites plenus, id. id. id. p. 146.
Id. Craie de l'Ile de Wight, Annales Sciences géologiques, Paris ; cahier n° 2.
Id. Age des couches de Blackdown, Annales Soc. Géol. Nord, vol. III, p. 1.
Id. Dénudation du Weald, Ann. Soc. Géol. Nord, vol. III, p. 75.
1876 *Hébert* : Craie du bassin de Paris, comptes-rendus Académie.

# PREMIÈRE PARTIE.

## DESCRIPTION GÉOLOGIQUE DES COUCHES.

### § 1. — RÉGION ORIENTALE.

### I. — Coupe des South Downs de Eastbourne à Brighton.

(Pl. 3, fig. 1 et 2).

La mer devant Eastbourne vient battre une falaise basse formée de sables et de grès gris jaunâtre, micacés, à grains fins, glauconieux, appelés *Malm rock, Firestone*, et rangés dans l'*upper green sand;* ils appartiennent à la zone à *Ammonites inflatus.*

1. A la base, sable argileux grisâtre.
2. Sable micacé, agglutiné en grès ; il est légèrement calcarifère, ses caractères minéralogiques le rapprochent de la gaize de l'Argonne . . . . . . . . . . . . . . . . . . . . . . . 2,00

Je n'ai pas trouvé de fossiles dans cette division ; M. Maddock a été plus heureux, il y aurait trouvé la faune du gault supérieur [1].

*Zone à Pecten asper.*

3. Grès gris verdâtre, micacé, calcareux, avec quelques bancs plus durs ; nodules de phosphate de chaux en petite quantité. . . . . . . . . . . . . . . . . . . . . . . . . . . . 4,00
   Vérèbres de poissons.
   *Nautilus.*
   *Kingena lima*, Defr.
   Spongiaires.
4. Grès vert plus clair, sableux, mais avec bancs calcareux très-durs. Ces bancs durs sont couverts de ces impressions irrégulières, mal définies, que l'on rapporte habituellement aux Fucoïdes ou aux éponges . . . . . . . . . . . . . . . . . . . . . . . . . . . . 3,00
5. Grès micacé, vert assez foncé, moins dur que le précédent . . . . . . . . . . . . . 1,50

*Chloritic marl.*

6. Calcaire blanc grisâtre avec grains de glauconie généralement plus gros que ceux des zônes inférieures ; nombreux nodules de phosphate de chaux : . . . . . . . . . . . . . . . 1,00

| | |
|---|---|
| *Ammonites Mantelli*, Sow. | *Pleurotomaria* |
| *A. . . . Gentoni*, Defr. | *Inoceramus striatus*, Mant. |
| *A. . . . Rotomagensis*, Defr. | *Lima semiornata*, d'Arch. |
| *A. . . . Varians*, Sow | *Rhynchonella Martini*, Mant. |
| *Turrulites tuberculatus*, d'Orb. | *R. . . . . Mantellana*, Sow. |
| *Hamites simplex*, d'Orb. | *Terebratula* |
| | Spongiaires |

7. Même calcaire plus tendre, sans nodules : . . . . . . . . . . . . . . . . . . . . . . . 1,00
   Ammonites, remarquables par leur grande taille.
   Nautiles, id.

[1] Cité par A.-J. Jukes-Browne. Camb. gault. Quart, journ. geol. soc. 1875, p. 271.

Les grains de glauconie diminuent graduellement dans ce n° 7 jusqu'à ce qu'il n'y en ait plus du tout dans la marne calcaire blanc-grisâtre qui vient au-dessus. Dès cette première coupe on peut remarquer le passage insensible du *chloritic marl* à l'assise à *Holaster subglobosus ;* c'est le banc de base de cette assise, je ne puis y voir une division de la valeur des zones ici décrites.

*Assise à Holaster subglobosus (chalk marl).*

8. Craie argileuse blanc bleuâtre, bancs durs de 0,30 se délitant en boules, et faisant saillie sur le mur de la falaise, ils alternent avec des bancs de même épaisseur qui se délitent en petites plaquettes, et forment des creux à la surface de la falaise ; il y a dans cette craie des parties bleuâtres siliceuses. . . . . . . . . . . . . . . . . . . . . . . . . . . . . 6,00

*Epiaster,*
*Plocoscyphia meandrina*, Rœm.
*Dendrospongia fenestralis*, Rœm.
et autres éponges.

Ce niveau de spongiaires à la partie inférieure du chalk marl se suit d'une manière constante en Angleterre, ainsi qu'au Nord, à l'Est et au Sud du bassin de Paris. Je l'ai déjà signalé sous le nom de niveau à *Plocoscyphia meandrina* (1), il est très-net à Eastbourne, où il a été depuis reconnu par M. Maddock (2) : « La base du chalk marl est presque entièrement formée de *Brachiolites labyrinthicus.* »

9. Banc d'oursins.
*Holaster Trecensis*, Leym.
» *subglobosus*, Ag.

10. Craie argileuse, alternances de bancs durs et de bancs plus tendres. . . . . . . . . . . . 4,00

11. Craie argileuse, compacte, en bancs homogènes de 1 m. séparés par des bancs de 0,10 de marne très-argileuse ; pyrites. . . . . . . . . . . . . . . . . . . . . . . . . . . . 20,00

| | |
|---|---|
| *Ammonites varians*, Sow. | *Pecten*, |
| » *falcatus*, Mant. | *Inoceramus striatus*, Mant. |
| » *Gentoni*, Defr. | *Ostrea vesicularis*, Lamk. |
| *Scaphites æqualis*, Sow. | *Rhynchonella Mantellana*, Sow. |
| *Turrulites costatus*, Lamk. | *Magas Geinitzi*, Schl. |
| *Baculites baculoïdes*, d'orb. | *Terebratula semiglobosa*, Sow. |
| | Spongiaires. |

Ces couches se voient bien au Sud du Martello Tower n° 74 ; à Holywell on exploite activement la craie turonienne. Holywell se trouve au centre d'un pli synclinal, M. Whitaker l'a parfaitement représenté sur sa coupe en 1870. On peut bien observer le contact du cénomanien et du turonien à Holywell, au centre même de ce pli.

A la base est le n° 11 déjà cité.

11. Craie argileuse, compacte, blanc bleuâtre.
*Inoceramus striatus*, Mant.
*Holaster Trecensis*, Leym.

(1) C. Barrois. Annal. Soc. géol. Nord. Mars 1875. p. 89.
(2) A. J. Jukes-Browne. Quart. jour. geol. soc. Mai 1875, p. 271.

12. Nodules jaunis en dehors, quelques-uns brunâtres en phosphate de chaux. . . . . . . . . 0,05
13. Craie gris bleuâtre, un peu verdâtre. . . . . . . . . . . . . . . . . . . . . . . . 1,50
14. Craie gris bleuâtre. . . . . . . . . . . . . . . . . . . . . . . . . . . . . . . 1,00
Niveau des sources.
15. Craie avec nodules jaunes très-nettement roulés, formant des bancs dans une craie blanç grisâtre très-dure.
*Inoceramus labiatus*, Schlot

Le n° 11 forme la partie supérieure de la zone à *Holaster subglobosus*, le n° 15 est la base de la craie turonienne à *Inoceramus labiatus*, les n$^{os}$ 13 et 14 compris entre deux bancs limites correspondent évidemment à la zone à *Belemnites plenus* que j'ai étudiée et décrite en France dans les départements du Pas-de-Calais, du Nord, de l'Aisne, des Ardennes et de la Marne (1). Cette zone jusqu'ici a toujours été réunie au chalk marl en Angleterre, je la laisserai donc dans cette division.

Les couches se relèvent bientôt vers Beachy-Head, comme le montre la coupe (pl. 3, fig. 1). Il faut noter ici le changement de direction de la coupe; orientée du Nord au Sud jusqu'à Beachy Head, elle se continue au-delà vers le Nord-Ouest. A la base du cap, au niveau de l'eau, affleurent les grès verts déjà décrits à Eastbourne : leur inclinaison est vers le N. 40° O. En poursuivant vers le Nord-Ouest, on passe sur des couches plus récentes ; ces couches toutefois se montrent ici sur un espace très-restreint, elles sont presque verticales.

L'assise à *Holaster subglobosus* a environ 30 mètres à Beachy Head; c'est là, au pied de la falaise, sur la plage, que j'ai remarqué d'abord le banc d'oursins signalé à Eastbourne (n° 9), il y est très-net, et on peut en quelques instants ramasser autant d'*Holaster Trecensis* et d'*Holaster subglobosus* qu'on le désire. Avec ces oursins se trouvent des Ammonites du groupe des *Rotomagenses*.

A la partie supérieure de cette assise, on remarque encore la zone à *Belemnites plenus*. C'est une couche de craie plus argileuse, peu distincte il est vrai par le beau temps, mais qui prend par la pluie une teinte gris verdâtre très-tranchée qui la fait reconnaître aisément. Elle avait été signalée déjà par M. Whitaker (2); l'épaisseur de cette couche est de 3 m. à 4 m., je n'y ai trouvé que des fragments d'Holaster indéterminables.

### *Turonien.*

16. Craie compacte, dure, avec veinules grises argileuses ondulées; environ tous les 0,30 il y a un lit de petites nodules jaunis, environ. . . . . . . . . . . . . . . . . . . . . . 10,00
*Inoceramus labiatus*, Schl.
17. Craie compacte dure, sans nodules entre les bancs.
*Inoceramus labiatus.*

(1) Zone à Bel. plenus. Annal. soc. géol. Nord, 2e vol. 1875.
(2) *W. Whitaker*, geol. mag. vol. VIII. mai 1871.

18. Craie plus compacte, plus homogène, bancs épais de plus de 2m . . . . . . . . . . . . . . 30,00
*Terebratulina gracilis*, d'Orb.
*T. . . . . striata*, d'Orb.
*Inoceramus Brongniarti*, Sow.
*Echinoconus subrotundus*, Mant.
19. Lit mince d'argile marneuse noirâtre.
20. Craie à silex . . . . . . . . . . . . . . . . . . . . . . . . . . . . . . . 7,00
*Spondylus spinosus*, Des.
21. Craie avec moins de silex, grossièrement noduleuse, à feuillets marneux gris.
*Micraster corbovis*, Forb.
*M . . . . sp.*
22. Craie avec silex en bancs, et couches noduleuses . . . . . . . . . . . . . . . . . . 5,00
23. Craie à silex cariés en bancs un peu délimités . . . . . . . . . . . . . . . . . . . 4,00
24. Craie avec bancs tabulaires de silex, disposées irrégulièrement, et non en lignes continues . . 8,00
25. Craie avec nombreux silex disséminés, ou en bancs obscurs . . . . . . . . . . . . . . 6,00
*Micraster breviporus*, Ag. (nombreux).
*Echinocorys gibbus*, Lamk.
*Cidaris clavigera*, Kœnig.
*Bourgueticrinus ellipticus*, Mil.

Les nos 16, 17, forment la zone à *Inoceramus labiatus ;* 18, 19, 20, 21, 22, 23, 24, appartiennent à la zone à *Terebratulina gracilis ;* je regarde 25 comme constituant la partie supérieure du Turonien, c'est le *chalk rock* si connu en Angleterre depuis les travaux de M. W. Whitaker, le banc à *Holaster planus, Ammonites Prosperianus* de M. Hébert. J'estime à 70 mètres l'épaisseur du Turonien à Beachy Head ; les faunes des trois niveaux sont différentes, je ne suis pas arrivé cependant à reconnaître ici entre eux un banc limite bien tranché. Je dois dire dès maintenant que les épaisseurs de cette coupe comme toutes celles que je donnerai dans la suite, ne sont qu'approximatives ; ce sont de simples appréciations, je n'avais pour me guider qu'un baromètre anéroïde. Je donne cependant mes mesures telles qu'elles sont, dans la pensée qu'un à peu près sera plus utile pour la connaissance de ces couches que si je gardais à ce sujet un silence prudent.

La craie Turonienne, ainsi que le contact de la zone à *T. gracilis* avec la zone suivante à *Holaster planus*, ne peuvent pas être étudiés facilement à Beachy Head à cause des éboulements. Le point de contact est près du dernier des éboulements que l'on rencontre en venant de Eastbourne ; au-delà, jusqu'à Seaford le bas de la falaise est libre, la mer enlevant au fur et à mesure les parties qui tombent.

On peut étudier encore la craie Turonienne dans les carrières d'Holywell ; elle a la même épaisseur qu'à Beachy Head. Les premiers silex se montrent à une altitude d'environ 50 m. Le haut de cette falaise est à 81 m., et est formé par la craie Sénonienne à silex ; si, de là, on se dirige vers le cap Beachy, on traverse d'abord un vallon creusé dans la craie Turonienne (craie sans silex où j'ai recueilli *T. gracilis*), puis on monte sans rencontrer de carrières jusqu'au signal de Beachy Head, à la hauteur de 188 m.

Près de là, est ouverte une carrière où on exploitait une craie tendre, avec silex assez gros, gris, zonés, en bancs rapprochés de 0 m. 50 à 1 m., et avec quelques bancs tabulaires. Malgré une assez longue recherche, il m'a été impossible d'y trouver de fossiles; cette pauvreté jointe à la nature des silex m'a fait rapporter cette craie à la zone à *M. Coranguinum*, comme je l'ai figuré sur la coupe (Pl. 3, Fig. 1).

Je reviens à la coupe de la falaise : la zone à *Holaster planus* comme ses voisines présente à Beachy Head une inclinaison très-forte, cette couche vers le bas de la falaise se plisse brusquement, et devient presque horizontale avec une faible inclinaison N.-O. A peu près au point où ce banc se courbe ainsi, il y a dans la falaise plusieurs petites failles obliques. Le rejet des plus grandes n'excède pas 2 m.; les bords relevés sont ceux qui se trouvent au N., c'est-à-dire du côté d'Eastbourne.

La zone à *Holaster planus*, devenue presque horizontale, se suit pendant un certain temps au pied de la falaise, on remarque en ce point une fissure verticale, s'étendant du haut en bas de cette falaise et qui est remplie d'une argile jaune, brunâtre, pyriteuse. Elle n'a que quelques centimètres de largeur.

*Zone à micraster cortestudinarium.*

26. Banc dur corrodé, contenant des nodules (Banc limite).
27. Craie sans silex, nombreux spongiaires, faisant saillie sur le flanc de la falaise et la rendant ainsi rugueuse. . . . . . . . . . 1,50

*Micraster cortestudinarium*, Gold. (nombreux).

28. Craie avec nombreux silex. . . . . . . . . . 1,00
29. Craie. . . . . . . . . . 0.50
30. Craie avec nombreux silex noirs, un peu cariés, rosés au bord. . . . . . . . . . 1,50
31. Craie avec banc de spongiaires au milieu ; ils sont colorés par de l'oxyde de fer. . . . . . 0,60
32. Silex. . . . . . . . . . 0,20
33. Craie avec banc de spongiaires au milieu. . . . . . . . . . 1,00
34. Silex.
35. Craie avec quelques silex. . . . . . . . . . 1,00
36. Banc de silex tabulaire
37. Craie avec silex cariés. . . . . . . . . . 3,00

*Inoceramus involutus*, Sow.
» *Cuvieri ?* Sow.
*Ostrea vesicularis*, Lk.
*Terebratulina gracilis*, d'orb.
*Terebratula semiglobosa*, Sow.
*Micraster cortestudinarium*, Gold.
*Cidaris clavigera*, Kœnig.

Les silex cariés que j'ai signalés dans ces dernières couches, sont, de forme irrégulière, blancs en dehors, noirâtres en dedans; lorsqu'on vient à les casser, on les trouve remplis d'une matière siliceuse, blanchâtre, provenant de l'altération du silex. Cette poudre blanche, lorsqu'on l'examine au microscope présente à l'observateur une foule de spicules d'éponges et de foraminifères silicifiés, le plus souvent on ne trouve que les moules internes des foraminifères ; quant aux spicules d'éponges, elles appartiennent en majeure partie à la famille des Hexactinellidæ (O. Schmidt). Les éponges de cette famille, Hyalonema, Holtenia, etc., ont été trouvées en grande quantité par MM. Carpenter, W. Thompson, Gwyn Jeffreys, dans les sondages qu'ils ont fait dans la haute mer. Quoi qu'on trouve des spicules dans presque tous les silex, on ne doit pas en conclure que les silex soient des éponges ; on y trouve avec ces spicules des débris d'animaux appartenant à des classes bien différentes. J'ai recueilli des silex cariés qui ne contenaient guère que des Bryozoaires. Ces Bryozoaires, caractérisent même les silex de la zone à *Micraster coranguinum* dont je vais m'occuper prochainement

La partie de la falaise, formée par la craie à *Micraster cortestudinarium* et à silex cariés, se détruit beaucoup plus rapidement que les parties composées de craie sans silex ou avec silex homogènes ; c'est à la présence de ces silex cariés, poreux, que j'attribue cette différence. Quand on se dirige vers Beltout, la craie à silex cariés, forme bientôt le bas de la falaise, comme elle résiste moins bien que les autres niveaux à l'action de la mer et des agents atmosphériques, le bas de la falaise se trouve en retrait sur les couches supérieures qui surplombent.

Fig. 1. — CONTACT DE LA CRAIE A M. CORTESTUDINARIUM ET A SILEX ZONÉS.

Cette disposition rend les falaises assez dangereuses, et le géologue a trop souvent l'occasion de voir autour de lui des éboulements. La partie supérieure de la craie à silex cariés (37), qui occupe le bas de la falaise près de la seconde grande pointe du cap est jaunie, pyriteuse, et contient un grand nombre de spongiaires.

38. Craie avec spongiaires. . . . . . . . . . . . . . . . . . . . . . . . . . . . 1,50

Cette craie, qui repose sur le banc jauni précédent et que l'on peut très-facilement étudier puisqu'elle fait saillie sur la falaise, présente une surface irrégulière et bosselée à sa partie inférieure. Peut-être cette surface raboteuse représente-t-elle la contre-empreinte de la surface ravinée de la zone inférieure détruite par l'action des agents atmosphériques.

39. Craie avec deux bancs noduleux de 0,10 espacés de 1 m. . . . . . . . . . . . . . 4,00

Ces bancs, forment la base de la zone à *Micraster coranguinum*; je n'ai trouvé ici que des fragments d'Inocerames, mais plus loin à Cuckmare Haven, où j'ai reconnu ces deux bancs, j'ai trouvé entre eux mes derniers *cortestudinarium*. J'évalue à environ 15 m. l'épaisseur de la zone à *Micraster cortestudinarium* à Beachy Head, elle se distingue par sa faune, par ses silex cariés, par ses bancs d'éponges, qui lui donnent un aspect très-noduleux, et enfin par plusieurs vrais bancs noduleux.

*Zone à micraster coranguinum.*

40. Craie avec bancs réguliers de silex, distants de 0,50 à 1 m. . . . . . . . . . . . . . . 15,00
*Pleurotomaria*,
*Inoceramus involutus*, Sow.
*Echinoconus conicus*, Breyn.
*Echinocorys gibbus*, Lamk.
*Micraster coranguinum*, Forbes.
*Epiaster gibbus*, Schlü (à la base de cette division).

Les silex sont généralement compactes, et présentent sur leurs bords des zones diversement colorées : il n'est pas rare de trouver au centre de ces silex, une géode tapissée de cristaux de quartz. Il y a encore des lits de silex cariés, mais ils sont moins nombreux; c'est dans ces lits que jai trouvé les Bryozoaires.

41. Banc de gros nodules de silex.
42. Craie avec bancs de silex tabulaires [1], alternant avec bancs de silex cariés espacés de 0,50 à 1 m. ; rares silex cariés espacés dans les bancs. . . . . . . . . . . . . . . . . . . 5,00
*Echinocorys gibbus*, Lk.
*Echinoconus conicus*, Breyn.
43. Craie avec bancs de silex grossièrement zonés, à zones nuageuses. . . . . . . . . . . 15,00

On suit cette division jusqu'à la falaise de Beltout; si, arrivé en ce point, on regarde attentivement la falaise haute de 100 m., on verra très-nettement deux lignes jaunâtres parallèles. L'une est à 15 m. de l'eau, l'autre semble à une vingtaine de mètres du haut de l'escarpement; ce sont des *bancs de craie durcie*. Le premier, forme la limite supérieure de la zone à *Micraster coranguinum* et à silex zonés que je viens de décrire.

Les niveaux corrodés et durcis de la craie, dont M. Hébert a le premier signalé l'importance, ne sont pas moins nets en Angleterre qu'en France, dans les falaises de la Manche. Ils nous fournissent on le voit, des points de repère précieux.

A Berling gap et au-delà, vers l'O., les couches continuent à s'abaisser; on voit de plus en plus près le banc jaune inférieur. On remarque à 3 m. sous lui, un gros banc de silex tabulaire. On peut

---

(1) Je conserve ici cette expression généralement adoptée en Angleterre; ce sont les mêmes formes que M. Hébert appelle silex en plaques continues.

suivre ces deux bancs sans les perdre de vue, ils remontent d'abord comme le figure la coupe (Pl. 3, Fig. 1), puis s'abaissant de nouveau, ils arrivent enfin près du niveau de l'eau, au cren de Crowlink où on peut aisément les étudier.

43.*a*. Banc de gros silex blonds, aplatis, à patine épaisse et à zones nuageuses, cette division et les deux suivantes rentrent dans le n° 13 de Beltout, dont elles forment la partie supérieure.
*b*. Craie avec 4 bancs de silex dans l'espace de . . . . . . . . . . . . . . . . . . . . 5,00
*Echinocorys, gibbus*, Lk.
*Inoceramus*.
*c*. Craie sans silex . . . . . . . . . . . . . . . . . . . . . . . . . . . . . 2,00
44. Banc durci, corrodé, jauni, contenant des nodules de craie roulés et verdis. . . . . . . . . 0,20

*Zone à marsupites.*

45. Craie blanche, tendre, silex légèrement zonés en bancs plus espacés que dans les divisions précédentes ; ils sont distants d'environ 2 mètres. . . . . . . . . . . . . . . . . . . . 40,00

*Ischyodus*, sp.
*Belemnitella Merceyi*, May.
*Spondylus spinosus*, Desh.
*Plicatula sigillina*, Wood.
*Ostrea hippopodium*, Nilss.
*Terebratula sexradiata*, Desl.
*Terebratula carnea*, Sow.
*Terebratulina striata*, d'Orb.
*Magas sp.*
*Rhynchonella plicatilis*, Sow.
*Rhynchonella subplicata*, Mant.
*Micraster coranguinum* (type).
*Echinoconus conicus*, Breyn.
*Cidaris sceptrifera*, Mant. (type).
*C. . clavigera*, Kœnig.

Cette faune diffère de la précédente ; les espèces qui leur sont communes présentent souvent des variétés qui permettent de les distinguer. J'appelle ce niveau *zone à marsupites*, parce que ces crinoïdes y sont très répandus en Angleterre et que je n'en ai jamais rencontré à un autre niveau. La zone à *marsupites* correspond à la partie supérieure à *silex cariés*, et ma zone à *M. coranguinum* à la partie inférieure à *silex zonés*, de la craie à *M. coranguinum* de M. Hébert.

Il est remarquable de trouver des caractères si constants dans la nature des silex ; les silex zônés peuvent, en effet, faire reconnaître la partie inférieure de la craie à *M. coranguinum* des deux côtés de la Manche. La vieille division des géologues anglais en *craie sans silex*, et *craie avec silex*, a suffi longtemps aux besoins de la science. J'appellerai encore l'attention sur le gros banc de silex (43 a) que je viens de signaler à Crowlink, après l'avoir suivi depuis Berling Gap ; à Berling Gap il est situé à environ 5 mètres sous le banc limite 44, à Crowlink à 7m, on les voit encore tous deux au nord-ouest jusqu'au haut de la falaise de Cuckmare Haven, ils se montrent de nouveau avant d'arriver à Seaford, où ils sont distants de 5 mètres.

Les travaux de MM. Whitaker (1), Dowker (2), Bedwell (3), sur la craie de l'île de Thanet, ont attiré l'attention sur un gros lit tabulaire de silex qu'ils ont appelé le « *Three inch band* » à cause de

(1) *W. Whitaker*. — On the chalk of Thanet. Quart. journ. Geol. Soc. vol. XXI, page 395.
(2) *Dowker*. — On the chalk of Thanet. Geol. mag. vol. VII, p. 466.
(3) *Bedwell*. — Ammonites in Thanet cliffs, Geol. mag. D. 2. vol. I, p. 16.

son épaisseur ; ce lit se suit sans interruption dans toute l'île, je l'ai vu entre Walmer et Saint-Margaret (Kent), où M. Bedwell l'avait reconnu. Le « *Tree inch band* » est surmonté par environ 7$^{m}$ de craie, dont la surface supérieure durcie, ravinée, est la limite entre les *zônes de Broadstairs* et *de Margate*. L'étude que j'ai faite de ces faunes dans l'île de Thanet, m'a montré que la *craie de Broadstairs* était la zone à *M. coranguinum*, la *craie de Margate*, ma zône à *Marsupites*. Le « *Three inch band* » de l'île de Thanet et du Kent, se présente donc dans le Sussex (44 de ma coupe) dans la même position, et avec les mêmes caractères.

La plupart du temps les silex doivent leur origine à des actions toutes locales ; ainsi tandis que la craie de Margate est complètement dépourvue de silex, la craie à Marsupites des South downs, à l'O. de Crowlink en contient assez bien. Il est cependant des cas, comme le prouve le « *Three inch band* » où les phénomènes chimiques qui ont déterminé leur formation se sont produits en même temps sur une étendue très-considérable : Il n'y a pas moins de 110 kilomètres à vol d'oiseau, de l'île de Thanet aux South downs. Faut-il croire que le « *Three inch band* » forme un lit continu de silex autour de cette vaste région des Wealds ?

Les falaises à l'ouest de Crowlink sont formées presque en entier par la craie à *Marsupites* ; vers Cuckmare Haven, il y a un relèvement des couches, et la zone à *M. coranguinum* se montre de nouveau. A l'est de la baie j'ai pris la coupe suivante bien comparable à celle de Beachy Head, comme on le verra d'après les numéros :

40 (en partie)
- *a.* Craie avec silex, la plupart cariés . . . . . . 3,00
  - *Echinocorys gibbus*, Lk.
  - Lits de fragments d'Inocérames.
- *b.* Craie avec silex zonés . . . . . . 1,00
  - *Epiaster gibbus*, Schlü.
  - Lits de fragments de gros Inocérames.
- *c.* Banc durci, jauni, avec éponges . . . . . . 0,05
- *d.* Craie avec 3 lits de silex cariés . . . . . . 1,50
  - *Micraster coranguinum*, Forbes.
  - Lits d'Inocérames.

41. Gros bancs de nodules de silex, réunis en table . . . . . . 0,10

42. *a.* Craie, silex avec zones nuageuses, très-compactes . . . . . . 2,00
  - Un banc d'éponges.
  - Quelques Inocérames.
  - *Micraster coranguinum*, Forb.
  - *Echinocorys gibbus*, Lk.
- *b.* Craie avec quelques éponges . . . . . . 0,50
  - *Inoceramus Cuvieri ?* Sow.
  - *Plicatula sigillina*, Wood.
  - *Ostrea vesicularis*, Lk.
  - *Rynchonella plicatilis*, Sow.
  - *Terebratula semiglobosa*, Sow.
  - *Micraster coranguinum*, Forb.
  - *Echinoconus conicus*, Breyn.
  - *Cidaris clavigera*, Kœnig.
  - Osselets d'astéries.
  - *Parasmilia.*
  - *Amorphospongia globosa*, V. Hag.

Les lits de silex ne sont pas continus ; les bancs d'éponges se trouvent sur le prolongement de ces bancs siliceux.

43. Craie blanche, silex noirs à zones nuageuses, en lignes irrégulières, espacées de 1 à 1,50 ; très-pauvre en fossiles . . . . . . . . . . . . . . . . . . . . . . . . . . . 9,00
43. *a*. Gros banc de silex, « *Three inch band* » ; on le suit depuis Crowlink.

Sur la rive droite de Cuckmare River, on arrive sur des couches plus anciennes. Aux « *Barracks* », la partie supérieure de la falaise est formée par $8^m$ de craie avec très nombreux silex, bancs espacés de 0,50 au plus, ces silex sont zonés, quelques-uns cariés ; je l'assimile à la base du n° 40.

39. *a*. Banc limite très-net à surface supérieure durcie, verdie, corrodée. Près de la maison du Coast guard elle est au niveau de l'eau, mais s'élève rapidement vers l'ouest . . . . . . 0,15
*b*. Craie avec trois bancs de silex cariés . . . . . . . . . . . . . . . . . . . . . . . . 2,50

| | |
|---|---|
| *Inoceramus sp.* | *Echinocorys gibbus*, Lk. |
| *Terebratula semiglobosa*, Sow. | *Micraster cortestudinarium*, Gold. |
| *Echinoconus conicus*, Breyn. | |

*c*. Craie blanche avec zones dures jaunâtres; sa partie supérieure est irrégulière et ravinée . . 0,25
38. *a*. Craie blanche à silex . . . . . . . . . . . . . . . . . . . . . . . . . . . . 0,50
*b*. Banc jaunâtre noduleux . . . . . . . . . . . . . . . . . . . . . . . . . . . 0,15
*Echinocorys gibbus*, Lk.
*Inoceramus*.
37. Craie blanche avec nombreux silex cariés et zonés, en lits irréguliers de 0,50 à 1 m. . . . . 2,00

| | |
|---|---|
| *Inoceramus digitatus*, Sow. | *Crania Parisiensis*, Defr. |
| » *Cuvieri* ? Sow. | *Terebratula semiglobosa*, Sow. |
| *Spondylus spinosus*, Sow. | *Micraster cortestudinarium*, Gold. |
| *Ostrea hippopodium*, Nilss. | *Echinocorys gibbus*, Lk. |
| *Plicatula sigillina*, Wood. | *Echinoconus conicus*, *var*, *A*., Breyn. |
| *Caprotina* Sp. | *Cidaris clavigera*, *var*, *A*., Mant. |
| *Rhynchonella plicatilis*, Sow. | » *sceptrifera*, *var*, *A*., Mant. |
| » *subplicata*, Mant. | *Serpula plexus*, Sow. |

Comme à Beachy Head, la limite entre les zônes à *M. cortestudinarium* et *M. coranguinum*, est marquée par trois lits durcis, corrodés, ou noduleux : le supérieur est le banc limite. Il n'y a pas de couche inférieure au n° 37 à Cuckmare, les couches deviennent horizontales puis s'abaissent en sens inverse vers Seaford ; il y a donc un bombement de la craie à Cuckmare, la zône à *M. coranguinum* en occupe le centre.

Le banc limite 39 a, se suit très-longtemps lorsqu'on continue vers Seaford (planche 3. Fig. 1), il disparaît enfin sous la plage avec une inclinaison de 8° ; il est surmonté par environ 30 mètres de craie avec silex zônés, et silex cariés à la base qui m'ont fourni d'assez bons Bryozoaires. L'inclinaison de cette zône à *M. coranguinum* est de 12° ; je ne reviendrai pas sur le détail de sa composition, déjà exposé dans les numéros 40 à 43.

Au delà vers Seaford, il y a successivement :

43. *a*. Banc de gros silex tabulaire, fendillé : *Three inch band*" . . . . . . . . . . . . . 0,10
43. *b*. *c*. Craie avec 4 bancs de silex non cariés . . . . . . . . . . . . . . . . . . . . 5,00
44. Banc corrodé, jauni, et verdi.
45. *a*. Craie avec bancs de silex noirs ; incl. 15° . . . . . . . . . . . . . . . . . . . 17,00
*b*. Gros banc de silex . . . . . . . . . . . . . . . . . . . . . . . . . . . 0,06
*c*. Craie avec bancs de silex noirs . . . . . . . . . . . . . . . . . . . . . . 11,00

*Micraster coranguinum*, Forb.

*d* Craie avec silex disséminés ; des bancs de craie avec silex épais de 0,50 sont séparés par des veinules de marne grise. . . . . . . . . . . . . . . . . . . . . . . . 14,00

*Micraster coranguinum*. Forb.

46. Craie presque sans silex. . . . . . . . . . . . . . . . . . . . . . . . . . . . 15,00

*Belemnitella Merceyi*. May.

Je n'ai pas rencontré à la plage le 2me banc jaune que j'avais observé au haut de la falaise de Beltout ; sa place doit être à peu près à cette hauteur.

47. Craie de Seaford, avec silex en bancs espacés de 2 m. ; ces silex ne forment pas de simples lignes, mais des bandes diffuses larges de 0,30. Ces silex sont noirs, non-zonés ; leur forme est assez régulière, ronde ou aplatie. . . . . . . . . . . . . . . . . . . . . . . . . 40,00

| | |
|---|---|
| *Serpula plexus*, Sow. | *Rhynchonella plicatilis*, Sow. |
| » *macropus*, Sow. | *Echinocorys gibbus*, Lk. |
| » Sp. | *Micraster coranguinum*, Forb. |
| *Spondylus latus*, Sow. | *Offaster corculum*, Gold. |
| *Ostrea*, Sp. | *Cidaris hirudo*, Sorig. |
| *Inoceramus involutus* ?, Sow. | » *clavigera*, Kœnig. |
| *Terebratula sexradiata*, Desl. | *Cyphosoma*, Sp. |
| *Terebratula carnea*, Sow. | *Bourgueticrinus ellipticus*, Mil. |
| *Terebratulina striata*, d'Orb. | Astéries. |

La craie à Marsupites est recouverte, à Seaford, par le poudingue ferrugineux à galets de silex des couches de Reading : il y est épais de 0,75 et recouvert par 3 à 4m de sables glauconifères.

A l'ouest de Newhaven Harbour, la falaise est couronnée comme près de Seaford par l'argile à silex verdis, recouverte des couches de Woolwich et de Reading ; La craie n'est plus inclinée comme à l'est de Seaford, mais est presque horizontale. La plus grande hauteur des falaises de ce côté est de 70m ; on peut en grouper comme suit les différents bancs de craie, les nos ne correspondent pas rigoureusement aux précédents, ces divisions de la zône à Marsupites étant encore arbitraires et mal limitées.

45. *c.* Craie en bancs d'environ 2m séparés par des veinules de marne grise ; silex noirs, arrondis, en bancs de 0,50 et silex disséminés . . . . . . . . . . . . . . . . . . . . . . 20,00

*Inoceramus involutus*, Sow.
*Echinocorys gibbus*, Lk.
*Offaster corculum* (1), Gold.

45. *d.* 46. Craie avec rares silex, bancs tabulaires minces . . . . . . . . . . . . . . . . 30,00

*Serpula plexus*, Sow.
*Rhynchonella plicatilis*, Sow.
*Magas sp.*
*Echinocorys gibbus* Lk.
*Offaster corculum*, Gold.
*Cyphosoma Kœnigi*, Ag.
*Bourgueticrinus ellipticus*, Mill.
Astérics.
*Parasmilia granulata*, Dunc.
*Amorphospongia globosa*, V. Hag.

47. Craie avec silex en bancs assez épais, peu rapprochés, gris ou noirs, zonés ou cariés ; quelques-uns sont très-gros . . . . . . . . . . . . . . . . . . . . . . 15,00

J'ai recueilli à ce niveau, près du 2me Coast guard station, à l'est de Rottingdean :

*Coprolithes*
*Inoceramus*
*Spondylus spinosus*, Sow.
*S. . . . æqualis*, Héb.
*Rhynchonella octoplicata*, Sow.
*Offaster corculum*, Gold.
*Echinocorys gibbus*, Lk.
*Cidaris clavigera*, Kœnig.
*Bourgueticrinus ellipticus*, Mill.
Astéries.
*Amorphospongia globosa*, V. Hag.

La zone à *Marsupites* en cette région a plus de 100m ; elle forme seule toutes les falaises jusqu'à Brighton. M. J. Wetherell (2) a déjà appellé l'attention sur les rapports de la craie de Brighton et de celle de Margate. A l'ouest du 2me Coast guard station, la division 45 c. ne se voit plus ; la craie (45. d, 46) avec peu de silex et à bancs tabulaires arrive au niveau de la plage ; elle m'a fourni à Rottingdean :

*Belemnitella Merceyi*, May.
*Inoceramus lingua*, Gold.
*Plicatula sigillina*, Wood.
*Echinocorys gibbus*, Lk.

La division 47 bien exposée à Rottingdean m'a donné :

*Spondylus Dutempleanus*, d'Orb.
*Pecten cretosus*, Defr.
*Terebratulina striata* d'Orb.
*Bourgueucrinus, ellipticus*, Mil.

(1) *Offaster corculum*. Gold. p. 147. Taf. 45, fig. 2. — La coquille que je rapporte à cette espèce est bien voisine de *Holaster* (*offaster*) *pilula*, Lamk, caractéristique d'après M. Hébert, de la craie de Meudon.

Une comparaison attentive de ces oursins de la zone à Marsupites (*Of corculum*) et de la zone à Belemnitelles (*Of. pilula*) permet cependant de les distinguer. L'Offaster de la zone à Marsupites est généralement de plus petite taille, il est plus bombé ; son dessus est arrondi, en pente déclive en avant et en arrière, il n'est pas acuminé en arrière comme *Offaster pilula* de la zone à Belemnitelles. La fasciole marginale de l'Offaster de la zone à Marsupites est très-nette.

Cet offaster est distinct de l'*Of. pilula*, Lamk. ainsi que de l'*Hol. senonensis*, d'Orb. ; il se rapproche bien de l'*offaster corculum*, Gold. (in Schlüter, fossile Echinodermen p. 10), mais cependant il n'y a pas encore identité complète entre ces espèces.

(2) J. W. Wetherell. On some fossils from the Margate chalk. Proc. Geol. assoc. Vol. 3, p. 192. 1873

Elle forme toute la partie supérieure de la falaise ; le moulin est encore bâti sur cette même craie. Cette craie est tendre et contient des silex zonés, j'y ai trouvé avec les espèces précédentes :

*Inoceramus*,
*Spondylus spinosus*, Sow.
*Echinocorys*.
*Offaster corculum*, Gold.
Astéries,
*Parasmilia*,

Les couches se relèvent de Rottingdean à Brighton, on peut observer au-dessus de la division (45 d, 46) trois bancs de silex tabulaires, séparés par 5 à 6ᵐ de craie presque sans silex. Ces bancs tabulaires se divisent en certains points comme le montre la figure, et renferment des nodules de craie, aplatis, épais de 0,10 au maximum, et longs de 0,10 à 1ᵐ.

Fig. 2. — COUPE DE LA FALAISE DE ROTTINGDEAN.

Le banc de silex supérieur est recouvert par un lit de marne épais de 0,10, on le suit aussi d'une façon continue ; il se trouve au bas de la falaise à l'ouest de Rottingdean et la craie qui vient au-dessus est noduleuse. Je crois que cette couche jaunâtre noduleuse correspond à la couche analogue indiquée à la partie supérieure de Beltout ; il serait intéressant d'étudier d'une manière complète la faune des couches 47 et des couches inférieures séparées par ce banc noduleux. On pourrait savoir ainsi si ces deux subdivisions de la zone à *Marsupites* sont comparables aux deux niveaux à *Inoceramus lingua* et à *Becksia Sockelandi* reconnus par Schlüter (1) dans la zone à *B. quadrata* des environs de Münster. Je n'ai pu recueillir que les fossiles les plus communs, aussi mes listes sont trop incomplètes pour établir positivement le synchronisme de ces derniers niveaux.

Le lit de marne signalé au pied de la falaise à Rottingdean, se trouve au haut de l'escarpement à Roedean gate, près le Turn pike. J'ai recueilli les fossiles suivants entre Roedean gate et Brighton, dans la division (45 d, 46) craie à silex tabulaires :

(1) Dr Schlüter, ueber die spong. Baenke. Bonn. 1872.
» Die Emscher Mergel, 1874. — Verh. d. nat. ver. Jahrg, XXXI, 3 Folge, 1 Bd.

| | |
|---|---|
| *Lima Hoperi*, Defr. | *Micraster glyphus*, Schl. (1). |
| *Spondylus latus*, Sow. | *Echynocorys gibbus*, Lk. |
| » *Dutempleanus*, D'orb. | *Offaster corculum*, Gold. |
| *Ostrea hippopodium*, Nilss. | *Cyphosoma Kœnigi*, Ag. |
| » *sp.*, | *Cidaris sceptrifera*, Mant. |
| *Plicatula sigillina*, Wood. | *Marsupites Milleri*, Mil. |
| *Inoceramus*, | » *ornatus*, Mil. |
| *Janira Dutemplei*, d'Orb. | *Bourgueticrinus ellipticus*, Mil. |
| *Rhynchonella octoplicata*, Sow. | Astéries. |
| » *plicatilis*, Sow. | *Serpules*. |
| *Terebratulina striata*, d'Orb. | *Amorphospongia globosa*, V. Hag. |

Près de Brighton les falaises sont formées de diluvium ; la partie supérieure de la craie a été profondément ravinée à cette époque (2). A l'ouest de Brighton, vers Shoreham et Worthing, la craie est recouverte par des dépôts plus récents ; ce n'est qu'à une distance de 30 kilomètres, à Middleton près Bognor que la craie affleure de nouveau à la plage. Elle n'est découverte qu'à marée basse, elle contient de rares silex assez volumineux.

J'y ai recueilli au contact des couches tertiaires :

*Echinocorys gibbus*, Lk.
*Offaster corculum*, Gold.
*Rhynchonella subplicata*, Mant.

faune que je rapporte à la zône à Marsupites.

---

(1) Il est important de fixer exactement dans la craie d'Angleterre le niveau de ce micraster caractéristique de la craie d'Obourg, en Belgique (*Cornet et Briart*, mém. Acad. Belgique, T. XXXV, 1870 ; *Cotteau*, Bull. Soc. Géol. France, vol. II, p. 20, 1875).

Je dois à M. Cornet communication d'un échantillon typique d'Obourg, je possède 4 échantillons d'Angleterre ayant des rapports avec ce *Micraster glyphus*, Schlüter.

1° Un échantillon de la zone de *M. Coranguinum* trouvé à Marsh court F. ; il se distingue bien nettement du *M. Coranguinum* par son sommet moins excentrique en arrière, par son sillon antérieur étroit et atténué à la face supérieure, mais devenant fort accusé vers l'ambitus, par ses aires ambulacraires postérieures plus arrondies, ces caractères le rapprochent du *M. glyphus*, mais il diffère de cette espèce par ses aires ambulacraires plus excavées, et la disposition un peu différente des granules de la zone interporifère.

2° Le second vient de la baie de Worbarrow, *zone à M. coranguinum* ; sa forme générale est celle du *Micraster glyphus*, mais ses ambulacres usés empêchent toute détermination certaine.

3° Un échantillon de Hurstbourne (Hampshire), *zone à Marsupites*, est très-bien caractérisé comme *M. glyphus* par sa bouche très-rapprochée du bord antérieur, et son sillon antérieur très-profondément creusé.

4° Le dernier échantillon est celui de la craie à Marsupites de Brighton ; il est un peu déformé, il est vrai, mais ses aires ambulacraires sont bien nettement celles du *M. glyphus*.

Je n'ai donc trouvé le *Micraster glyphus* (Schlüter) en Angleterre, que dans la zone à Marsupites ; je crois devoir assimiler la craie d'Obourg (Hainaut) à la zone à Marsupites ; ces deux niveaux se trouvent en Angleterre comme en Belgique, immédiatement sous l'asssise à Belemnitelles ou craie de Nouvelles de MM. Cornet et Briart. L'*Epiaster gibbus* qui accompagne le *M. glyphus* dans la craie d'Obourg, se trouve dans l'assise à *M. coranguinum* toute entière : je l'ai rencontré à la partie inférieure de cette assise à Beachy-Head, à Walmer, ainsi qu'en France aux environs de Lille, et à la partie supérieure à Etaples (Somme), St-Martin-au-Laërt (Pas-de-Calais), Beauvais.

(2) James Howell. — Geol. of. Brighton. Geol. assoc. Vol. 3, p. 168, 1873.

On a donné le nom de *South downs* aux collines crayeuses du Sussex comprises entre Eastbourne et Shoreham, la longueur de cette chaîne est de 42 kilomètres, sa largeur d'environ 12 kil. ; je ne reviendrai pas sur la composition de la craie dans l'intérieur de cette région, ce serait répéter inutilement la coupe des falaises que j'ai exposée en détail puisqu'elle est le point de départ de ce travail.

On pourra noter que les lambeaux tertiaires de Seaford et de Newhaven se trouvent dans un pli synclinal, dont le fond est formé par la craie à Marsupites ; la craie à Belemnitelles fait défaut.

### 2. — **Coupe des Cliff Hills.**

Les Cliff Hills font encore partie à proprement parler des South downs, elles forment toutefois un petit massif bien délimité. Ce massif s'appuie au nord contre la région des Wealds, il est complètement séparé du reste des South downs par les *Lewes levels*, plaine basse, marécageuse, où coulent l'Ouse et ses affluents. Les carrières des *Cliff Hills* sont célèbres ; c'est là qu'est exploitée la craie de Lewes, illustrée par les recherches de Mantell, et dont les poissons ont été étudiés par Agassiz.

Les parties inférieures du cénomanien affleurent au nord des *Cliffs Hills*; l'assise à *Holaster subglobosus* est visible à Stoneham et à Glynd. Si de Glynd on se dirige à l'ouest vers le Mont Caburn, on a une coupe assez complète de la craie. Un chemin creux montre d'abord :

| | |
|---|---|
| Marne à *Holaster subglobosus* | 30,00 |
| Craie blanche dure, se délitant en plaquettes couvertes de *I. labiatus* | 20,00 |
| Craie compacte sans silex | 20,00 |

Ce chemin conduit à une carrière ; les couches exploitées inclinent de 15° vers le S. 15° O., et appartiennent à la partie supérieure de la craie Turonienne ; j'ai relevé de bas en haut :

| | |
|---|---|
| 1. Craie compacte, homogène, sans silex, en bancs séparés par de petits lits argileux | 10,00 |
| *Inoceramus Brongniarti*, Sow. | |
| 2. Ligne d'argile gris noirâtre, très-apparente | 0,02 |
| 3. Craie sans silex | 3,00 |
| *Spondylus spinosus*, Sow. | |
| 4. Craie blanc grisâtre, noduleuse et conglomérée | 0,10 |
| 5. Craie sans silex : *Spondylus spinosus*, Sow | 3,00 |
| 6. Silex | |
| 7. Craie blanche | 1,50 |
| 8. Banc peu épais de silex noirs jusqu'au bord. | |
| 9. Craie | 1,00 |
| 10. Nodules durs jaunis, roulés | 0,25 |
| 11. Marne gris blanchâtre, peu argileuse | 0,10 |
| 12. Craie blanche sans silex | 0,60 |
| 13. Nodules jaunis et roulés | 0,10 |
| 14 Marne blanc grisâtre, plus argileux que 11 | 0,05 |
| 15. Craie blanche : *Rhynchonella Cuvieri*, *Micraster breviporus*, Ag | 0,10 |
| 16. Nodules jaunis, roulés | 0,15 |
| 17. Craie sans silex. — *Terebratula semiglobosa*, Sow | 3,00 |

La partie supérieure du Turonien présente donc dans le Sussex, les mêmes bancs noduleux qu'en France dans les falaises de la Manche ; elle est couronnée par le *chalk rock* de M. Whitaker. La base de la zone à *Miscraster cortestudinarium* est également noduleuse au sud de l'Angleterre, on l'a souvent confondue avec le véritable *chalk rock.*

Au sud du Mont Caburn, passe la grand route de Lewes; elle longe une suite ininterrompue de carrières magnifiques, exploitées sur une hauteur de 60 à 70 mètres. La carrière de Ranscombe, est ouverte dans la craie Turonienne, incl. N. = 12° ; à la base la zône à *Inoceramus labiatus* m'a fourni :

| | |
|---|---|
| *Ammonites nodosoïdes*, Schl. | *Discoidea minima*, Ag. |
| *A. . . . Lewesiensis*, Mant. | *Parasmilia centralis*, Mant. |
| *Serpula amphisbœna*, Gold. | *Serpula.* |
| *Inoceramus labiatus*, Schl. | |

La zone à *Terebratulina gracilis* est d'une richesse remarquable, j'y ai trouvé :

| | |
|---|---|
| Poissons. | *Inoceramus Brongniarti*, Sow. |
| *Ammonites Woolgari* (1), Mant. | *Ostrea semiplana*, Sow. |
| *A. . . . peramplus* (2), Mant. | *Spondylus spinosus*, Sow. |
| *A. . . . Carolinus*, (3), d'Orb. | *Echinoconus subrotundus*, Mant. |
| *Hamites angustus* (4), Dix. | *Cidaris subvesiculosa*, d'Orb. |
| *Serpula plexus*, Sow. | *Cyphosoma radiatum*, Ag. |

Ces deux zônes réunies ont ici une épaisseur de $50^{m}$, au-dessus on voit nettement d'en bas le lit d'argile noirâtre (N° 2) qui se suit à cette position dans tout le sud de l'Angleterre et le nord de la France. Les 15 mètres supérieurs de la carrière sont formés par de la craie Turonienne avec quelques silex, où j'ai recueilli : *Spondylus spinosus*, *Echinocorys gibbus*, et qui correspondent aux couches décrites dans la carrière du Mont-Caburn.

(1) Sowerby, min. Conch. Pl. 587, fig. 1.; non d'Orbigny, dont la Woolgari (Paléont. Française) est la Vielbancii du Prodrome; elle est caractéristique de la partie moyenne de la zone à I. Brongniarti (Schlüter, T. 9. Fig. 1. 5., T. 12. Fig. 5. 6.) ; je l'ai recueillie à ce même niveau à Couvrot (Marne).

(2) La forme jeune, Prosperianus de d'Orbigny, pl. 100. fig. 3. 4.

(3) d'Orbigny Pal. Franc. Pl. 91, fig. 3, 4 du Turonien de Martrous près Rochefort ; je l'ai recueillie au même niveau à Roughborough (Wight) et à Montholon (Yonne), Schlüter la cite dans le Brongniarti plaener de Haaren en Westphalie.

(4) L'échantillon que j'identifie à l'espèce de Dixon (Sussex. T. XXIX fig. 12). porte des côtes égales, interrompues sur le ventre, et ornées d'un tubercule de chaque côté du dos ; Il n'a pas la rangée de tubercules impairs que Schlüter assigne à *Ham. Angustus* ; Les côtes sont arrondies , les espaces compris entre elles sont deux fois aussi larges que ces côtés.

Je crois donc avec Pictet (Ste-Croix page 94) que l'Ham. angustus (Dix.) ne portait que deux rangées de tubercules sur le dos. L'espèce des marnes Turoniennes de Stoppenberg en Westphalie que Schüter rapporte au Ham. angustus, Dixon, est nouvelle ; elle est caractérisée par ses côtes plus larges, et ses 3 rangs de tubercules. Il faut remarquer que la Fig. 12. de la planche de Dixon qui représente ce hamite vu de côté, doit montrer le dos tout entier : cette représentation un peu schématique des coquilles de céphalopodes semble habituelle à J. de C. Sowerby, auteur des dessins de Dixon. On peut s'en assurer dans le mémoire de Fitton dont les planches sont également dûes au crayon de J. de C. Sowerby, et où *Am. triserialis* par Ex. (pl. 18 fig. 27) représentée de côté comme *Hamites angustus* montre aussi les 3 rangées de tubercules de son dos.

Dans les Cliff Hills les zones à *I. labiatus* et à *T. gracilis* sont assez riches en fossiles, leur faune, comme on peut en juger, est très-différente : ces couches méritent donc d'être séparées. La carrière de Ranscombe est de toutes les carrières du Sussex, celle qui m'a fourni la plus grande quantité de restes de poissons.

*Ptychodus mammillaris*, Ag.
*Macropoma Mantelli*, Ag.
*Otodus appendiculatus*, Ag.
*Beryx radians*, Ag.
*Beryx sp.*, Etc.

Je crois donc que les célèbres poissons de la craie de Lewes, étudiés par Mantell, Agassiz, sont Turoniens. Les couches de ce côté du Mont-Caburn ont changé d'inclinaison, elles plongent vers le nord. En descendant vers Southerham, on passe bientôt sur le Chalk marl à *Holaster subglobosus* ; son épaisseur est de 30m dans une carrière où elle incline de 9° vers le nord. J'y ai trouvé :

*Ptychodus decurrens*, Ag.
*Beryx sp.*,
*Enoploclytia Leachii ?* Mant.
*Ammonites Rotomagensis*, Dcfr.
» *Mantelli*, Sow.
*Nautilus pseudo-elegans*, d'Orb.
*Scaphites æqualis*, Sow.
*Vermicularia umbonata*,
*Pleurotomaria seriatogranulata*, Gold.
*Pecten Beaveri*, Sow.
*Inoceramus striatus*, Mant.
*Pseudodiadema variolare*, Cott.
*Cidaris sp.*,
*Discoidea cylindrica*, Ag.
*Holaster Trecensis*, Leym.
» *subglobosus*, Ag.

Au delà on arrive à la grande carrière du Turn Pike de Southerham, déjà décrite avec soin par Mantell (1), Martin (2), Hopkins (3). On y voit toutes les couches depuis la craie marneuse Turonienne jusqu'à la craie à Marsupites. Le Chalk rock (zône à *Holaster planus*) s'y montre au-dessus du Turonien à *Spondylus spinosus* déjà décrit à Mont-Caburn et Ranscombe, c'est un banc dur épais de 1m avec nombreux *Micraster breviporus*, *Spondylus spinosus*, qui affleure près de la cabane des ouvriers.

La zône à *Micraster cortestudinarium* est assez riche en fossiles :

*Ptychodus Oweni*, Dix.
*Serpula cincta*, Gold.
*Crania parisiensis*, Dcfr.
*Rhynchonella plicatilis*, Sow.
*Micraster cortestudinarium*, Gol.
*Echinocorys gibbus*, Lamk.
*Cidaris subvesiculosa*, d'Orb.
» *sceptrifera*, (4) Mant.

Le principal point d'intérêt de ces couches, est leur grande inclinaison ; prise près du Chalk rock elle est de 25° à 30° vers le N. 20° O. — Les zônes supérieures à *Micraster cortestudinarium* et sur-

(1) Mantell. Geol. of the S. E. of England, London, in 8, 1833.
(2) P. J. Martin. Phil. Soc.
(3) W. Hopkins. Trans. Geol. Soc., vol. VII, 2e série.
(4) Cidaris sceptrifera, Mant. var. spinis truncatis, Forbes in Dixon.

tout celle à *M. coranguinum* peuvent se suivre sur une certaine distance ; leur inclinaison diminue graduellement, dans une carrière voisine, la dernière avant Cliff près Lewes est haute de 70 mètres, la craie à *M. coranguinum*, surmontée de la craie à *Marsupites*, est horizontale.

J'ai recueilli dans la craie à *Micraster coranguinum* :

*Micraster coranguinum*, Forb.
*Cidaris Merceyi*, Cott.
*Inoceramus*,

Mantell a signalé dans cette carrière un *Dyke*, rempli de sable, d'ocre, et d'argile couleur chocolat ; j'ai fait remarquer à Beachy Head une fissure analogue, située exactement dans la même position.

Au nord on suit la craie à silex jusqu'au ravin appelé « *The coombe* » ; Mantell qui a si bien décrit ces régions, a montré que les pentes sud de cette vallée étaient formées par la craie à silex, tandis que le côté septentrional était formé par le Lower Chalk (Turonien), et que par conséquent cette vallée correspondait à une faille.

Le Turonien est incliné vers le sud, sous lui se montre le cénomanien à Stoneham, il repose régulièrement sur le bombement Wealdien.

Si on compare l'allure des couches exposées dans les carrières de Southerham, et à la pointe de Beachy-Head, on est frappé de leur analogie. Des deux côtés des couches fortement inclinées, faisant tout-à-coup un pli assez brusque et devenant presque horizontales ; des deux côtés un remarquable *Dyke* d'argile brunatre ; des deux côtés l'inclinaison est vers le nord-ouest (N. 40° O. à Beachy-Head, N. 20° O à Southerham). Cette inclinaison empêche de considérer ces deux plissements comme étant la continuation l'un de l'autre, les accidents de Beachy-Head et de Southerham sont parallèles entre eux. L'inclinaison générale des couches de ce côté méridional du Weald est vers le S. O., leur direction comme on le voit nettement sur la carte (Pl. 1) étant nettement du N. O. au S. E.; si donc on fait une coupe à vol d'oiseau du N. O. au S. E., de Beachy Head à Lewes, elle sera parallèle au bombement Wealdien en cette région.

Voici cette coupe ; elle est théorique et destinée uniquement à montrer comment je comprends la structure des South Downs.

Fig. 3. — COUPE DE BEACHY HEAD A LEWES.

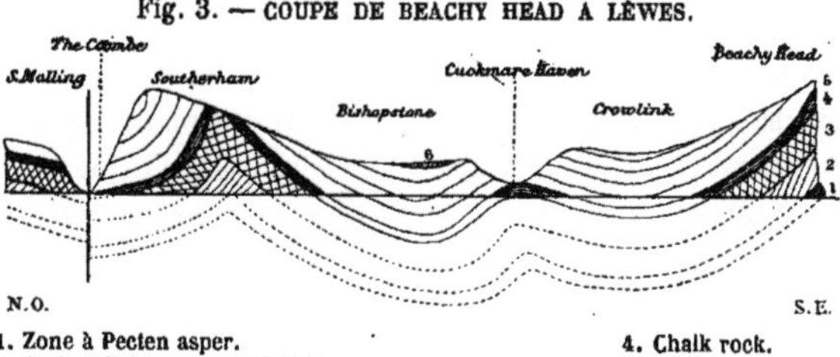


1. Zone à Pecten asper.
2. Craie à Holaster subglobosus.
3. Turonien.
4. Chalk rock.
5. Sénonien.
6. Tertiaire.

A la pointe de Beachy-Head, les couches inclinent fortement vers le N. O. ; j'ai décrit (p. 22) un pli synclinal à Crowlink ; elles se relèvent ensuite pour former le bombement de Cuckmare où se montre la craie à *M. cortestudinarium*. Le tertiaire de Seaford est dans un second pli synclinal, les couches se relèvent insensiblement vers Southerham, à Southerham corner nouvelle inclinaison N. O., faille « *The coombe* », et inclinaison S. à South-Malling.

Cette coupe, en résumé, montre trois plis convexes, Beachy-Head, Cuckmare, Southerham, parallèles entre eux, et perpendiculaires au grand bombement Wealdien ; c'est un nouvel exemple de la structure quadrillée décrite par M. Hébert ([1]) dans les régions crétacées du bassin de Paris, et que j'ai indiquée déjà dans l'île de Wight ([2]) où les accidents de la Medina et de Calbourne bottom sont perpendiculaires au grand bombement qui forme cette île.

Les inclinaisons N. O. des couches à Southerham et à Beachy-Head, étant perpendiculaires à l'inclinaison S. O. du flanc sud du bombement Wealdien, je ne puis admettre l'opinion de MM. Bristow et Topley ([3]) qui considèrent ces plis comme parallèles aux grands plissements : il y a ici réellement des accidents transversaux.

### 3. — Coupe de la Vallée de l'Adur.

Les parties inférieures du terrain crétacé supérieur ne m'ont rien présenté de particulier ; on retrouve les divisions des coupes précédentes.

La zone à Marsupites se montre très-bien développée. A Portslade, les silex de ce niveau sont zonés, blancs en dehors, en bancs espacés de 0,50 à 1,50, j'y ai recueilli : *Echinocorys gibbus*, *Plicatula sigillina* ; il y a de nombreuses infiltrations ferrugineuses dans la craie.

A Southwick les silex sont plus gros, j'ai recueilli :

| | |
|---|---|
| *Ostrea vesicularis*, Lk. | *Cidaris sceptrifera*, Mant. |
| *Rhynchonella subplicata*, Mant. | *Echinocorys gibbus*, Lk. |

A Old Shoreham, il y a encore des carrières à ce niveau ; j'y ai recueilli :

| | |
|---|---|
| *Ostrea vesicularis*, Lk | *Echinocorys gibbus*, Lk. |
| *Plicatula sigillina*, Wood. | *Micraster coranguinum*, Forb. |
| *Rhynchonella octoplicata*, Sow. | *Marsupites*. |

Toutes ces carrières se trouvent sur le prolongement de la ligne synclinale du centre du bassin tertiaire du Hampshire, qui va de Chichester à Arundel et Seaford. Dans cette partie orientale du bassin crétacé du Hampshire, c'est donc la craie à Marsupites que l'on trouve généralement au centre du bassin ; la craie à Belemnitelles s'y est cependant déposée ; il en existe encore des affleurements (*Outliers*) échappés aux dénudations.

---

([1]) Hébert. Bull. Soc. Géol. France, 2e sér., vol. XX.
([2]) Annal. Sciences Géol., Paris 1875, cahier n° 2.
([3]) Le Weald, Geol. Survey., vol. V, p. 276, 228.

J'ai recueilli à Lancing : *Echinocorys ovatus*, *Cyphosoma Kœnigi*, *Pecten cretosus*, *Inoceramus Cripsi* ?

A Kingston-by-Sea, une carrière ouverte dans cette assise à Belemnitelles m'a fourni la coupe suivante :

Fig. 4. — CARRIÈRE A KINGSTON-BY-SEA.

1. Craie tendre, bancs de silex noirs, quelques-uns zonés espacés de 0,50 à 1 m.
   *Echinocorys ovatus*, Lk.
   *Bourgueticrinus ellipticus*, Mill.
2. Banc de silex tabulaire (+).
3. Limonite, amas dont j'estime le volume à 1 m. cube.

La présence de l'*Echinocorys ovatus* (forme typique) prouve que la mer des Belemnitelles s'est avancée jusqu'à Kingston ; elle forme dans cette région à Kingston, Lancing, etc., le haut des collines crétacées.

### 4. — Coupe de la Vallée de l'Arun.

La craie glauconieuse affleure aux environs d'Amberley ; la zone à *Holaster subglobosus* activement exploitée peut être facilement étudiée Cette craie est si fendillée dans tous les sens qu'il serait impossible de prendre l'inclinaison dans ces carrières : épaisseur 25$^{m}$.

En descendant le cours de la rivière, on passe sur des couches plus récentes ; à Houghton, près la gare il y a une série de belles carrières qui montrent avec netteté la composition de la craie Turonienne (Lower Chalk).

1. Craie blanche, compacte, dure, bancs un peu fendillés de environ 1 m., séparés par des veines marneuses contenant des nodules . . . . . . . . . . . . . . . . . . . . . . . 10,00

| | |
|---|---|
| *Beryx radians*, Ag. | *Inoceramus labiatus*, Schl. |
| » *sp.* | *Ostrea semiplana*, Sow. |
| *Macropoma Mantelli*, Ag. | *Rhynchonella Cuvieri*, d'orb. |
| *Otodus appendiculatus*, Ag. | *Terebratula semiglobosa*, Sow. |

2. Craie blanche homogène en bancs de 1 m., séparés par des veinules marneuses grises de 2 à 8 cent. ; pas de nodules. . . . . . . . . . . . . . . . . . . . . . . . . . . . . . 25,00

| | |
|---|---|
| *Oxyrhina Mantelli*, Ag. | *Terebratula semiglobosa*, Sow. |
| Poissons nombreux. | *Rhynchonella Cuvieri*, d'orb. |
| *Inoceramus Brongniarti*, Sow. | *Holaster sp.* |
| *Terebratulina gracilis*, Schl. | *Echinoconus subrotundus*, Mant. |
| » *striata*, Wahl. | |

3. Nodules jaunis roulés.

4. Craie très fendillée, silex gris disséminés . . . . . . . . . . . . . . . . . . . . . . 2,00
*Terebratula semiglobosa*, Sow.
*Inoceramus* voisin de labiatus. [1]

5. Craie plus compacte à silex disséminés, que je considère comme la base du Sénonien.

La craie de cette vallée de l'Arun a fourni les fossiles décrits dans l'important ouvrage de Dixon sur la géologie de Sussex. Ces carrières de *Lower chalk* sont citées par Dixon, il y indique des Sphérulites, ainsi que de nombreux poissons. J'ai moi-même trouvé de très-beaux poissons dans la craie turonienne de Houghton ; ces observations viennent confirmer ce que j'avais avancé en décrivant la craie de Lewes, que les célèbres poissons fossiles du Sussex sont Turoniens.

De l'autre côté de la rivière, vers Lodge. affleure 50 mètres plus haut, la craie à silex zonés, et fragments de gros Inocérames *Inoceramus Cuvieri ?*, *I. involutus* , (zone à *M. coranguinum*) ; au sortir du parc d'Arundel on est sur la craie à Marsupites, elle est aussi exploitée sur la rive gauche de l'Arun à Burpham. Il y a de nombreuses exploitations dans ce même niveau, vers l'Est, à Lavant, Stoke, Halnaker, localités déjà étudiées par M. Martin, qui avait très-bien remarqué l'importance du niveau à Marsupites dans cette région des South downs, ainsi que sa position à la partie supérieure de la craie. La zône à Belemnitelles est recouverte par le tertiaire.

### 5. — Coupe de Ports Down.

Ports down est une crête de craie au milieu du tertiaire du Hampshire, M. Martin a décrit cette ligne anticlinale.

A l'est de Fareham on constate l'inclinaison S., mais l'inclinaison de ce côté ne dépasse pas 5° et est beaucoup plus faible qu'au N., les couches sont peu visibles et de suite recouvertes par le tertiaire. Les couches qui plongent au N. de la ligne anticlinale sont beaucoup plus faciles à étudier, leur inclinaison est plus forte variant de 10° à 15° et leur affleurement plus étendu ; elles forment seules la haute down de Ports, où elles sont exploitées en de nombreux points : une faille sépare sans doute ces deux faisceaux de couches.

La hauteur de ces collines accessible à l'étude est de 70m ; il y a une première série de carrières à la base, Bedhampton, Farlington, Cosham, Pauls'Groove, où les silex sont rares, forment des bancs minces, ou manquent entièrement. Quand les silex manquent comme à Pauls'Groove, la craie est alors identique à celle de Margate aussi bien par ses caractères minéralogiques que par sa faune ; j'y ai recueilli :

*Ostrea vesicularis*, Lk.
*Plicatula sigillina*, Wood.
*Pecten cretosus* Defr.
*Serpula*.
*Rhynchonella limbata*, Dav.
*R. . . . subplicata*, Mant.
*Terebratula carnea*, Sow.
*Echinocorys gibbus*, Lk.
*Offaster corculum*, Gold.
*Bourgueticrinus ellipticus*, Mil.
Astéries.
*Amorphospongia globosa*, V. Hag.

[1] Les fragments de cet Inocérame ne peuvent se distinguer de ceux du *I. labiatus* ; il est très-abondant partout à ce niveau (zone à *H. planus*) ; quelques échantillons en assez bon état me font croire qu'il est spécifiquement distinct du *I. labiatus*.

Ces différentes carrières qui montrent la craie sur une épaisseur de 50m sont toutes ouvertes dans la craie à Marsupites. Dans une carrière du village de Farlington, ainsi qu'à la base de la grande carrière de Pauls'Groove, il y a un banc jaune noduleux : il est peut être le même que celui de Rottingdean et de Beltout ? Dans la carrière de Pauls'Groove, l'abondance des Echinocorys est extrême.

Au haut de ces collines, la craie se charge de silex : l'étude en est facile vers Bedhampton, Belmont-Castle, et surtout dans les fossés des forts que l'on construit sur ces hauteurs, les forts Nelson, et de Farlington. Au fort Farlington, les couches inclinent de 12° vers le N., les silex sont assez nombreux, arrondis, noirs, à mince patine blanche, quelques-uns sont cariés ils forment des bancs minces :

| | |
|---|---|
| *Belemnitella mucronata*, Schlt. | *Echinocorys ovatus*. Lk. |
| *Ostrea vesicularis*, Lk. | *E . . . . gibbus ?*, Lk. |
| *Terebratula carnea*, Sow. | Astéries. |
| *Cardiaster Heberti*, Cott. | |

Cette craie visible sur 20 mètres appartient à la zône à Belemnitelles (niveau de Meudon) ; le *Cardiaster Heberti*, ainsi que les *Belemnitella mucronata* que j'y ai recueillis sont parfaitement caractérisés. Ce niveau est très-peu développé dans la partie orientale de ce bassin, c'est un dépôt confiné au centre du bassin, il est souvent recouvert par le tertiaire.

Les affleurements crétacés sont rares dans cette région du Hampshire ; j'ai recueilli quelques fossiles vers Havant, Chichester, et notamment près Chidham, ils appartiennent à la zone à Marsupites :

| | |
|---|---|
| *Serpula plexus*, Sow. | *Offaster corculum*, Gold. |
| *Crania striata*, Defr. | *Bourgueticrinus ellipticus*, Mill. |
| *Inoceramus*, | Astéries. |
| *Echinocorys gibbus*, Lk. | *Amorphospongia globosa*, v. Hag. |

Dans les îles de Thorney et de Hayling, je n'ai pas trouvé d'affleurements.

### 6. — Limite de la région orientale.

Je limite cette région à la rivière qui descend d'East Meon à Titchfield ; je ne connais pas son nom qui est omis sur la carte de l'ordnance Survey. Murchison (1) avait déjà en 1825 fixé la limite entre les South downs et les collines d'Alton, aux environs de Petersfield et de East Meon. Le cénomanien est très-développé en ces points extrêmes du bombement des Wealds ; Murchison a reconnu l'identité des couches inférieures avec l'upper green sand de l'île de Wight, et a de plus appelé l'attention sur les *terrasses* qui dans cette partie du Hampshire comme dans l'île de Wight impriment un cachet si particulier aux régions formées par les grès de cet âge.

(1) Murchison Trans. Géol. Soc., 2e sér., vol. 2, p. 97.

Petersfield est situé sur les sables du Lower green sand ; l'argile du gault est employée au Sud, près de Stroud, pour la fabrication des tuiles ; vers Langrish on arrive bientôt sur la zone à *Am. inflatus*, c'est un grès gris, sableux, léger, micacé, contenant des parties siliceuses bleuâtres ; le village de Langrish qui est bâti sur cette roche est un véritable village de l'Argonne, nombreux bois, et ravins escarpés de toutes parts.

L'upper green sand incline légèrement vers l'ouest, à Langrish son inclinaison ne dépasse pas 3° ; son épaisseur est de 25 mètres. J'y ai recueilli un grand nombre d'*Ammonites inflatus, Pecten laminosus*.

Murchison avait recueilli à Buriton et Nursted :

| | |
|---|---|
| *Ammonites varians*, Sow. | *Pecten laminosus*, Mant. |
| » *rostratus*, Sow. | *Gryphæa vesiculosa*, Sow. |

Une recherche attentive m'a permis d'observer le contact de cette zone à *Am. inflatus*, avec l'assise à *Holaster subglobosus*; au Nord de Barrow hill, au point de rencontre de quatre chemins, les tranchées sont ouvertes dans un sable vert grossier très-quartzeux, avec lequel alternent des bancs plus durs du grès gris de Langrish, les *Pecten laminosus* y sont abondants. Si on suit le chemin qui de là se dirige vers East Meon, on voit les bancs de grès devenir de plus en plus rares, le sable vert existe seul, enfin il est surmonté par un banc calcaire marneux,avec nombreux grains de glauconie de couleur vert foncé, et contenant des nodules bruns de phosphate de chaux.

L'épaisseur de ce banc est de 1 m., quoique je n'y ai pas rencontré de fossiles, je crois qu'on ne saurait hésiter à le rapporter au *chloritic marl*; j'assimile les sables verts grossiers épais d'environ 5 mètres, qui lui sont inférieurs aux *Warminster beds* (ma zone à *Pecten asper*); ces niveaux n'ont pas encore été signalés dans cette région du Hampshire.

Sur le *chloritic marl* repose une craie bleuâtre, moins marneuse, avec nombreuses pyrites dont l'épaisseur est de plus de 25 mètres, une très-belle carrière est ouverte à ce niveau au Nord de Langrish,j'y ai recueilli :

| | |
|---|---|
| *Turrulites costatus*, Lk. | *Baculites baculoides*, d'Orb. |
| *Ammonites Rotomagensis*, Defr. | *Inoceramus striatus*, Mant. |

C'est la zone à *Holaster subglobosus*, sa partie supérieure plus argileuse, bleuâtre, m'a fourni dans les fondations d'une maison près de l'église :

*Rhynchonella Mantelliana*, Sow.
*Ammonites varians*, Sow.

Les zones suivantes ne sont pas bien visibles dans cette région, à Droyton la craie contient des silex; à Westbury ils sont arrondis, zonés en bancs espacés de 0,50 à 1 mètre : *Echinocorys gibbus*, je rapporte cette craie à la zone à *M. coranguinum*. A Warnford, chemin de Heydown barn, craie presque sans silex, 2 à 3 petits bancs sur une épaisseur de 10 mètres; j'y ai trouvé :

*Ammonites sp.*
*Inoceramus sp.*
*Spondylus Dutempleanus*, d'Orb.

C'est la zone à Marsupites; à Exton, à Droxford, même craie sans silex. Plusieurs carrières sont ouvertes à Soberton, la craie y est inclinée de 5° vers le Sud, les silex y sont nombreux, noirs, arrondis, et assez gros. Au contact du tertiaire à la ferme d'Inklefield, une carrière montre une craie avec très-nombreux silex, en bancs espacés régulièrement d'environ 1m,50, ils sont noirs jusqu'au bord, peu patinés, arrondis; les *Echinocorys ovatus* y sont nombreux, j'ai trouvé en outre *Spondylus latus*, Sow. : c'est l'assise à *Belemnitelles.*

## RÉSUMÉ.

Le tableau suivant présente la succession des zones, ainsi que les épaisseurs que je crois devoir leur assigner; il montre de plus le parallélisme entre ces divisions et celles qui ont été établies par M. Whitaker dans le Sussex, Phillips dans le Kent. M. Hébert a déjà fait ce travail pour les falaises du Kent.

| CLASSIFICATION GÉNÉRALE. | CRAIE DU SUSSEX. Épaisseurs. | CRAIE DU SUSSEX. Divisions. | W. PHILLIPS. Trans. Geol. Soc. | W. WHITAKER. Geol. mag., 1871. |
|---|---|---|---|---|
| Assise à Belemnitelles. | 20m | Craie de Portsdown. | | |
| Zone à Marsupites. | 100 | Craie de Brighton. | | 1. Chalk with flints. |
| Zone à M. coranguinum. | 85 | Craie de Berling Gap. | Chalk with few organic remains. | |
| Zone à M. cortestudinarium | 15 | Craie de Cuckmare. | Chalk with many organic remains. | |
| Zone à Holaster planus. | 6 | Chalk rock de Beachy-Head. | | 2. Chalk with flints and nodular layers. |
| Zone à Tlina gracilis. | 50 | Marne de Ranscombe. | Chalk with few flints. | |
| Zone à I. labiatus. | 20 | Marne de Houghton. | Chalk with many organic remains. | 3. Chalk without flints, but with nodular layers. |
| Zone à Bel. plenus. | 8 | Marne d'Holywell. | Chalk with few organic remains. | 4. Massive chalk without flints. |
| Zone à Hol subglobosus. | 80 | Marne d'Eastbourne. | Grey chalk, chalk marl. | 5. Bedded chalk without flints. 6. Chalk marl. |
| Chloritic marl. | 2 | Marne glauc°° d'Eastbourne | | |
| Zone à Pecten asper. | 8 | Sable vert de Barrow hill. | | |
| Zone à Amm. inflatus. | 20 | Gaize de Langrish. | | |

Dans ce premier § 1, j'ai établi la superposition indiquée dans le tableau; j'ai de plus suivi ces zones d'une manière continue dans la région orientale du bassin crétacé du Hampshire. J'emploierai dans le cours de ce travail la classification générale avec noms de fossiles, de préférence à la classification régionale, parce que cette classification est déjà adoptée depuis les travaux classiques de M. Hébert; ce serait compliquer inutilement cette étude que de parler de la marne d'Holywell dans le Norfolk, de la craie de Brighton dans le Yorkshire, ou de celle de Ports down en Irlande. Ces zones étant en général séparées par des interruptions dans la sédimentation, contiennent des fossiles bien cantonnés; il en est cependant qui ont un aréa beaucoup plus vaste : le *Micraster coranguinum* se trouve dans deux zones, la *Terebratulina gracilis* partout, l'*Inoceramus labiatus* dans 3 zones, l'*Holaster subglobosus* dans quatre zones, le *Pecten asper* dans quatre zones, etc. Ces fossiles sont caractéristiques par leur abondance ; ainsi la *Terebratulina gracilis* qui est même un mauvais fossile pour la zone ainsi nommée en Angleterre, s'y ramasse en France dans les Ardennes, la Marne, à peu près comme les Nummulites [dans certains sables tertiaires.

J'ai de plus étudié des plissements de la craie, en deux sens différents; les uns parallèles au Weald (Ports down), les autres perpendiculaires au Weald (Beachy Head, Cuckmare, Lewes).

## § 2. — RÉGION SEPTENTRIONALE.

### 1. — Coupe nord-sud de Basingstoke à Otterbourn, Vallée de l'Itchen.

Pl. 3, fig. 3.

Cette coupe ne montre plus comme les précédentes, la simple superposition des différentes zones, en s'élevant des plus anciennes aux plus récentes. Elle fait voir clairement la constitution géologique du vaste plateau formé par les couches du bord nord du bassin crétacé du Hampshire.

La ligne anticlinale si souvent décrite qui va du bombement Wealdien au vallon de Pewsey, et qui ramène au jour le cénomanien dans les vallons de Kingsclere et de Ham, n'est guère visible aux environs de Basingtoke. Le bombement des couches est insensible entre le Weald et la vallée de Kingsclere, la craie s'abaisse insensiblement sous le tertiaire du bassin de Londres ; l'inclinaison la plus forte est celle de 8° indiquée à Monks Sherborne sur la carte du geological Survey. Elle ne dépasse pas ordinairement 2° à 3° ; à Chinham, près Basingstoke, où une carrière montre la craie au contact du tertiaire, l'inclinaison est à peine de 1° nord.

La craie au contact de ce tertiaire du bassin de Londres est blanche, tendre, avec rares silex blancs ou jaunes extérieurement, arrondis, disséminés dans les bancs, ou en lits tabulaires.

J'ai recueilli à Chinham les fossiles suivantes :

*Belemnitella Merceyi*, May.
*Serpula*
*Inoceramus*
*Ostrea hippopodium*, Nilss.
*Plicatula sigillina*, Wood.
*Echinocorys gibbus*, Lk.
*Micraster coranguinum* (rare).

Je les rapporte à la zone à Marsupites. Aux environs de Basingstoke, la craie appa tient toujours au même niveau, les silex sont peu abondants, zonés ; les fossiles sont rares, je n'y ai guère recueilli que des Echinocorys et des fragments d'Inocérames.

Au sud de Basingtoke, les couches deviennent presque horizontales, plongeant insensiblement vers le bassin tertiaire du Hampshire. La craie à Marsupites, qui constitue le membre supérieur de la série crétacée en cette région, a grâce à cette disposition, une distribution géographique assez étendue. On peut la suivre jusqu'au delà de Mitcheldever. A l'ouest de Basingstoke, on la voit encore vers Wortingwood, Wootton-S[t]-Lawrence, Clarken green, où les silex deviennent plus abondants, Dean, Ash, Poolhampton, Overton ; mais les fossiles sont très-rares dans toute cette contrée.

J'ai recueilli seulement :

| | |
|---|---|
| *Pecten cretosus*, Defr. | *Rhynchonella plicatilis*, Sow. |
| *Inoceramus* | *Echinocorys gibbus*. Lk. |

Au sud de Mitcheldever, en approchant de la rivière Itchen, la craie contient plus de silex ; aux environs de Itchen-Abbots, Martyr-Worthy, Easton, il y a plusieurs carrières où l'inclinaison est vers le nord. Les silex y sont nombreux, zonés, brunâtres, en bancs espacés de 1 à 2$^m$ ; les *M. coranguinum* sont abondants et parfaitement conservés, avec eux se trouvent :

| | |
|---|---|
| *Lima Hoperi*, Defr. | *Echinoconus conicus*, Bregn. |
| Inocerames nombreux | *Micraster coranguinum*, Forb. |
| *Ostrea sp.* | *Echinocorys gibbus*, Lk. |

La faune, les caractères minéralogiques et l'inclinaison de ces couches concordent pour prouver qu'elles sont inférieures à la craie à *Marsupites*, et qu'elles appartiennent à la zone à *M. coranguinum*. La zone à *M. coranguinum*, avec silex en bancs, zonés, et souvent cristallins au centre, se voit bien à Chilland, près Martyr-Worthy, à Lodge, à Ovington, vers Stoke cottage et Abbottstone farm, ainsi qu'aux environs d'Alresford. Au sud d'Easton, cette zone affleure encore à Kings Worthy, ainsi qu'à environ 1 kilomètre au nord de la station de Winchester, près d'une campagne située sur la rive droite de L'Itchen.

La coupe des tranchées du chemin de fer aurait ici un grand intérêt, mais en cette occasion comme en beaucoup d'autres, j'ai dû me passer de ces renseignements ; les géologues qui pourraient profiter de ces belles coupes donneraient une beaucoup plus grande exactitude aux études que j'ai entreprises, et qui sont nécessairement des esquisses dans ces contrées où les exploitations sont très-disséminées, et où je n'ai pu circuler sur les voies ferrées ni recueillir de documents sur les forages.

Quoiqu'il en soit, si l'on traverse l'Itchen à Winchester, on trouve sur la rive gauche d'instructives exploitations. Une grande carrière est ouverte dans la St-Giless Hill, l'inclinaison y est de 8° vers le Nord un peu Est.

J'y ai relevé la coupe suivante de bas en haut :

| | | |
|---|---|---|
| 1. | Craie blanche dure, compacte, bancs de 0,50 à 1m, séparés par des veinules de marne grise, schisteuse ; rares silex noirs, petits, disséminés sans ordre | 6,00 |
| 2. | Banc continu de nodules de silex | 0,05 |
| 3. | Craie blanche compacte | 1,50 |
| 4. | Banc de nodules de silex | 0,05 |
| 5. | Craie blanche compacte, veinules marneuses : *Terebratulina gracilis*, Schlt. Spongiaires. | 3,00 |
| 6. | Lit de nodules durs, jaunes | 0,20 |
| 7. | Craie blanche, compacte, veines de marne schisteuse ; bancs noduleux, et rares silex noirs en bancs irréguliers : *Otodus*; *Spondylus latus*, Sow.; *S. . . . spinosus*, Sow.; *Inoceramus Brongniarti*, Sow.; *Terebratulina gracilis*, Schlt.; *Terebratula semiglobosa*, Sow. | 8,00 |
| 8. | Marne argileuse | 0,20 |
| 9. | Craie très-noduleuse : *Rhynchonella Cuvieri, Terebratula semiglobosa, Spondylus spinosus.* | 3,00 |

L'abondance des *Spondylus spinosus*, *Inoceramus Brongniarti*, *Terebratulina gracilis*, prouve que ces couches appartiennent à la zone Turonienne à *Terebratulina gracilis*. Les bancs noduleux de la partie supérieure ont aussi été reconnus à ce niveau dans les South downs, ainsi qu'en France dans les falaises de la Manche. Le Turonien le mieux caractérisé affleure donc ici, et son inclinaison est vers le Nord. A la gare de Winchester, le plongement est aussi vers le Nord, il égale 10°.

Il y a donc à Winchester un relèvement des couches. L'inclinaison Sud produite par la ligne anticlinale de Kingsclere et de Ham, qui sépare les bassins de Londres et du Hampshire, ne se continue pas régulièrement jusque sous le tertiaire du Hampshire ; cette inclinaison diminue graduellement pour changer enfin de sens au Nord de Winchester. L'espace compris entre la ligne anticlinale de Kingsclere, et Winchester est donc occupé par un pli synclinal : les couches supérieures du crétacé que j'y ai observé, appartiennent à la craie à Marsupites, elles sont recouvertes directement par les couches de Woolwich et de Reading.

De St Giless Hill vers l'Est, la craie Turonienne conserve son inclinaison Nord ; elle forme la base de Magdalen Hill, où sa zone inférieure dure, conglomérée, avec nombreux *Inoceramus labiatus* est visible. Easton High down est une haute colline, la craie Turonienne y est recouverte par des zones de craie plus récentes, je ne l'ai plus vu affleurer au delà.

De St Giless Hill vers le Sud, une ligne de carrières montre le pli anticlinal, dont le centre formé par l'assise cénomanienne à *Holaster subglobosus*, se trouve vers Barton farm. A St Catherines Hill en effet, une première carrière est ouverte dans une craie blanche, dure, compacte, en bancs de 1 m., séparés par des veinules de marne, et très noduleuse à la base :

*Inoceramus labiatus*, Schlt.
*Rhynchonella Cuvieri*, d'Orb.

La craie noduleuse (1), sans silex, a 10 m. d'épaisseur; son inclinaison est 6° Sud. Une carrière voisine montre des couches supérieures, l'inclinaison est plus forte, 8° Sud; il y a là de bas en haut:

1. Craie blanche compacte, quelques silex cornus, noirs, disséminés; bandes de marne espacées de 0,50 à 1 m.; infiltrations noirâtres . . . . . . . . . . . . . . . . . . . . . . 4,00
2. Marne plus tendre . . . . . . . . . . . . . . . . . . . . . . . . . . 0,15
3. Craie blanche compacte: *Terebratulina gracilis*. . . . . . . . . . . . . . . . . 0,20
4. Nodules jaunes dans une craie blanche . . . . . . . . . . . . . . . . . . 0,20
5. Craie grossièrement noduleuse. . . . . . . . . . . . . . . . . . . . . 4.00
6. Argile gris de fer . . . . . . . . . . . . . . . . . . . . . . . . . 0,04
7. Craie blanche noduleuse. . . . . . . . . . . . . . . . . . . . . . . . 2,00

*Holaster planus*, Mant. — *Terebratula semiglobosa*, Sow.
*Micraster breviporus*, Ag. — *Spondylus spinosus*, Sow.
*Rhynchonella Cuvieri*, d'Orb. — *Inoceramus sp.*

8. Éboulements : craie noduleuse avec silex assez nombreux . . . . . . . . . . . . . . 10,00

*Micraster cortestudinarium*. — *Inoceramus sp.*

9. Craie plus homogène, bancs de silex généralement cariés. . . . . . . . . . . . . . . 4,00

Inocerames à test épais.

Une dernière carrière dans Twyford down, près du chemin de Saint-Crofs, montre encore une craie dure noduleuse avec silex noirs, brunâtres, de formes irrégulières; c'est la base de la zone à *Micraster cortestudinarium*.

*Micraster cortestudinarium*, Gold.
» *breviporus*? Ag.
*Inoceramus*.

A sa partie supérieure :

*Micraster cortestudinarium*.
*Holaster placenta*, Ag.

Les couches supérieures à la zone à *Holaster planus* sont mieux exposées sur l'autre rive de l'Itchen ; de ce côté près du mot River de la carte du Survey, la craie est dure, un peu noduleuse, avec nombreux silex noirs compactes, en bancs espacés de 0,50 : *Inoceramus, Micraster cortestudinarium, Terebratula semiglobosa*, spongiaires.

La zone à *M. cortestudinarium* est ici peu épaisse, elle ne dépasse pas 10 mètres; au Sud du village de Compton la craie est plus tendre, et contient des bancs minces de silex zonés, les *Echinocorys gibbus* y sont seuls abondants. Cette craie appartient à la zone à *M. coranguinum*, cette zone pas plus que la précédente ne m'a présenté de bel affleurement dans cette région.

(1) Voici une analyse de cette craie que je dois à M. Duvillier, préparateur de Chimie à la Faculté des Sciences de Lille :

| | |
|---|---|
| Argile et sable | 0,72 |
| Silice soluble | 0,06 |
| Oxyde de fer | 0,20 |
| Phosphate de chaux | 0,12 |
| Carbonate de chaux | 98,85 |
| Carbonate de magnésie | 0,40 |
| | 99,85 |

Au haut de la côte avant Otterbourn, la craie à *Marsupites* peut être très-bien étudiée; son inclinaison nette dans la tranchée de la route est de 8° Sud. Une carrière voisine est assez riche en fossiles; la craie (1) y est tendre, blanche, les silex petits, arrondis, blancs ou jaunes en dehors, en petits bancs espacés de 1 à 2 mètres :

| | |
|---|---|
| *Inoceramus sp.* | *Echinocorys gibbus*, Lk. |
| *Offaster corculum* Gold. | Éponges. |

Les *Offaster corculum* sont très-abondants dans cette carrière ; cette même carrière présente au milieu des bancs de craie, un lit horizontal d'argile ferrugineuse épaisse de 0 à 0,30. Il n'est qu'un résultat d'infiltration postérieur au dépôt de la craie, on en a la preuve dans le chemin voisin où la craie ravinée sur plus de 10 mètres montre des poches larges de 2 à 4 mètres de cette même argile.

Une autre carrière près de la tranchée du chemin de fer, exploitait cette même craie; j'y ai recueilli :

| | |
|---|---|
| *Pecten cretosus*, Defr. | *Rhynchonella octoplicata*, Sow. |
| *Caprotina sp.* | *Echinocorys gibbus*. Lk. |
| *Rhynchonella limbata*, Dav. | *Offaster corculum*, Gold. |
| » *subplicata*. | |

L'inclinaison est toujours Sud, mais semble beaucoup plus faible. Cette coupe de Basingstoke à Otterbourn fait voir que Winchester est au centre d'un pli anticlinal, comme P. J. Martin l'avait indiqué. Le centre de ce bombement est formé par la craie à *Holaster subglobosus* puisqu'on voit toute l'épaisseur du Turonien dans les collines de Saint-Giless et de Sainte-Catherine. La craie à *Belemnitelles* ne se trouve pas dans cette région

### 2. — Collines d'Alton.

Le cénomanien que l'on n'a pas rencontré dans la coupe précédente est intéressant et très-bien développé à l'Est de cette région septentrionale du bassin crétacé du Hampshire. Elle forme les collines d'Alton, bien connues des géologues ; aussi est-il ici bien plus facile de renvoyer aux travaux de Murchison, Martin, Mantell, Fitton, Bristow, Whitaker, que de trouver quelque chose de nouveau dans cette contrée.

La zone à *Am. inflatus* (upper green sand) grès gris, tendre, léger, micacé, avec bancs bleuâtres siliceux et calcarifères est parfaitement décrite ; Fitton citait les coupes de ce district comme les plus

(1). Je dois une analyse de cette craie à M. Duvillier.

| | |
|---|---|
| Argile | 0,70 |
| Silice soluble | 0,10 |
| Oxyde de fer | 0,08 |
| Phosphate de chaux | 0,08 |
| Carbonate de chaux | 98,85 |
| Carbonate de magnésie | 0,15 |
| | 99,96 |

belles après celles de l'île de Wight, son épaisseur est de 25 mètres. Entre Lower Froyle et Anchor Inn dans le chemin, l'inclinaison est N. 6° ; cette inclinaison s'observe encore aux environs dans plusieurs carrières de craie à *Holaster subglobosus* ; au Sud, les couches deviennent horizontales près de la rivière Wey, et au Sud du Fulling mill une carrière montre l'inclinaison 2° vers le S. un peu O.-A Wilsham, près Alton, la craie à *Holaster subglobosus* est inclinée de 5° vers le S. O. ; il y a donc un axe anticlinal aux environs de Froyle. Je considère cet axe comme le prolongement de celui de la vallée de Kingsclere.

Fitton ([1]) cite dans le upper green sand de cette région :

| | |
|---|---|
| *Ammonites catillus* | *Pecten Beaveri* |
| *A. . . . splendens* | *P. . nitidus* |
| *Arca carinata* * | *P. . orbicularis* * |
| *Avicula gryphœoides* * | *P. . quinquecostatus* |
| *Gryphœa columba* | *Plicatula inflata* |
| *G. . . vesiculosa* * | *Solarium granulatum* |
| *G. . . sinuata* | *Thetis major* * |
| *Nautilus elegans ?* | Impressions végétales.* |
| *Pecten asper* | |

*Pecten laminosus, Ostrea vesiculosa*, sont surtout très-communes ; j'ai retrouvé les espèces suivies d'un astérique, et ai ramassé en outre aux environs de Binstead et de Lower Froyle :

| | |
|---|---|
| *Ammonites Renauxianus*, d'Orb. | *Ostrea canaliculata* d'Orb. |
| *Cardita Dupiniana*, d'Orb. | *Pecten membranacaceus* (est-il |
| *Plicatula pectinoides*, Sow. | différent de *Nitidus* ?) |

Le chloritic marl est assez développé dans ce district d'Alton ; MM. Bristow et Whitaker ([2]) pensaient qu'il ne se trouvait pas dans la plus grande partie de ce pays, et l'indiquaient au Sud entre Farrington et Norton farm ; je l'ai suivi jusqu'au Nord de ce bombement des Wealds. Si de Binstead on se dirige vers Holybourn, c'est-à-dire vers la partie supérieure de l'upper green sand, on rencontre dans la tranchée du chemin de fer près du passage de la Wey, un sable grossier, micacé, très-glauconieux, représentant de ma zone à *Pecten asper*, et sur lequel repose une marne gris jaunâtre avec gros points de glauconie, et quelques rares nodules bruns de phosphate de chaux. L'épaisseur de cette marne n'atteint pas 1 mètre, on ne peut hésiter à y reconnaître le chloritic marl. M. Aveline l'avait aussi signalé au Sud entre Alton et West Worldham, ainsi qu'au N. O. de Selbourne. Peut-être les *Pecten asper* cités par Fitton dans l'upper green sand, proviennent-ils des sables verts grossiers de sa partie supérieure ? C'est à ce niveau que cette espèce a acquis son plus grand développement, elle n'y est pas cependant limitée ; je l'ai trouvée, bien que très-rarement en France, dans la zone à *Am. inflatus*, je ne l'ai pas encore rencontrée en Angleterre.

([1]) H. Fitton. On the strata below... Trans. Geol. Soc. Vol IV. Ser. 2. 1827. p. 154. 6.
([2]) Memoir. Geol. Survey. Sheet 12. p. 12. Geol of Berks and Hampshire. 1862.

Au-dessus du chloritic marl, on observe près de là à Neatham quelques mètres d'une marne argileuse gris-bleuâtre, se délitant rapidement à l'air et contenant de nombreux petits brachiopodes :

*Serpula*,
*Rhynchonella Mantellana*, Sow.
*Terebratulina striata*, Wahl.

Ce niveau est aussi visible à Lower Froyle. Il est surmonté par le chalk marl, exploité en de nombreux points aux environs d'Alton ; ils ont ensemble 30 mètres d'épaisseur. Le chalk marl à *Holaster subglobosus* se présente dans cette contrée avec son faciès habituel ; les fossiles y sont assez abondants, notamment à la base. J'y ai recueilli :

*Ammonites Rotomagensis*, Defr.
» *Mantelli*, Sow.
*Scaphites æqualis*, Sow.
*Baculites baculoïdes*, d'Orb.
*Inoceramus striatus*, Mant.
*Terebratula semiglobosa*, Sow.

Cette zone a été bien étudiée parait-il par M. Curtis aux environs d'Alton. Je ne connais ces études que par la citation de M. Bristow, dans le IVe volume des mémoires du geological Survey où M. Whitaker a réuni tant de précieux documents. M Curtis d'après M. Bristow établit trois divisions dans le chalk marl :

1. A la base, marne gris-pâle avec lits et concrétions plus durs, cette marne est parfois complètement bleue.
2. Craie marneuse blanche
3. Marne verdâtre très-dure.

Il est regrettable que l'on n'ait pas donné les listes des fossiles recueillis dans ces divisions (1) ; je ne cite pas les listes données par M. Etheridge, le chalk marl de ces listes doit être le véritable chloritic marl, le Lower chalk correspond à ce que M Whitaker appelle chalk marl à Folkelstone; il y a eu ici je crains des confusions fâcheuses. Il serait très-intéressant de connaître la faune des trois subdivisions de M. Curtis, car je ne crois pas avec M. Bristow qu'elles soient seulement locales ; elles sont parfaitement comparables à celles que j'ai indiquées à Beachy Head, où il y a de bas en haut :

1. Craie argileuse blanc-bleuâtre avec bancs durs. . . . . . . . . . . . . . . . . . . . . . . 10,00
2. Craie compacte moins argileuse. . . . . . . . . . . . . . . . . . . . . . . . . 20,00
3. Craie gris bleuâtre un peu verdâtre. . . . . . . . . . . . . . . . . . . . . . . 3,00

Pour moi ces subdivisions de l'assise à *Holaster subglobosus* sont très-générales ; la supérieure représente la zone à *Belemnites plenus*, zone reconnue d'abord par M. Hébert (2) dans le Nord du bassin de Paris, puis ensuite en Allemagne par M. Schlüter (3), et que j'ai moi-même (4) suivie dans la moitié du bassin de Paris.

(1) « Hippurites are found in the Lower chalk at Neatham (Holybourn) and at Froyle. » Bristow. Geol Surv., vol. IV, p. 19.
(2) Hébert. Bull. Soc. Geol. France, 2e sér., T. XXIX, p. 590.
(3) Schlüter. Zeits. Deuts. Geol. Ges., 1874, p. 842.
(4) C. Barrois, Annal. Soc. Géol., Nord, vol. II, p. 146.

La médiane, la plus épaisse, est la moins riche en fossiles, elle contient surtout des céphalopodes ; à la base ils sont cependant assez nombreux, principalement les Turrulites qu'on ne trouve guère plus haut. C'est le vrai chalk marl exploité partout. La subdivision inférieure ordinairement peu épaisse, se suit également ; on peut la caractériser par le nombre des petits Brachiopodes et des Spongiaires qu'elle contient, notamment *Plocoscyphia meandrina* (F. A. Roemer) : Reconnaissable partout en Angleterre où on a de belles coupes de la zone à *Holaster subglobosus*, ce niveau avait déjà été distingué à Folkestone par M. Whitaker : [1] « plus bas la couleur est plus foncée, et la craie » est très-tendre par places, mais elle contient de minces couches dures de grès ? ». Je l'ai reconnu au Blanc nez, et l'ai indiqué dans l'Yonne [2] entre la zone à *Pecten asper* et la *craie à Ammonites* de M. Leymerie (Chalk marl). Ce niveau à *Plocoscyphia meandrina* est beaucoup moins distinct du reste de l'assise à *Holaster subglobosus*, que le niveau supérieur à *Belemnites plenus* qui forme une zone bien nette.

Dans le district d'Alton, la craie dure noduleuse avec nombreux *Inoceramus labiatus* se montre avec ses caractères ordinaires au-dessus de la zone à *Holaster subglobosus*. Le contact est visible dans une carrière au Sud d'Alton à Chawton, ainsi qu'au nord de Lower Froyle ; là la craie noduleuse est surmontée par une craie plus tendre, blanche, où j'ai recueilli *Echinoconus subrotundus*.

De Chawton à Medstead, on traverse les zones supérieures de la craie jusqu'à la zone à *M. coranguinum* inclusivement ; ces zones sont peu épaisses dans la région septentrionale du bassin. Près la gare de Medstead, il y a de belles tranchées dans la craie ; la craie est tendre, les silex sont en bancs minces, continus, espacés de 2$^{m}$, et en bancs irréguliers situés entre ces bancs continus.

Fig. 5. — COUPE DE LA TRANCHÉE DE MEDSTEAD.

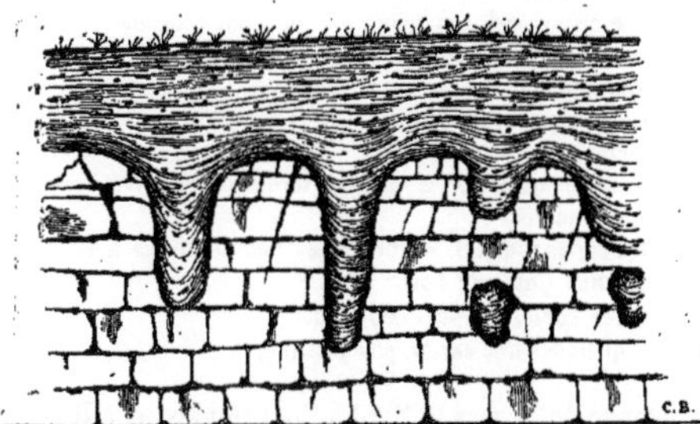


Il m'a été impossible d'y trouver des fossiles, je la rapporte à la partie supérieure du *M. coranguinum* ou à la base de la zone à Marsupites ; l'inclinaison est de 4° vers le Sud un peu Ouest : La craie de toute cette région est recouverte par une couche très-épaisse d'argile rouge-brunâtre avec silex. La surface de la craie a été violemment ravinée, et ce diluvium rougeâtre pénètre dans des poches profondes quelquefois de 3 à 4 $^{m}$ ; il y forme aussi des orgues géologiques comme le montre le croquis que j'ai pris dans la tranchée au Nord de la gare de Medstead.

(1) W. Whitaker. Mem. Geol. Surv. Vol. IV, p. 33.
(2) C. Barrois. Annal. Soc. Geol. Lille. T. 2. p. 8-10.

Ces orgues géologiques sont dûs à ce que les poches de diluvium ont été coupées obliquement par la tranchée. A Ropley, et jusqu'à Alresford, la craie ne contient presque pas de silex, elle appartient à la zone à Marsupites. Je n'ai reconnu nulle part de ce côté l'assise à Belemnitelles.

### 3. — Coupe Nord-Sud de Kingsclere à Mottisfont. — Vallée de la Test.

Pl. III, Fig. 4.

Les vallées de Kingsclere et de Ham décrits en 1825 par Buckland, ont été depuis lors étudiées à diverses reprises; Buckland (1) y avait reconnu des vallées d'élévation et la ligne anticlinale qui séparait les bassins de Londres et du Hampshire, ce qui a été universellement admis.

MM. Rupert-Jones (2), et Aveline (3) ont encore donné récemment de nouveaux détails sur la constitution géologique de ces vallées, je ne puis donc que renvoyer à leurs notes. Les couches inclinées de 5° à 20° au Nord, sont presque horizontales au Sud de l'axe anticlinal. Je n'ai pu étudier assez les couches du faisceau Nord, le tracé de ma carte n'est donc ici qu'approximatif; je suis porté à croire que de petites failles parallèles à l'axe de la vallée coupent les couches de ce côté. Le sable gris glauconieux se voit au centre du bombement; dans les couches du faisceau Sud je n'ai pas rencontré de bonnes coupes montrant le contact de la zone à *Am. inflatus* et *Hol. subglobosus*, aussi n'ai-je pas observé la zone à *Pecten asper*. Y existe-t-elle? cela me paraît vraisemblable puisque je l'ai reconnue partout à l'Est dans les collines d'Alton, de Froyle à Petersfield; je l'ai également trouvée à l'Ouest dans le vallon de Pewsey. Voici la coupe que j'ai relevée au Sud du vallon de Kingsclere :

1. Sable gris jaunâtre, glauconieux, et grès tendre, (zone à *Am. inflatus*). . . . . . . . . . 15,00
2. Zone à *Pecten asper*, Chloritic marl, ces deux niveaux m'ont échappé.
3. Chalk marl à *Holaster subglobosus*, il incline 1° S. à Beacon Hill, 2° S. à Down farm. . . . . 25,60
   *Holaster subglobosus*, Ag.
   *Inoceramus striatus*, Mant.
4. Marne sans silex (Turonien). . . . . . . . . . . . . . . . . . . . . . . . . 30,00
5. Chalk rock (zone à *Holaster planus*); les nodules verdis de ce niveau sont visibles dans le chemin près l'église de Litchfield
6. Craie blanche avec silex cariés; incl. S. — 1° dans le chemin qui va à l'Est de Litchfield :
   *Inoceramus Cuvieri*? Sow.
   *Micraster cortestudinarium*, Gold.
7. Craie avec silex zonés, quelques-uns cariés, peu fossilifère.

Cette craie est plissée et plonge de 5° vers le Nord à Cold Henley, et à Holdings, mais cet accident est peu important et très local; à Larks barrow l'inclinaison est de 3° Sud; à Travellers Rest même craie, les fossiles sont très-rares partout : fragments d'Inocérames.

Whitchurch est sur la craie à Marsupites, je décrirai plus loin cette craie, mais je dois revenir

(1) Buckland. Trans. Geol. Soc., ser. 2, vol. II, p. 118.
(2) Geol. mag., vol. VIII 1871, p. 511.
(3) Mém. Geol. Surv., vol. IV, p. 11.

auparavant sur les derniers numéros que l'on peut étudier avec plus de détail sur les bords de la Test. La craie à *M. cortestudinarium* et à silex cariés (nº 6) est visible au nord d'Hurstbourne-Tarrant, à Ibthrop et à Upton; au Sud d'Hurstbourne-Tarrant, est une carrière de craie dure, fendillée, avec quelques silex compactes disséminés :

*Holaster planus* (Mant. Sp.) Ag.
*Spondylus spinosus*, Sow.

Au Nord de Stoke, à un niveau inférieur de 15 mètres au précédent, une belle carrière est ouverte au contact de la craie Turonienne et du Sénonien ; elle montrait de bas en haut :

| | | |
|---|---|---|
| 4. *a* Craie blanche dure avec nodules gris, silex cariés, disséminés, cette craie correspond à la partie supérieure du nº 4 de la coupe précédente | | 2,00 |
| *Inoceramus Brongniarti*, Sow. | *Spondylus spinosus*, Sow. | |
| *b*. Marne grise | | 0,04 |
| *c*. Craie noduleuse | | 2,00 |
| 5. *a*. Nodules verdis en dehors, roulés, perforés ; nombreux fossiles | | 0,04 |
| *Inoceramus sp.* | *Serpules.* | |
| *Parasmilia sp.* | | |
| *b*. Craie très-dure, peu noduleuse | | 2,00 |
| *Inoceramus*, voisin de *Labiatus.* | *Holaster planus*, Mant. | |
| *Terebratula semiglobosa*, Sow. | *Echinocorys gibbus*, Lk. | |
| *Micraster breviporus*, Ag. | | |
| *c*. Craie avec nodules verts, silex, pyrites | | 0,15 |
| *d*. Craie noduleuse | | |
| *Micraster breviporus* ? Ag. | *Micraster cortestudinarium*, Gold. | |

La craie à *Micraster cortestudinarium* est peu épaisse dans cette région ; au S. O. de St Mary-Bourne (1), une petite carrière m'a fourni :

| | |
|---|---|
| *Pecten sp.* | *Micraster cortestudinarium*, Gold. |
| *Echinocorys gibbus*, Lk. | |

Les silex étaient cariés, il y en avait deux bancs tabulaires de 0,03 et espacés de 0,60. Cette coupe montre comme on le voit sur la carte (Pl. 1.) qu'entre Hurstbourne-Tarrant et Stoke, il y a un affleurement de craie Turonienne au milieu de la craie blanche à silex ; c'est un petit axe anticlinal parallèle à ceux de Kingsclere et de Ham. Il se continue d'une manière très-nette avec le pli que j'ai signalé à Cold Henley, et on peut le prolonger jusqu'aux hauteurs du Nord de Popham sur lesquelles Martin (2) avait déjà appelé l'attention.

(1) M. J. Stevens a publié plusieurs travaux sur St-Mary-Bourne ; il m'a été impossible de les trouver, et je n'ai pu par suite les consulter.

J. Stevens. — St-Mary-Bourne, Past and Present, containing Geol. of the Parish. 8vo. 1863.

» A Descriptive list of Flint implements, and fossils from the Chalk of St-Mary-Bourne, 8vo Londres 1867.

(2) P. J. Martin. — Philosophical magazine.

A Chapmans ford, la craie contient des silex zonés, quelques-uns sont encore cariés ; ils sont disposés en bancs espacés de 0,50 à 1ᵐ.

| | |
|---|---|
| *Inoceramus sp.* | *Echinocorys gibbus*, Lk. |
| *Ostrea hippopodium*, Nilss. | *Echinoconus conicus*, Breyn. |
| *Plicatula sigillina*, Wood. | *Micraster coranguinum*, Forb. |
| *Thecidea Wetherelli*, Mor. | |

Je rapporte cette craie à la zone à *M. coranguinum* ; à Engine house une autre carrière montre la même craie, l'inclinaison est toujours de S. 1° ; ce niveau est encore visible au N. de Doles Wood.

A Cross-Keys, près Hurstbourne Priors, une belle carrière est ouverte dans la zone à *Marsupites* très-fossilifère. La craie y est horizontale, tendre, et contient quelques silex noirs, zonés, en petits lits irréguliers espacés de 0,50 à 1ᵐ.

| | |
|---|---|
| *Corax pristodontus*, Ag. | *Thecidea Wetherelli*, Morris |
| *Belemnitella vera*, Mil. | *Rhynchonella octoplicata*, Sow. |
| *Inoceramus* | » *plicatilis*, Sow. |
| *Janira Dutemplii*, d'Orb. | » *subplicata*, Mant. |
| *Ostrea vesicularis*, Lk. | *Serpula* |
| » *hippopodium*, Nilss. | *Micraster.* |
| *Plicatula sigillina*, Wood. | *Echinoconus conicus*, Breyn. |
| *Spondylus Dutempleanus*, d'Orb. | *Echinoconus gibbus*, Lk. |
| *Terebratulina striata*, Wahl. | |

J'ai déjà dit en traçant la coupe de Basingstoke à Otterbourn, que la zone à Marsupites était très-développée à cette latitude; mais c'est surtout aux environs de Whitchurch qu'on peut s'en persuader, grâce au grand nombre des exploitations. A l'Ouest de Whitchurch, vers Andover, elle se présente toujours avec les mêmes caractères ; son étude est particulièrement intéressante aux environs de la forêt d'Harewood où se trouve plusieurs « *outliers* » des couches de Woolwich et Reading. Les silex y sont assez gros, zonés, jaunes en dehors ; je n'y ai malheureusement pas trouvé beaucoup de fossiles, mais ceux que j'y ai recueillis suffisent pour fixer l'âge de cette couche :

*Echinocorys gibbus*, Lk.
*Marsupites*
*Ostrea vesicularis*, Lk.

La craie à Belemnitelles où les *B. mucronata* et les *Magas pumilus* sont ordinairement si nombreux, qu'on les trouve sans qu'il soit presque besoin de les chercher, manque donc ici. Je n'ai trouvé dans cette région aucun des fossiles de la craie à Belemnitelles, je pense donc que le tertiaire repose directement sur la craie à Marsupites.

A l'Est de Whitchurch, la craie contient beaucoup de silex, je crois cependant devoir la rapporter encore à la même zone ; une belle carrière où la craie est exploitée pour faire du blanc, contient des bancs de gros silex cariés, espacés de $1^m$ à $2^m$, l'inclinaison est vers le Nord. A la partie supérieure les silex sont zonés, à $1^m$ du haut de la carrière (côté Est) est un banc jaune corrodé, semblable à ceux qui séparent les zones :

| | |
|---|---|
| *Plicatula sigillina*, Wood. | *Echinocorys gibbus*, Lk. |
| *Thecidea Wetherelli*, Mor. | *Micraster coranguinum*, Forb. |

A Freefolk, les silex sont zonés, mêmes fossiles ; à Norington les silex sont cariés et zonés, les couches sont horizontales, ici comme à Harewood on voit la zone à Marsupites au contact du tertiaire sans interposition de la zone à *Belemnitella mucronata*.

J'y ai recueilli :

| | |
|---|---|
| *Inoceramus lingua*, Gold. | *Thecidea Wetherelli*, Morris |
| *Inoceramus sp.* | *Cidaris serrata*, Desor. |
| *Lima Hoperi*, Defr. | *Micraster coranguinum*, Forb. |
| *Pecten cretosus*, Defr. | *Amorphospongia globosa*, V. Hag. |

A Overton, Ash, même zone à Marsupites. Au Sud de Whitchurch, d'Andover, l'inclinaison générale des couches devient septentrionale, aussi voit-on bientôt apparaître de ce côté la zone à *M. coranguinum*. Les hauteurs sont toujours formées par la craie à Marsupites, Goodworth-Clatford, Mount-Pleasant ; mais au niveau de l'eau, à Middleton sur la Test près la ferme de South side, est une carrière que je rapporte à la zone à *M. coranguinum*.

Voici la coupe de bas en haut :

1. Craie formant le fond de la carrière.
2. Gros lit continu de silex . . . . . . . . . . . . . . . . . . . . . . . . . . . . . 0,05
3. Craie avec nombreux bancs de silex, cariés, noirs, gris, remplis de spicules d'éponges ; les bancs ne sont pas réguliers. . . . . . . . . . . . . . . . . . . . . . . . . . . . . 5,00

| | |
|---|---|
| *Serpula granulata*, Sow. | *Echinoconus conicus*, Breyn. |
| *Spondylus Dutempleanus*, d'Orb. | *Echinocorys gibbus*, Lk. |
| » *latus*, Sow. | *Micraster coranguinum*, Forb. |
| *Pecten cretosus*, Defr. | |

4. Surface durcie et ravinée.
5. Craie blanche sans silex . . . . . . . . . . . . . . . . . . . . . . . . . . . . . 1,00

Au Sud de Middleton, vers Drayton et Van Dyke, les silex sont zonés et en bancs assez réguliers :

| | |
|---|---|
| *Echinocorys gibbus*, | *Cidaris sceptrifera*, Mant. |
| *Echinoconus conicus*, Breyn. | |

La rivière Anton traverse les mêmes couches que cette partie du cours de la Test ; une carrière à Collonworth au confluent des deux rivières, montre la craie à *M. coranguinum* plongeant de 6° vers le Nord. A partir de ce point la rive gauche de la Test donne une très-belle coupe.

A Kilecombe bridge, craie blanche, tendre, en bancs de 0,60 à 1 mètre, séparés par des silex cariés ou zonés, et blancs en dehors ; cette grande carrière est pauvre en fossiles comme l'est souvent la zone à *M. coranguinum*. Jusqu'à Leckford même craie, toujours inclinée de 1° à 2° Nord, je ne trouve que des fragments d'Inocérames ; au Sud de Leckford l'inclinaison est de 4° N., les silex sont plus nombreux en bancs minces, rapprochés : nombreux fragments d'inocérames.

Près du pont du chemin de fer, avant Longstock, la craie est tendre, homogène, avec nombreux silex, petits, noirs, disséminés. Elle est divisée en bancs de 0,50 par des lits de silex ou des veinules de marne. Incl. N. 2°.

*Odontaspis raphiodon*, Ag.
*Inoceramus involutus*, Sow.
*Ostrea hippopodium*, Nilss.
*Rhynchonella plicatilis*, Sow.
*Terebratula semiglobosa*, Sow.
*Micraster coranguinum*, Forb.

A la hauteur de Longstock, craie avec nombreux silex en bancs espacés de 0,30, les uns sont noirs presque sans patine, d'autres sont petits, cornus, blancs jusqu'au centre ; des lits de marne séparent les bancs de craie, les fragments de grands Inocérames abondent dans cette carrière, ils forment des lits continus. Incl. N. 5°, cette craie appartient peut-être déjà à la zone à *M. cortestudinarium.*

Cette zone se montre au Sud pas bien loin de là ; la craie contient des silex cariés et des silex compactes, deux carrières présentent l'inclinaison N. 5°. J'y ai recueilli :

*Inoceramus Cuvieri* ? Sow.
*Micraster cortestudinarium*, Gold.

Deux carrières situées au Nord de Stockbridge, montrent la craie à *Micraster cortestudinarium*, la première fait voir le contact avec la zone à *Holaster planus*, la partie supérieure du chalk rock forme un banc limite au-dessus duquel la craie noduleuse à *M. cortestudinarium* contient des silex en lignes irrégulières. Ces silex sont noirs, à mince patine, disséminés dans la craie. L'inclinaison est de 6° N. dans la première, 7° N. dans la seconde carrière dont la base était cachée par les éboulements.

*Micraster cortestudinarium*, Gold.
» *corbovis*, Forb.
*Inoceramus sp.*

Au Sud de Stockbridge, la craie dure noduleuse à *Hol. planus* est exploitée, elle y est riche en fossiles, et contient quelques bancs de silex tabulaires. Les couches n'inclinent plus vers le Nord mais bien vers le Sud : cette inclinaison Sud est très-faible.

| | |
|---|---|
| *Scaphites Geinitzi*, d'Orb. | *Rhynchonella plicatilis*, Sow. |
| *Inoceramus* voisin du *Labiatus*. | » *limbata*, Dav. |
| » *sp.* | *Micraster breviporus*, Ag. |
| *Ostrea semiplana*, Sow. | *Holaster planus*, Mant. |
| *Plicatula sigillina*, Wood. | *Echinocorys gibbus*, Lk. |
| *Terebratula semiglobosa*, Sow. | |

Cette faune est remarquable; j'appelle l'attention sur le *Scaphites Geinitzi*, espèce si caractéristique de ce niveau en Allemagne. mais qui me semble rare en Angleterre, je ne l'ai rencontré qu'en ce seul gisement.

A Machine-Bridge, craie dure, noduleuse, légèrement inclinée au Sud :

| | |
|---|---|
| *Micraster cortestudinarium*. | *Inoceramus* voisin du *Labiatus*. |
| » *brevipovus*? Ag. | *Rhynchonella plicatilis*, Sow. |

A la ferme de Marsh Court, une carrière contient à sa partie supérieure le *M. coranguinum* ; elle fait bien voir la faible épaisseur de la zone à *M. cortestudinarium* dans cette région ; bas en haut :

| | |
|---|---|
| 1. Craie avec silex noirs, non cariés. | |
| 2. Banc limite, surface durcie, corrodée. | |
| 3. Marne gris clair | 0,04 à 0,08 |
| 4. Craie blanche, bancs irréguliers de silex noirs, carriés, disséminés. | 6.00 |
| *Micraster coranguinum*, Forb. | |

Au Sud de la ferme, une autre carrière présente l'inclinaison S. = 8°.

| | |
|---|---|
| *Inoceramus*, nombreux. | *Micraster coranguinum*, Forb. |
| *Ostrea Sp.* | *Echinocorys gibbus*, Lk. |
| *Plicatula sigillina*, Wood. | |

A la ferme de Hookers bottom, les silex sont compactes, un peu zonés ; il y a dans cette carrière un banc corrodé qui indique la partie supérieure de la zone à *Micraster coranguinum*. Au Nord de la ferme de Park H°, la zone à *Marsupites* est facilement reconnaissable, les silex y sont rares, en lignes minces espacées de 1 mètre, il y a des bancs tabulaires :

| | |
|---|---|
| *Rhynchonella Sp.* | *Echinoconus conicus*, Breyn. |
| *Ostrea Sp.* | *Echinocorys gibbus*, Lk. |
| *Marsupites Milleri*, Mil. | *Bourgueticrinus ellipticus*, Mil. |

A Park H° Farm, l'inclinaison est de 8° S., plus au Sud elle diminue ; cette craie conserve longtemps les mêmes caractères vers Horsebridge mill, Compton H°, les derniers affleurements sont au contact du tertiaire, près la station de Mottisfont. L'inclinaison dans ces belles carrières est de

3° Sud. La craie à Mottisfont est tendre, blanche, avec rares silex dans les 15 mètres inférieurs, et avec silex assez abondants, blonds, légèrement zonés, en bancs dans les 15 mètres supérieurs. A la base est un banc jauni, je crois qu'il doit sa coloration à de la pyrite, il ne m'a pas semblé durci ou corrodé.

| | |
|---|---|
| *Ostrea vesicularis*, Lk. | *Pecten cretosus*, Defr. |
| *Spondylus Dutempleanus*, d'Orb. | *Echinocorys gibbus*, Lk. |
| *Inoceramus lingua*, Gold. | *Offaster corculum*, Gold. |

La base de la craie à *Marsupites* est donc la partie de cette zone où les silex sont le moins répandus, c'est surtout là que les *Marsupites* abondent ; la partie supérieure de cette craie contient des silex en assez grand nombre, l'*Offaster corculum* y est très-commun.

Cette coupe de la vallée de la Test, comparée à la coupe précédente de la vallée de l'Itchen, montre absolument les mêmes mouvements du sol. Elle fait voir, comme cette première coupe, que l'inclinaison Sud des couches crétacées, visible au Sud de la ligne anticlinale de Kingsclere et de Ham, ne se continue pas régulièrement jusque sous le tertiaire du Hampshire ; il y a dans cet espace deux plis anticlinaux, celui de Stoke, peu important, et celui de Stockbridge. Whitchurch est dans un pli synclinal, de Whitchurch à Stockbridge, l'inclinaison est Nord, elle atteint jusqu'à 7°, au Sud de Stockbridge, l'inclinaison est de nouveau vers le Sud et atteint 8° ; Stockbridge est donc au centre d'un pli anticlinal comme Winchester, mais les couches ramenées au jour ne sont pas ici inférieures au Chalk rock à *Holaster planus*. Il me semble hors de doute que le bombement de Stockbridge est la continuation de celui de Winchester, et que, par conséquent, un axe anticlinal traverse la plaine crétacée du Hampshire de Petersfield, à Winchester et à Stockbridge ; je le suivrai jusque dans la vallée de Warminster.

Cette même coupe de la Test montre encore que le pli synclinal compris entre les lignes anticlinales de Kinsclere et de Stockbridge, ne renferme pas de dépôts crétacés postérieurs à la zone à Marsupites, sur cette zone le tertiaire repose directement.

### 4. — Vallée de l'Avon.

La rivière Avon avec ses deux affluents la Bourne et la Wily, donnent à travers le Wiltshire, une coupe parallèle à celle de la Test et de l'Itchen. Cette coupe est tellement semblable aux précédentes que je serai beaucoup plus bref ; je montrerai d'abord l'identité de composition de toute la grande plaine crétacée du Nord du Bassin du Hampshire ; puis dans d'autres paragraphes je m'étendrai plus longuement sur les zones inférieures au Chalk marl dans les régions appelés par Buckland, vallons de Pewsey, de Warminster et de Wardour, qui constituent la limite occidentale de cette région du bassin.

Le Chalk marl à *Holaster subglobosus* affleure tout le long du « *Vale of Pewsey,* » son inclinaison vers le S. est faible. Il forme la partie inférieure de l'escarpement crétacé, aussi son extension superficielle est-elle très-faible; il est recouvert par la craie Turonienne qui couronne les collines de cette chaîne. Le contact est bien visible dans Cleeve Hill au Sud de Charlton, où 3 mètres de craie très-noduleuse avec nombreux *Inoceramus labiatus* reposent sur le Chalk marl à *H. subglobosus, Ammonites Rotomagensis, Rhynchonella Martini, Inoceramus striatus ;* la craie noduleuse à *Inoceramus labiatus* se trouve encore à Upavon.

Au Nord d'Enford, il y a plusieurs carrières de craie compacte, sans silex, avec petits lits de marne : *Inoceramus Brongniarti, Echinoconus subrotundus ;* c'est la zone à *Terebratulina gracilis.*

A Combe, craie tendre avec nombreux silex noirs, cariés, espacés de 0,10 à 0,50 : *Micraster cortestudinarium, Inoceramus sp., ostrea Hippopodium.* Le Chalk rock m'a donc échappé ici ; je l'ai cherché inutilement vers l'Ouest, notamment vers West-Lavington et Tilshead, mais cette immense plaine de Salisbury est très-défavorable à l'étude.

A Haxton, sur l'Avon, les bancs de craie sont presque horizontaux ; les silex sont noirs compactes, en lits espacés de 1 à 2 mètres, quelques bancs tabulaires :

*Inoceramus involutus* ? Sow.
*Plicatula sigillina,* Wood.
*Thecidea Wetherelli,* Mor.
*Micraster coranguinum,* Forb.

C'est la zone à *M. coranguinum ;* la zone à Marsupites ne présente pas de beaux affleurements, mais est néanmoins reconnaissable à Figheldean, Syren Cot, Milston, Durrington et jusqu'à Amesbury. C'est la continuation du pli synclinal de Whitchurch et d'Andover.

A Normanton f., Wilsford, (rive droite) les silex sont abondants, assez gros, en lits espacés de 0,50 à 1 mètre : *Micraster coranguinum*?, spongiaires. A Netton (rive gauche), les silex sont cariés en bancs espacés de 0,60 : *Inoceramus, Micraster coranguinum*?

A Middle-Woodford, une carrière remarquable montre de bas en haut :

| | |
|---|---|
| *a.* Craie blanche avec lits de silex tabulaire espacés de 1 mètre, et nodules de silex cariés disséminés en grande quantité. . . . . . . . . . . . . . . . . . . . . . . . | 3,0 |
| *Echinocorys gibbus,* Lk. — *Plicatula sigillina,* Wood. — *Spondylus Dutempleanus,* d'Orb. — *Beryx* (Ecailles) | |
| *b.* Lit noduleux jaunâtre, ressemblant au premier abord à un banc limite corrodé, mais uniquement formé d'une agglomération de silex à formes plus ou moins irrégulières, jaune-vert en dehors, cariés et remplis de spicules d'éponges. Ce banc de silex doit être un banc d'éponges en place . . . . . . . . . . . . . . . . . . . . . . . . . . . | 0,05 |
| *c.* Craie blanche. . . . . . . . . . . . . . . . . . . . . . . . . . . . . | 0,30 |
| *d.* Banc d'éponges comme *b*, mais les silex sont plus petits. . . . . . . . . . . . . . | 0,20 |
| *e.* Craie blanche, silex peu cariés, en bancs espacés de 1$^m$. . . . . . . . . . . . . . | 5,00 |

A Little Durnford, les silex sont peu cariés, les pyrites abondantes:

| | |
|---|---|
| *Inoceramus sp.* | *Cidaris hirudo*, Sorig. |
| *Spondylus sp.* | *Echinocorys gibbus*, Lk. |
| *Plicatula sigillina*, Wood | Astéries. |
| *Micraster coranguinum*, Forb. | |

Ces couches comme celles de Middle-Woodford, appartiennent à la base de la zone à *M. coranguinum* ; peut-être même la partie supérieure de la zone à *Micraster cortestudinarium* est-elle ici représentée ?

Au Nord de Stratford-under-the-Castle, une carrière montre de bas en haut :

*a.* Craie blanche, dure, lits de silex noirs, caverneux, espacés de $1^m$, et silex disséminés . . . . . 8,00
*Inoceramus sp.*
*Micraster coranguinum* Éponges.
*b.* Banc corrodé, jauni.
c. Craie blanche avec très-rares silex zonés . . . . . . . . . . . . . . . . . . . . . . 1,50

En montant vers Gun End of Base Old Sarum, on rencontre une carrière au Nord de la colline, à un niveau supérieur de 5 à 6 mètres au banc corrodé. La craie de cette carrière est tendre, les silex zonés en bancs minces espacés de 0,50.

J'y ai recueilli :

| | |
|---|---|
| *Inoceramus* | *Micraster coranguinum*, Forb. |
| *Ostrea hippopodium*, Nilss. | *Echinocorys gibbus*, Lk. |

Elle appartient donc à la zone à *Micraster coranguinum*. Les inclinaisons ne me semblent pas très-fortes dans ce district ; la présence de la base du *M. coranguinum* (probablement même du *M. cortestudinarium*) à Middle Woodford et environs, où elle est recouverte au N. et au S. par les couches supérieures à *M. coranguinum* légèrement inclinées en sens inverse, indique l'existence d'un pli anticlinal. Je vois là la continuation de l'axe de Stockbridge et de Winchester. Il est du reste très-nettement visible à peu de distance vers l'Ouest.

Si l'on s'élève sur Heale Hill, et Stoney Hill, on constate que la craie à *M. coranguinum* a une épaisseur d'environ $20^m$ dans cette partie, puis on passe sur la craie à Marsupites ; en descendant vers Stapleford, on arrive rapidement sur des couches inférieures, grâce à l'inclinaison de ces couches.

A l'entrée du village une carrière m'a donné la coupe suivante :

*a.* Craie blanche dure, silex peu abondants, noirs, compactes, irréguliers, bancs tabulaires.
*Inoceramus Cuvieri ?* *Cidaris subvesiculosa*, d'Orb.
*Micraster cortestudinarium*

*b*. Banc tabulaire de silex.
*c*. Craie noduleuse avec infiltrations jaunes entre les nodules . . . . . . . . . . . . . . . . 1,00
*d*. Craie blanche : *Inoceramus* voisin du *labiatus* . . . . . . . . . . . . . . . . . . . 0,50
*e*. Banc tabulaire de silex.

Sur l'autre rive à l'Ouest du village, la tranchée du chemin montre sous une craie très-noduleuse (zone à *M. cortestudinarium*) un banc de nodules roulés, durcis et verdis (Chalk rock), où j'ai recueilli :

*Terebratulina gracilis*, Schlt.
*Spondylus spinosus*, Sow.

Cette zone à *Holaster planus* repose sur la craie marneuse sans silex, en bancs solides, séparés par des lits de marne (zone à *T. gracilis*) ; au bas du village affleure la craie noduleuse de la zone à *I. labiatus*.

De Stapleford vers la vallée de Wardour, on passe sur des couches plus récentes, une carrière à Wishford montre de bas en haut :

*a*. Craie assez dure, se délitant à l'air, silex disséminés dans les bancs. . . . . . . . . . . . 2,00
*b*. Craie noduleuse, jaunie, dure. . . . . . . . . . . . . . . . . . . . . . . . . 0,20
*c*. Craie blanche, tendre, nombreux bancs de silex noirs, espacés de 0,50 ; quelques bancs tabulaires horizontaux, et verticaux . . . . . . . . . . . . . . . . . . . . . . . 8,00

*Serpula sp.* — *Micraster coranguinum*, Lk.
*Inoceramus* — *Echinocorys gibbus*, Lk.
*Plicatula sigillina*, Wood.

De Stapleford à Middle-Woodford, passe donc un axe anticlinal, continuation probable de celui de Stockbridge, et qui le réunit au bombement du « *Vale of Warminster* ». Il y a encore en cette région d'autres plis parallèles à ceux de Warminster et de Wardour, ceux de Broad chalk, de Bower chalk, de Standlinch down ; rien ne prouve absolument que l'un d'eux corresponde plutôt qu'un autre au grand axe de Winchester et Stockbridge.

La zone à *M. coranguinum* déjà étudiée sur l'Avon à Stratford-under-the-Castle, et Gun End of Base Old Sarum peut se suivre à l'Est le long de la Bourne ; elle se présente avec ses caractères ordinaires dans les différents villages qui portent le nom de Bourne. Les fossiles y sont mauvais : *Ostrea, Spondylus, Inoceramus, Micraster*. A l'Est, en montant à Winterbourn down on arrive à la craie à Marsupites, j'y ai recueilli : *Belemnitella quadrata*.

Salisbury est dans un pli synclinal de la craie à Marsupites ; au Nord de cette ville est le pli anticlinal de Stapleford à Middle-Woodford, au Sud le pli anticlinal de Broad chalk à Standlinch down que je décrirai plus loin. Les belles carrières étant sur la rive droite de l'Avon, je reviendrai sur la craie de Salisbury en traitant de la région occidentale du bassin du Hampshire dont l'Avon fera ici la limite.

Le tertiaire repose ici sur la zone à Marsupites ; au S. E. de Salisbury est un petit bassin rempli par le tertiaire d'Alderbury; les couches se relèvent vers le Sud, et Standlinch down, Grinstead fields, sont formés par un pli anticlinal de craie. La craie de ce massif de Standlinch down contient peu de silex.

J'y ai recueilli :

| | |
|---|---|
| *Inoceramus* | *Echinocorys gibbus*, Lk. |
| *Spondylus* | Spongiaires |

Une carrière au Nord d'Eyres Summer, c'est-à-dire au point culminant de Standlinch down, avait à sa partie supérieure un banc jauni, pyriteux, et corrodé, au-dessus duquel j'ai recueilli un *Echinocorys* en mauvais état, mais qui pourrait bien être *E. Ovatus* de la craie à Belemnitelles. Ce banc corrodé serait alors la limite entre les zones à Marsupites et à Belemnitelles ; cette dernière n'a en tous cas qu'une bien faible épaisseur dans cette partie, si toutefois elle y est représentée. On doit dire d'une manière générale que la craie à Belemnitelles fait défaut dans cette région septentrionale.

### 5. — Vallon de Wardour.

Je passe rapidement sur ce bombement de Wardour, Fitton (1) l'a décrit avec grands détails ; je préfère m'étendre sur les vallées de Warminster et de Pewsey dont il parle beaucoup plus brièvement.

Il faut toutefois noter que les couches plongent de 20° au Nord, et de 3° à 4° seulement au Sud. L'épaisseur du upper green sand à *Am. inflatus* varie de 20 à 25 mètres, il contient de nombreuses *Ostrea vesiculosa*.

### 6. — Vallon de Warminster.

Les fossiles de Warminster et de Chute farm près Warminster sont bien connus : M. Mëyer (2) a signalé la faune de Warminster dans les falaises du Devonshire (Nos 10, 11, 12), et a ainsi reconnu la place des *Warminster beds* dans la série stratigraphique.

Cette superposition des *Warminster beds* (zone à *Pecten asper*) sur la zone à *Am. inflatus*, se voit parfaitement dans le vallon même de Warminster. Au centre de ce bombement se trouvent des.

(1). H. Fitton. On the strata between,.... Trans. Geol. Soc., 2e ser. T. IV, p. 243.
(2). C. J. A. Mëyer. Quart. journ. Geol. Soc., vol. XXX, p. 369.

sables fins micacés gris verdâtre, avec bancs de grès tendre, étudiés par Fitton [1] et par Lonsdale, et dont l'épaisseur est d'environ 20 mètres.

*Ostrea vesiculosa.*
» *conica.*
*Arca Fibrosa*, Sow.

Les nodules siliceux (*Cherts*) se trouvent vers la partie supérieure ; on les suit donc presque tout autour du vallon. Ils sont exploités au Nord à Warminster, au Sud à Chute farm. Je n'ai remarqué aucune régularité dans la superposition des bancs de grès et de sables, ils alternent de différentes façons et se présentent avec des épaisseurs variables. La coupe suivante donnera une idée de la composition des couches de Warminster, je l'ai prise dans une carrière près de cette ville.

| | | |
|---|---|---|
| 1. Couches remaniées. | 1 à | 1,50 |
| 1. Grès en bancs et grès siliceux (Cherts) alternant avec de petites veines de sable vert. | | 1,00 |
| 3. Sable vert foncé : *Pecten asper*. | | 0,20 |
| 4. Grès gris. | | 0,20 |
| 5. Sable agglutiné très-fin, vert grisâtre. | | 0,50 |
| 6. Ligne d'argile brune ferrugineuse. | | 0,10 |
| 7. Sable argileux gris verdâtre. | | 0,4 |
| 8. Grès. | | 0,10 |
| 9. Sable grossier très-glauconieux : *Pecten asper*. | | 0,50 |
| 10. Sable avec lentilles de grès. | | 0,50 |

*Pecten membranaceus*, Nilss.
» *laminosus*, Mant.
*Ostrea vesiculosa*, Sow.
» *canaliculata*, d'Orb.
*Janira quadricostata*, Sow.
*Holaster nodulosus*, Gold.
*Epiaster distinctus*, d'Orb. ?

| | |
|---|---|
| 11. Grès gris vert et silex | 0,50 |
| 12. Sable gris vert, très-fin, vert bleuâtre | 0,30 |
| 13. Grès gris et nodules siliceux | 0,20 |

D'après les ouvriers de cette carrière, les fossiles se trouvent seulement dans les bancs 9 et 10 ; Le banc de sable vert foncé 9 se reconnait aux environs dans toutes les carrières, son épaisseur moyenne est de 1 mètre, partout les ouvriers ont été d'accord pour me l'indiquer comme le banc fossilifère par excellence.

Ces couches de Warminster avec « *Cherts* » et nombreux *Pecten asper*, qui forment ici la partie supérieure de l'upper green sand, correspondent exactement à la zone à *Pecten asper* du Nord et de l'Est de la France [2].

---

(1) H. Fitton. On the Strata, etc., p. 258.
(2). C. Barrois z. à *B. plenus*. Annal. Soc. Géol., Lille. vol II, p. 152

Le type de cette zone en Angleterre étant à Warminster, je crois devoir donner la liste des fossiles qui y ont été cités par MM. Davidson et Wright dans les mémoires de la société paléontologique:

| | |
|---|---|
| *Lingula subovalis*, Dav. | *Cidaris velifera*, Bronn. |
| *Argiope megatrema*, Sow. | *Pseudodiadema Rhodani*, Agas. |
| *Terebratella pectita*, Sow. | » *Michelini*, Agas. |
| *Terebrirostra lyra*, Dav. | » *Benettiœ*, Forbes. |
| *Megerlia lima*, d'Orb. | » *variolare*, Brg. |
| *Terebratulina striata*, Wahl. | *Echinocyphus difficilis*, Agas. |
| *Terebratula squamosa*, Mant. | *Peltastes clathratus*, Agas. |
| » *ovata*, Sow. | » *umbrella*, Agas. |
| » *obesa*, Sow. | *Goniopygus peltatus*, Agas. |
| » *biplicata*, Sow. | *Goniophorus lunulatus*, Agas. |
| » *oblonga*. | *Salenia petalifera*, Ag. |
| *Rhynchonella compressa*, Lk. | » *Loriolii*, Wright. |
| » *latissima*, Sow | » *Desori*, Wright. |
| » *sulcata*, Park. | *Cottaldia Benettiœ*, Kœnig. |
| » *grasiana*, d'Orb. | *Discoidea subuculus*, Klein. |
| » *Mantellana*, Sow. | *Echinoconus castanea*, Brg. |
| | *Catopygus, carinatus*, Gold. |

Prof. J. Phillips (¹) dans sa géologie d'Oxford, donne une longue liste des fossiles de Warminster.

Je n'ai pu observer le contact de cette zone à *Pecten asper* (Warminster beds) avec la zone *Holaster subglobosus*, et n'ai pas vu par conséquent le chloritic marl. Ce niveau se montre près de là dans le vallon de Pewsey avec la même épaisseur, les mêmes fossiles, les mêmes caractères pétrographiques et à la même place stratigraphique, qu'au Sud de l'Angleterre; on doit donc penser qu'il existe aussi à Warminster entre les sables verts avec *Cherts* (Warminster beds) et la marne à *Holaster subglobosus*.

La marne à *H. subglobosus* est visible au bas de Arn Hill sur la route de Parsonage farm; cette zone est ici épaisse de 20 mètres.

J'y ai recueilli :

| | |
|---|---|
| *Turrulites costatus*, Lk. | *Rhynchonella Martini*, Mant. |
| *Pecten laminosus*, Mant. | *Terebratulina striata*, Wahl. |
| *Inoceramus striatus*, Mant. | *Micrabacia coronula*, M. Edw. |

Arn Hill, donne une très-bonne coupe de la craie Turonienne, elle y est exploitée; les couches plongent de 8° Nord, on peut reconnaître de bas en haut :

*a*. Chalk marl à *H. Sublogobosus*.
*b*. Craie très-noduleuse, remplie de *Inoceramus labiatus*. . . . . . . . . . . . . . . 5,00
*c*. Craie blanche dure. . . . . . . . . . . . . . . . . . . . . . . . . . . . . . 10,00
*d*. Craie blanche marneuse, sans silex, en bancs espacés de 1 mètre, et séparés par des veines de marne schisteuse . . . . . . . . . . . . . . . . . . . . . . . . . . . . 8,00
*Rhynchonella Cuvieri*, d'Orb. *Discoïdea minima*, Ag.
*e*. Craie blanche marneuse, bancs de 1 mètre, séparés par des veines de marne ; quelques silex digitiformes, quelques autres très-rares sont arrondis ; ils sont disséminés dans la craie. . 5,00
*Rhynchonella Cuvieri*, d'Orb.

(1). J. Phillips. Geol. of Oxford, 1871, in-8, p. 432.

| | | |
|---|---|---|
| *f.* Deux bancs de silex noirs espacés de quelques centimètres. . . . . . . . . . . . . | | 1,00 |
| *g.* Craie blanche dure compacte, bancs de 0,50 séparés par des feuillets marneux ; quelques silex noirs disséminés. . . . . . . . . . . . . . . . . . . . . . . . . . | | 5,00 |
| *Terebratulina gracilis*, Schl. | *Inoceramus Brongniarti*, Sow. | |
| *Rhynchonella Cuvieri*, d'Orb. | *Pinna decussata*, Gold. | |
| *Inoceramus labiatus*, Schlt. | | |
| *h.* Marne argileuse grise avec nodules verts, et silex de la zône à *J. Brongniarti* remaniés ; surface très-corrodée avec tubulures . . . . . . . . . . . . . . . . . . . . | | 0,20 |
| *i.* Craie blanche légèrement noduleuse, dure . . . . . . . . . . . . . . . . . | | 0,60 |
| *Ammonites Prosperianus*, d'Orb. | *Micraster breviporus*, Ag. | |
| *Terebratula semiglobosa*, Sow. | *Echinocorys gibbus*, Lk. | |
| *j.* Nodules verdis . . . . . . . . . . . . . . . . . . . . . . . . . . . | | 0,05 |
| *k.* Craie très-noduleuse, silex cornus . . . . . . . . . . . . . . . . . . . | | 1,00 |

Les deux bancs de silex *f* permettent de reconnaître des cassures dans la craie de Arn Hill ; le rejet des plus importantes ne dépasse pas 2 mètres. L'*Ammonites Prosperianus*, d'Orb. que j'ai rencontré dans la couche *i* (Chalk rock), semble assez rare en Angleterre, cette forme qui ne serait d'après Schlüter (¹) que l'état jeune de *A. peramplus* est caractéristique de la zône à *Holaster planus* dans les falaises françaises de la Manche. La présence de *Pinna decussata* dans la zone à *Terebratulina gracilis* est intéressante, M. Hébert (²) l'ayant signalée dans les grés à *Am. papalis* du bassin d'Uchaux.

## 7. — Vallon de Pewsey

Buckland (³) décrivit le premier la « vallée d'élévation de Pewey » il y vit la continuation de l'axe de Kingsclere et de Ham ; Fitton (⁴) adopta entièrement ces vues ainsi que plus tard MM. d'Archiac, Godwin-Austen, et à leur suite tous les géologues. Lonsdale (⁵) avait aussi étudié la craie glauconieuse de Devizes ; je ne connais pas de description détaillée de ces couches.

Au-dessus de l'argile du Gault, se trouve un sable très-fin, micacé, un peu glauconieux, gris jaunâtre, passant souvent au grès. Ce grès est tendre, léger, et ressemble beaucoup par ses caractères lithologiques à la roche si connue dans l'Argonne sous le nom de *Gaize*; leur faune prouve d'ailleurs que ces niveaux sont absolument synchroniques. Ces sables et grès contiennent souvent des nodules ou des bancs bleuâtres, plus durs, siliceux et calcarifères ; ils affleurent très-bien à Devizes près la gare, au Nord près du canal, au Sud à Pottern et Urchfont.

(1) C. Schlüter. — Palœontographica, 1874, p. 33.
(2) Hébert. — Annal. Sci. Geol. 1875, p. 89.
(3) Buckland. — Trans. Geol. Soc. 2ᵉ S. Vol. 2, p. 124.
(4) W. H. Fitton. — Trans. Geol. Soc. 2ᵉ S. Vol. IV, p. 263.
(5) Lonsdale. — Trans. Geol. Soc. 2ᵉ S. Vol. III, p. 269.

Il y a à Urchfont, une coupe magnifique; le moulin situé au Nord du village est sur le gault; un chemin creux taillé dans la zone à *Am. inflatus* (Gaize) traverse tout le village, puis montre le contact avec les zones supérieures après les dernières maisons, au-delà de Bags Bush. Voici cette coupe de bas en haut :

1. Gault.
2. Sable fin, petits grains de glauconie, grès tendre micacé (gaize) ; incl. S.; fossiles rares. . . 10,00
3. Sable vert à gros grains de glauconie et de quartz transparent, mica . . . . . . . . . . 2,00

    *Pecten orbicularis*, Sow. *Ostrea vesiculosa*, Sow.

4. Banc de grès glauconifère, très-irrégulier, mamelonné. . . . . . . . . . . . . . . 0,30
5. Sable vert à gros grains de quartz et de glauconie, mica . . . . . . . . . . . . . . 1,50

    *Pecten orbicularis*, Sow. *Ostrea vesiculosa*, Sow.

Ce sable se voit très-bien encore vers Patney, Cherington, Conok, etc.

6. Sable vert plus clair. . . . . . . . . . . . . . . . . . . . . . . . environ 1,00

    *Vermicularia concava*, Sow. *Pecten orbicularis*, Sow.

» Ravinement (voir le croquis), quelques lentilles de grès à la limite

7. Sable quartzeux vert foncé, un lit continu de *Pecten asper* à la base. . . . . . . . . . 1,50
8. Lentilles de grès calcarifère en ligne, gros sable quartzeux. . . . . . . . . . . . . . 0,10
9. Sable vert avec quelques fossiles en phosphate de chaux, en haut. . . . . . . . . . . 1,00
10. Lit de fossiles en phosphate de chaux.

| | |
|---|---|
| *Ammonites curvatus*, Mant. | *Arca Mailleana*, d'Orb. |
| » *varians*, Sow. | » *Galliennei*, d'Orb. |
| » *Coupei*, Brg. | *Cardium Mailleanum* ?, d'Orb. |
| » *Rotomagensis*, Defr. | *Cyprina quadrata*, d'Orb. |
| » *Mantelli*, Sow. | *Inoceramus striatus*, Mant. |
| *Nautilus pseudoelegans* ?, d'Orb. | *Ostrea vesicularis*, Lk. |
| *Pleurotomaria perspectiva*, d'Orb. | *Terebratulina striata*, Wahl. |

11. Craie avec points verts et grains de quartz à la base . . . . . . . . . . . . . . . . 0,50

    *Ammonites varians*, Sow.

12. Craie avec glauconie et phosphate de chaux (chloritic marl), lit de nodules de phosphate de chaux au milieu . . . . . . . . . . . . . . . . . . . . . . . . . . 2,00
13. Craie blanc grisâtre légèrement marneuse : *Am. varians*. . . . . . . . . . . . . . . 5,00

Fig. 6. — COUPE DU CHEMIN D'URCHFONT.

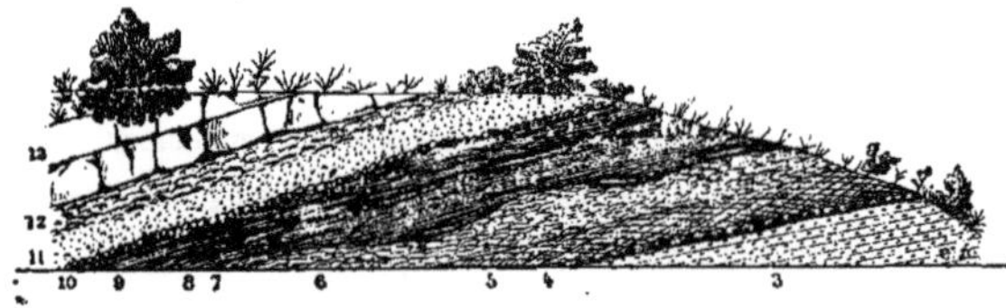


Cette coupe montre nettement toute la série cénomanienne du vallon de Pewsey, elle offre de plus ce fait remarquable d'un ravinement profond et très net, entre les numéros 6 et 7 comme le fait voir le croquis ci-dessus.

C'est le seul exemple de ce ravinement que j'aie pu reconnaître en Angleterre, comme de plus on ne peut distinguer lithologiquement le sable à *Pecten asper* 7 des sables inférieurs 5 et 6, je ne voudrais pas affirmer que ce ravinement séparât les zones à *Am. inflatus* et à *Pecten asper*. Ce peut-être le témoin d'une émersion locale survenue en cette région pendant le dépôt de la zone à *Pecten asper* (Warminster beds).

L'inclinaison du Cénomanien à Urchfont était 7° Sud ; à Stert au Nord elle est de 18° N. ; plus au Nord à Pottern de belles tranchées montrent plusieurs inclinaisons. Ces inclinaisons sont difficiles à prendre, comme c'est le cas ordinaire pour la Gaize, les bancs sont fendillés et présentent toujours de nombreuses fausses stratifications ; il y a plusieurs plis, l'inclinaison la plus générale cependant paraît être 6° Sud. Au Sud de Devizes, elle est 5° S., elle plonge ensuite de nouveau au Nord. Bref, on constate qu'à cette extrémité occidentale du vallon de Pewsey, le bombement n'est pas unique, mais est remplacé par une série de plis parallèles ; à l'extrémité orientale de cette vallée, vers Burbage, le bombement est au contraire simple, les couches plongeant de 20° à 30° au Nord, et inclinant faiblement au Sud. Cette disposition est semblable à celle que j'ai indiquée vers Broadchalk, Bower chalk, Standlinch down, à la terminaison occidentale de l'axe de Stockbridge et de Winchester. Les axes d'élévation, même les plus importants, quand on les suit sur une certaine étendue, produisent des effets très-différents. Ils élèvent une simple ligne anticlinale, ou déterminent la formation d'une faille, tantôt ils causent un simple bombement des couches assez étendu ou insignifiant, tantôt enfin ils soulèvent des régions entières.

Les divisions établies dans le Cénomanien à Urchfont se suivent très-bien dans tout ce vallon de Pewsey : elles ne présentent pas de variations notables.

J'ai recueilli les fossiles suivants dans la zone inférieure à *Ammonites inflatus* ; ils proviennent de différentes localités de ce vallon, mais les environs de Stert m'ont semblé particulièrement riches :

*Ammonites inflatus*, Sow.
» *Renauxianus*, d'Orb.
*Anisoceras alternatus*, Mant.
*Vermicularia concava*, Sow.
*Lima Archiacana*, Corn. et Bri.
*Avicula Rauliniana*, d'Orb.
*Siliqua Moreana*, d'Orb.
*Tellina striatula*, Sow.
*Arca carinata*, Sow.
*Cytherea truncata*, Morris.
*Venus ? immersa*, Sow.
*Thetis major*, Sow.
*Isocardia criptoceras*, d'Orb.
*Panopœa Rhodani*, Pict. et Roux.
*Pecten membranaceus*, Nilss.
» *laminosus*, Mant.
*Janira quadricostata*, Sow.
*Ostrea vesiculosa*, Sow.
Végétaux.

La zone à *Pecten asper* d'Urchfont (3 à 9) se voit à Roundaway, Etchilhampton, Patney, Cherington, Conock, et tout autour du vallon ; elle est formée dans toute cette région par un sable très-grossier, à gros grains de glauconie et de quartz transparent. Elle est bien moins fossilifère qu'à Warminster :

*Vermicularia concava*, Sow.
*Pecten asper*, Lamk.
*Janira quadricostata*, Sow.
*Pecten laminosus*, Mant.
*Ostrea vesiculosa*, Sow.

Le chloritic marl contient en abondance *Am. varians*, à sa partie supérieure. La zone à *Hol. subglobosus*, visible tout autour du bombement, forme entièrement les « *Outliers* » de Etchilhampton et de Pottern, j'y ai recueilli : *Am. varians*, *Rhynchonella Martini*. Je ne reviendrai pas ici sur les assises supérieures de la craie, elles ne m'ont rien présenté de particulier.

## 8. — RÉSUMÉ.

La région septentrionale est donc formée comme suit :

| CLASSIFICATION GÉNÉRALE. | CRAIE DE LA RÉGION SEPTENTRIONALE. | ÉPAISSEURS. |
|---|---|---|
| Assise à Belemnitelles. | » | 0 |
| Zone à Marsupites. | Craie de Salisbury. | 60 à 80 |
| Zone à M. coranguinum. | Craie de Leckford. | 20 a 25 |
| Zone à M. cortestudinarium. | Craie de Stockbridge. | 10 à 15 |
| Zone à Holaster planus. | Chalk rock de Stapleford. | 2 à 6 |
| Zone à Terebratulina gracilis. | Craie de Winchester. | 15 à 20 |
| Zone à Inoceramus labiatus. | Craie conglomérée de Charlton. | 10 à 15 |
| Zone à Belemnites plenus. | Chalk marl de Wilsham. | 3 |
| Zone à Holaster subglobosus. | Chalk marl d'Alton. | 20 à 30 |
| Chloritic marl. | Chloritic marl d'Urchfont. | 0,50 à 2,50 |
| Zone à Pecten asper. | Warminster beds. | 4 à 7 |
| Zone à Ammonites inflatus. | Gaize de Devizes. | 15 à 25 |

L'épaisseur du terrain crétacé supérieur de cette région est moindre que dans la région orientale précédemment décrite. L'assise à Belemnitelles fait défaut dans la région septentrionale ; au Sud de cette région, au haut de Standlinch down, il y en a peut-être un lambeau.

De nombreux plis ont affecté la craie de cette région ; le plus important est au Nord, il sépare le bassin de Londres de celui du Hampshire ; il y en a d'autres à Stoke, Cold-Henley, Winchester, Stockbridge, Stapleford, Middle-Woodford, Standlinch down. Il est difficile de rattacher avec certitude ces plis les uns aux autres ; le seul fait bien visible est qu'ils sont parallèles entre eux.

On peut encore remarquer que ces couches plissées sont en général plus fortement inclinées vers le Nord que vers le Sud.

## § 3. — RÉGION OCCIDENTALE.

La structure géologique de cette région est beaucoup plus simple que celle de la région précédente ; ici l'inclinaison générale est faible, uniforme, et régulière vers le S. E. Dans le Dorsetshire les couches comme dans la région orientale s'abaissent doucement sous le tertiaire du Hampshire. Je m'occuperai du Devonshire dans ce paragraphe, quoiqu'il n'ait plus de rapport avec le bassin tertiaire du Hamsphire.

### 1. — Rive droite de l'Avon.

Le cénomanien est bien visible dans la vallée de Wardour. Au Sud de ce bombement l'inclinaison est faible, les couches inférieures de la craie n'occupent cependant pas une grande superficie, ce qui est dû à la présence d'une chaîne élevée de collines crétacées qui longe au Sud la vallée de Wardour.

La partie supérieure de cette chaîne, de White sheet hill à Compton Hut, est déjà formée par la zone à *M. coranguinum*, on peut donc voir toute la succession des couches inférieures sur le flanc Nord de ces collines.

Le Chalk marl avec ses pyrites et ses caractères habituels est exploité au Sud de Compton Chamberlain.

J'y ai trouvé :

*Holaster Trecensis*, Leym.
*Janira æquicostata*, Lk.
*Inoceramus striatus*, Mant.
*Ammonites Gentoni*, Brong.

Son épaisseur est de 20$^{m}$ ; le chemin qui monte à Chalk down montre au-dessus du Chalk marl à *Hol. subglobosus* des roches noduleuses avec *Inoceramus labiatus* (10$^{m}$), surmontées par 20$^{m}$ de craie blanche compacte sans silex et sans fossiles. A cette altitude, un second niveau noduleux est visible, il contient des silex noirs, légèrement cariés, à la partie inférieure ces nodules sont colorés en vert, c'est le *Chalk rock* :

Nombreuses éponges.
*Echinocorys gibbus*, Lk.
*Inoceramus* voisin de *Labiatus*.

Le Chalk rock est recouvert par la craie noduleuse de la zone à *M. cortestudinarium* ; plus haut, au haut de la down la craie est homogène. Je n'y ai pas rencontré de fossiles, mais je crois cependant devoir la rapporter la zone à *M. coranguinum*. Les zones à *Hol. planus* et *M. cortestudinarium* sont donc bien développées de ce côté, de même que dans tout le Nord du bassin crétacé du Hampshire. Le Chalk rock à *H. planus* est cependant bien caractérisé dans cette région ; M. Whitaker [1] qui a, à plusieurs reprises, appelé l'attention sur ce niveau, l'avait déjà signalé à Barford-St-Mary (sans doute Barford-St-Martin de la carte du geological Survey ?) M. Cunnington [2] l'a reconnu au haut de White Sheet Hill.

Si de ces hauteurs on descend vers le Sud on retrouve le Chalk rock sous les zones à *M. coranguinum* et *M. cortestudinarium*. Il affleure dans un chemin au Nord de Broadchalk ; à la base est le banc dur verdi, où j'ai trouvé *Micraster breviporus*, *Terebratula Carteri*.

J'ai recueilli dans les 10$^{m}$ de craie dure, noduleuse, superposée au banc de nodules verdis du Chalk rock :

*Inoceramus Cuvieri?*, Sow.
*Serpula sp.*
*Terebratula semiglobosa*, Sow.
*Micraster cortestudinarium*, Gold.
» *corbovis* ? Forb.
Eponges.

Sous la ligne de nodules verts, la craie est dure, compacte, sans silex (zone à *Tina gracilis*) ; on la suit le long de la rivière jusqu'à Flamston. Près de Flamston, elle contient de petits silex à formes irrégulières, disséminés dans les bancs :

*Ammonites peramplus*, Sow.
*Ostrea sp.*
*Inoceramus* voisin du *Labiatus*.

Au Sud de Broad chalk, on monte sur des couches plus récentes : la rivière de Broad chalk coule donc au milieu d'un pli anticlinal. Buckland a signalé un pli anticlinal à Bower-chalk, où affleurerait même le cénomanien ; je n'ai pu étudier cette localité.

La zone à *M. coranguinum* est assez étendue dans ce district, j'évalue son épaisseur à 25$^{m}$, elle est bien reconnaissable vers Wilton et Netherhampton, les silex sont zonés et forment des bancs minces, irréguliers.

(1) W. Whitaker. — Geol. mag. Vol. IX, 1872, p. 427.
(2) T. Codrington, ibid.

J'ai recueilli au Sud de Netherhampton ainsi que sur le champ de courses :

*Inoceramus sp.*
*Echinoconus conicus*, Breyn.
*Micraster coranguinum*, Forb.
*Echinocorys gibbus*, Lk.
Astéries.

La colline de Harnham est formée par la craie à Marsupites. Il y a de nombreuses exploitations au Sud de West Harnham ; elle est employée comme presque partout en Angleterre pour faire du blanc : son inclinaison très-faible est vers le Nord. Cette craie est tendre, très-blanche, paraissant de loin sans silex ; de près on reconnaît de petits lits de petits silex noirs, arrondis, jaunes en dehors :

*Belemnitella Merceyi*, May.
*Pecten cretosus*, Defr.
*Plicatula sigillina*, Wood.
*Ostrea canaliculata*, d'Orb.
» *hippopodium*, Nilss.
*Magas sp.*
*Terebratula sexradiata*, Desl.
*Rhynchonella limbata*, Daw.
» *subplicata*, Mant.
*Echinocorys gibbus*, Lk.
Eponges.

Au S.-E. de Salisbury, jusqu'à Britford, plusieurs carrières sont ouvertes dans ce niveau, et m'ont fourni les mêmes fossiles. L'épaisseur de la zone à Marsupites est de plus de 60 mètres : la zone à Belemnitelles fait ici encore défaut.

### 9. — Vallée de la Stour.

Les couches inférieures se présentent dans les mêmes conditions et sensiblement avec les mêmes épaisseurs qu'au Sud du « Vale of Wardour ». Je n'y ai rien remarqué de particulier, aussi je passe de suite aux couches supérieures.

Je rapporte encore à la zone à *M. coranguinum* la craie exploitée aux environs de Spettisbury ; cette craie est assez dure, les silex zonés en bancs espacés de 1 à 1 m. 50, quelques bancs sont tabulaires, horizontaux ou verticaux.

*Janira quadricostata* ?, d'Orb.
*Echinocorys gibbus*, Lk.

Au-dessus vient la craie à Marsupites, les silex sont petits et jaunes en dehors comme ceux de Salisbury ; elle est exploitée à White Mill, au niveau de l'eau. Si de ce point on s'élève vers Badbury Rings, on reste pendant un certain temps sur la craie à Marsupites avec peu de silex, mais à High wood une carrière est ouverte dans une zone supérieure, dans la zone à Belemnitelles que nous n'avons pas rencontrée depuis Ports down.

La craie de High wood est très-tendre, et ne contient que très-peu de silex à patine épaisse, elle est partagée en bancs de 0,60 par des lits marneux jaunis par des pyrites. Le seul fossile abondant est *Belemnitella mucronata*. j'y ai recueilli en outre : *Echinocorys ovatus*, *Spondylus sp.*

En descendant j'ai trouvé à Broadford barrow :

| | |
|---|---|
| *Belemnitella mucronata*, Schlt. | *Echinocorys gibbus*, Lk. |

J'ai trouvé à Ashton :

| | |
|---|---|
| *Inoceramus*. | *Echinocorys gibbus*, Lk. |
| *Terebratula carnea*, Sow. | Astéries. |

### 3. — Rive gauche de la Frome.

La Frome forme la limite entre les régions occidentale et méridionale du bassin crétacé du Hampshire. Cette rivière coule dans un pli synclinal, sur la rive gauche, les couches plongent insensiblement au Sud, mais sur la rive droite l'inclinaison est en général vers le Nord, elle s'élève parfois jusqu'à 10° et 40°.

Entre la Stour et la Frome, les couches Cénomaniennes et Turoniennes sont régulières, elles sont la continuation de celles qui ont été précédemment décrites et plongent comme elles insensiblement vers le S.-E. ; je n'ai rien à ajouter à leur description.

Aux environs de Charminster affleure la craie à *M. coranguinum* ; une carrière au N.-E. près Hr. Burton Cottage est ouverte dans la zone à Marsupites qui contient ici des silex.

Voici la coupe de bas en haut :

| | |
|---|---|
| *a*. Craie sans silex | 1,00 |
| *b*. Silex noirs | |
| *c*. Craie tendre | 0,80 |
| *d* Silex noirs, bancs très-minces | |
| *e*. Craie tendre | 0,80 |
| *f*. Silex noirs, rosés en dehors, banc mince | |
| *g*. Craie tendre blanche | 1,00 |

| | |
|---|---|
| *Inoceramus* | *Cyphosoma elongatum*, Cotteau. |
| *Offaster corculum*, Gold. | Astéries. |
| *Echinocorys gibbus*, Lk. | *Amorphospongia globosa*, V. Hag. |

Un banc de silex tabulaire épais de 0.02 coupe perpendiculairement ces couches. Vers Walterstone on retrouve ce même niveau à Marsupites, mais on passe sur des couches plus récentes aux environs de Piddletown. La zone à Belemnitelles est très-bien développée de ce côté, les *Belemnitella mucronata* sont abondantes.

Près de Burleston barn, sur la rive droite du ruisseau est une carrière où les silex sont peu nombreux, blancs jusqu'au centre et en bancs peu épais, j'y ai trouvé *Bel. mucronata*. Le ruisseau coule environ 30 mètres sous cette carrière, sur une craie blanche, sans silex, pauvre en fossiles :

*Echinocorys gibbus*, *Inoceramus*, je la rapporte à la zone à Marsupites. Si on suit sur la rive gauche le chemin de Burleston, on rencontre plusieurs carrières avec silex noirs assez gros.

J'y ai recueilli en grand nombre :

| | |
|---|---|
| *Belemnitella mucronata*, Schl. | *Magas pumilus*, Sow. |

Au bas de la côte, et au niveau de la rivière Trent, vers Southover et Tolpiddle; la craie contient moins de silex, les fossiles sont plus rares :

| | |
|---|---|
| *Inoceramus*. | *Amorphospongia globosa*, V. Hag. |
| *Micraster*. | |

Elle appartient probablement à la craie à Marsupites. Dans cette partie de la région occidentale, la zone à Belemnitelles affleure donc d'une façon continue le long du bassin tertiaire du Hampshire. On peut la reconnaître au haut de toutes les côtes où sont ouvertes des tranchées, mais elle manque cependant souvent au fond des vallées où se trouve la craie à Marsupites : c'est l'effet de dénudations assez récentes.

Aux environs de Burleston la craie à Belemnitelles a une épaisseur de 30 mètres; c'est dans ce bassin de la Frome que se trouvent ces affleurements les plus occidentaux de l'Angleterre.

La vallée de la Frome fournit un exemple frappant de l'influence persistante des accidents géologiques pendant les époques postérieures à leur formation. Cette vallée est la continuation du grand pli synclinal du centre du bassin du Hampshire, limité au Nord et au Sud par les relèvements parallèles de Winchester et de l'Ile de Wight. La carte (Pl. 1) montre que c'est dans ce pli que les dépôts de la mer à Belemnitelles et de la mer tertiaire peuvent se suivre le plus loin vers l'Ouest. L'influence de ce pli a continué à se faire sentir après la formation des terrains tertiaires; les eaux pluviales qui tombaient sur la région du Hampshire à la fin de cette époque, suivaient ce large pli synclinal et descendaient vers l'Est en formant un fleuve important.

L'existence de ce grand cours d'eau n'est pas hypothétique ; M. T. Codrington [1] a montré qu'à l'époque quaternaire, le Solent et Spithead, détroit qui sépare actuellement l'île de Wight de l'Angleterre, était l'estuaire d'une rivière venant de l'Ouest, de l'ancienne Frôme. Toutes les rivières actuelles de l'île de Wight et de l'île de Purbeck, n'étaient que les affluents de la rive droite de ce fleuve ; la Stour, l'Avon, la Test, l'Itching, et les autres rivières qui se jettent aujourd'hui dans la mer entre Pool et Portsmouth étaient les affluents de la rive gauche.

Le cours de cette ancienne rivière Frome a été parfaitement suivi ; on l'a reconnu en étudiant les formations diluviennes situées dans le synclinal du Hampshire, au Nord de la chaîne crétacée des îles de Wight et de Purbeck encore réunies pendant le quaternaire.

Dans le Sussex, ces dépôts diluviens avec silex, contiennent de nombreux fragments de roches

(1) T. Codrington. — Hampshire and I. of Wight gravels. Quart. journ. geol. Soc. T. XXVI 1870, p. 528.
(1) John Evans. — Stone implements, chap. XXV.

anciennes, granite, porphyre, etc., ils reposent sur une argile avec *Elephas antiquus* et sont de formation marine d'après M. Dixon (1), Godwin-Austen (2), Codrington (3). Au Nord et au Sud de cette formation quaternaire marine du Sussex, on reconnaît des traces de rivage ; M. Prestwich (4) les a signalées de Waterbeach à Bourne-common au Nord, M. Codrington à Foreland, St-Hélène (Wight), au Sud.

Du Sussex vers l'Ouest on suit ce même diluvium à Portsea, Portsmouth, Gospord, Southampton, mais il prend des caractères de plus en plus fluviatiles à mesure qu'on avance dans cette direction ; il ne contient plus de débris de roches anciennes à l'Ouest, il devient enfin un véritable gravier de rivière, contenant de nombreux silex taillés.

Il y avait donc une rivière coulant de l'Ouest à l'Est à l'époque quaternaire dans le grand pli synclinal du Hampshire ; toutes les eaux quaternaires de cette région ont coulé dans une dépression formée pendant le dépôt de la craie et du tertiaire (5), c'est dans ce même pli que coulent aujourd'hui les eaux marines du Solent et de Spithead ainsi que ce qui reste de la rivière Frome.

### 4. — Extrémité occidentale du bassin crétacé (Devonshire, Somersetshire).

Les derniers affleurements du terrain crétacé à l'Ouest de l'Angleterre se trouvent dans le comté de Devon ; ces couches sont très-riches en fossiles, et ont été l'objet de nombreux et remarquables travaux. (6)

C'est dans le Devonshire que se trouve le fameux gisement fossilifère de Blackdown. L'âge exact des fossiles de Blackdown a été un sujet de discussion depuis l'époque où Sowerby les décrivit dans

(1) Dixons'Geology of Sussex.
(2) R. Godwin-Austen. — Quart. journ. Geol. Soc. Vol. XIII, p. 50.
(3) T. Codrington. l. c.
(4) J. Prestwich. — Quart journ. Geol. Soc. Vol. XV, p. 215.
(5) Voir la deuxième partie de ce chapitre.
(6) *Sir H. T. de la Beche.* — Remarks on the Geol. of the south coast of England. Trans. Geol. Soc. Ser. 2. Vol. I. p. 40. 1822.
*Sir H. T. de la Beche.* — (1826) On the chalk and sands beneath it, in the vicinity of Lyme-Regis, Trans. Geol. Soc. Ser. 2. Vol. 2. p. 109.
*Dr W. H. Fitton.* — (1836) On the strata between the chalk and the Oxford oolite. Trans. Gol. Soc. Ser. 2. Vol. 4, p. 233.
*Sir H. T. de la Beche.* — (1839) Report on the Geol. of Cornwall, Devon, and West Somerset (Ordnance Survey).
*R. A. C. Godvin-Austen.* — (1842) On the geology of the south east of Devonshire. Trans. Geol. Soc. Ser. 2. Vol. VI, p. 433.
*P. O. Hutchinson.* — (1843) The Geol. of. Sidmouth and of South-eastern Devon, 8 vo Sidmouth.
*M. E. Renevier.* — (1856) Bull. Soc. Vaudoise Sc. nat. p. 51.
*W. Whitaker.* — (1870) On the chalk of the sonthern part of Devon and Dorset. Quart. journ. Geol. Soc. Vol. XXVII, p. 93.
*C. J. A. Meyer.* — (1874) On the cretaceous rocks of Beer Head, etc. Quart. journ. Geol. Soc. Vol. XXX, p. 369.

la *Mineral Conchology* en 1829, puis dans le mémoire de Fitton en 1835. MM. de la Bêche, Fitton, Godwin-Austen, Renevier, Etheridge, Whitaker, Seeley, de Rance, et beaucoup d'autres géologues ont donné leur manière de voir à ce sujet ; on a comparé tour à tour la faune de Blackdown à celle du Lower green Sand, à celle du gault, à celle de l'upper green sand, ou à un mélange de ces diverses faunes.

Les collines de Blackdown qui fournissent le plus de fossiles sont situées entre Honiton et Wellington, les relations stratigraphiques n'y semblent pas très-claires. Les superpositions sont au contraire très-nettes dans les falaises du Devonshire, j'avais été frappé de l'analogie de la faune de Blackdown et de celle qui se trouve à White-Cliff dans la couche appelée depuis n° 2 par M. Meyer ; j'admets donc entièrement la correspondance que M. Meyer a eu le mérite d'établir entre ces couches ; je ne crois pas toutefois que cette couche 2 de White-Cliff (Blackdown Beds) soit inférieure au véritable upper green sand, ni qu'elle représente le gault et une partie du Lower green sand : je partage à ce sujet la manière de voir de M. de Rance (1).

Les descriptions de M. Meyer sont pour ces niveaux d'une exactitude parfaite, et il serait superflu de donner ici mes coupes ; je renverrai aux numéros de M. Meyer. Le n° 1, argile noirâtre épaisse d'environ 1 mètre correspondant peut-être au gault, le gault type (albien) se voit non loin de là dans le Dorsetshire à Black-Venn.

Les n^os^ 2, 3, correspondent d'après M. Meyer aux couches de Blackdown.

On y trouve en effet :

*Ostrea conica*, Sow.
» *undata*, Sow.
*Pecten laminosus*, Mant.
*Arca carinata*, Sow
*Cardium Hillanum*, Sow.
*Cyprina cuneata*, Sow.
*Inoceramus sulcatus*, Sow.
*Tellina striatula*, Sow.
*Thetis major*, Sow.
*Venus immersa*, Sow.
*Vermicularia concava*, Sow.
» *polygonalis*, Sow.

Cette faune, comme l'a parfaitement indiqué M. Meyer, est celle de Blackdown (2), j'ai déjà dit ailleurs (3), que les couches de Blackdown appartenaient à la zone à *Am. inflatus* supérieure au gault véritable à *Am. interruptus* et *Am. mammillaris*. On en a des preuves plus loin, dans l'île de Purbeck, et l'île de Wight, où ce niveau repose sur l'argile du gault typique.

Les n^os^ 4, 5, 6, ne fournissent pas comme les divisions précédentes une faune propre ; on n'y ramasse que les fossiles qu'on trouve un peu partout dans le cénomanien.

(1) *C. E. de Rance.* — On the physical changes preceding the deposition of the cret. strata in the S. W. of England. Geol mag. Vol. 1, p. 246.

(2) Comparer à la liste des fossiles de Blackdown de Fitton, Trans. Geol. Soc. Vol. IV, p. 239.

(3) *C. Barrois.* — Annal. Soc. Geol. Lille, Tome 2, p. 48, Tome 3, p. 1.

Ce sont :

| | |
|---|---|
| *Ostrea columba*, Lk. | *Pecten luminosus*, Mant. |
| » *conica* ([1]), Sow. | » *elongatus*, Lk. |
| » *vesiculosa*, Sow. | *Vermicularia concava*, Sow. |
| *Janira quadricostata*, Sow. | |

Je ne vois donc pas de raisons pour les séparer des couches de Blackdown ; pour moi 2, 3, 4, 5, 6, constituent la zone de Blackdown. Cette zone est limitée à sa partie supérieure par le banc de cailloux roulés nº 7 ; j'adopte par conséquent la manière de voir de de la Bèche. A White-Cliff cette zone à 25 mètres, elle a la même épaisseur à Blackdown d'après Fitton, elle est plus épaisse dans l'île de Wight.

Les nºs 8, 9, ont une faune bien différente : les Brachiopodes et les oursins dominent, comme dans les divisions suivantes :

| | |
|---|---|
| *Cidaris sp.* | *Orbitolina concava*, Lk. |
| *Rhynchonella Schlœnbachi*, Dav. | |

Les nºs 10, 11, 12, correspondent d'après M. Mëyer aux Warminster beds, ses listes de fossilles sont tout-à-fait convaincantes.

J'ai recueilli les espèces les plus communes :

| | |
|---|---|
| *Belemnites ultimus*, d'Orb. | *Ostrea carinata*, Lamk. |
| *Ammonites Mantelli*, Sow. | *Rhynchonella dimidiata*, Sow. |
| » *Coupei*, Brg. | » *Schloenbachi*, Dav. |
| » *varians*, Sow. | *Terebratella pectita*, Sow. |
| *Scaphites æqualis*, Sow. | *Discoïdea subuculus*, Klein. |
| *Nautilus lævigatus*, d'Orb. | *Holaster nodulosus*, Gold. |
| *Pleurotomaria Mailleana*, d'Orb. | *Catopygus columbarius*, d'Orb. |
| *Inoceramus striatus*, Mant. | *Cidaris sp.* |
| *Pecten asper*, Lamk. | |

Ces cinq derniers numéros, 8, 9, 10, 11, 12, représentent pour moi les Warminster beds, la zone à *Holaster nodulosus* de M. Hébert, ma zone à *Pecten asper* : leur épaisseur est de 7 mètres ([2]). Les

([1]). Quelques-uns de ces fossiles ne sont pas cités par M. Mëyer il est vrai ; ils proviennent de mes recherches.

([2]) Je dois à M. Duvillier l'analyse d'un échantillon de la roche de ce niveau (nº 12) craie à grains de quartz de de la Bèche :

| | |
|---|---|
| Grains de quartz, argile et quelques grains de glauconie | 9,98 |
| Silice soluble | 1,44 |
| Oxyde de fer | 1,70 |
| Phosphate de chaux | 5,24 |
| Sulfate de chaux | 0,58 |
| Carbonate de chaux | 80,32 |
| Carbonate de magnésie | 0,14 |
| | 99,30 |

Warminster beds reposent donc directement, d'après moi, sur la zone de Blackdown ; je crois qu'il y a dans le Devonshire la même superposition que j'ai reconnue ailleurs dans les coupes précédemment décrites : La zone à *Pecten asper* reposant sur la zone à *Am. inflatus*. Dans les Blackdown-Hills elles-mêmes, M. de Rance [1] aurait observé une zone à *Pecten asper* à la partie supérieure de ces collines; il ne donne malheureusement pas de détails.

L'*Upper green sand* tel qu'il a été défini par J. F. Berger, Englefield, Webster, Fitton, Ibbetson, m'a paru partout divisible en deux zones : zone à *Am. inflatus*, zone à *Pecten asper*. La faune de l'*upper green sand*, mélange des deux faunes précédentes, avait nécessairement des rapports avec l'une et avec l'autre ; il était naturel de la supposer intermédiaire entre elles, et de lui assimiler les couches 4, 5, 6, 7, 8, 9 du Devonshire, pauvres en fossiles.

Je reviendrai plus loin sur la division de l'*upper green sand*, en étudiant les îles de Purbeck et de Wight, où avait été pris le type de l'*upper green sand*.

Les numéros 13, 14, représentent pour M. Mëyer le *Chalk marl*, c'est une craie dure, grise, avec grains de quartz et de glauconie ; à la base il y a des nodules de phosphate de chaux. Le n° 13 me paraît être le *Chloritic marl* le mieux caractérisé : mêmes fossiles, fossiles également en phosphate de chaux, et en partie remaniés.

Les plus abondants sont :

*Ammonites Rotomagensis*, Defr.
» *Gentoni*, Defr.
» *varians*, Sow.
*Ostrea conica*, Sow.
*Rhynchonella grasiana*, Sow.
*Rhynchonella Mantellana*, Sow.
» *dimidiata*, Sow.
*Cidaris vesiculosa*, Gold.
*Holaster subglobosus*, Ag.

Il n'y a pas de séparation paléontologique entre 13 et 14 ; je suis donc porté à penser que ces deux numéros appartiennent à la zone du *chloritic marl*, et que le reste de l'assise à *Holaster subglobosus* fait ici entièrement défaut. On peut cependant assimiler avec M. Mëyer le n° 14 à la zone à *Holaster subglobosus*, ce serait une formation littorale, dont l'épaisseur ne dépasse pas 1 à 1 m. 50; en tous cas elle est très-faiblement représentée dans le Devonshire. La partie supérieure de ce banc est perforée et corrodée, elle est durcie sur une épaisseur de près de 0,50, et se voit très-nettement à l'Ouest de la baie de Beer. Je vais donner la coupe des couches supérieures que j'ai relevée en ce point ; il m'est plus difficile que pour les couches précédentes de mettre ici mes observations d'accord avec celles de M. C. J. A. Mëyer.

1. Calcaire cénomanien perforé et corrodé.
2. Craie jaunâtre dure, sableuse, très-noduleuse, contenant à la base un grand nombre de fossiles en fragments. . . . . . . . . . . . . . . . . . . . . . . . . . . . . . . 0,40

*Inoceramus sp.*
*Discoïdea minima*, Ag.
*Cidaris hirudo*, Sorig.

[1] C. de Rance. — Geol. mag. Dec. 2. Vol. 1, p. 246.

Les baguettes du *Cidaris hirudo*, Sorig. = *Sulcata*, Forbes, sont en grande quantité à ce niveau ; j'ai rencontré si souvent cet oursin à la base de la craie Turonienne en France, que je n'hésite pas à considérer ce banc comme la base de la zone à *Inoceramus labiatus*.

3. Craie très-noduleuse dure . . . . . . . . . . 0,40
4. Craie très dure . . . . . . . . . . 0,80
5. Craie noduleuse, avec nodules verdis en dehors. . . . . . . . . . 0,40
6. Craie blanche, sableuse, cristalline, trés-dure, noduleuse . . . . . . . . . . 1,00

*Inoceramus labiatus*, Sch. — *Discoïdea minima*, Ag.
*Terebratulina striata*, Wahl. — Astéries.

7. Craie très-noduleuse . . . . . . . . . . 1,00
8. Nodules jaunes . . . . . . . . . . 0,20
9. Craie très-noduleuse, dure, sans silex . . . . . . . . . . 1,50
10. Nodules jaunes en dedans, brun verdâtre en dehors . . . . . . . . . . 0,10
11. Craie noduleuse dure sans silex . . . . . . . . . . 1,50

*Inoceramus labiatus*, Schlt. — *Rhynchonella Cuvieri*, d'Orb.
*Terebratula semiglobosa*, Sow. — *Discoïdea minima*, Ag.

Ces dix numéros dont l'épaisseur est d'environ 7 mètres représentent la zone à *I. labiatus* dans le Devonshire ; ils correspondent aux divisions 15 et 16 de M. Meyer qui les a nettement distingués, et rapportés, ainsi que M. Whitaker au Lower chalk de l'Est de l'Angleterre. Le calcaire de ce niveau a donné lieu à d'importantes exploitations (*Beer Stone*), les carrières sont souterraines, elles ont été décrites avec soin par de la Bèche (1).

Les couches supérieures à cette zone à *I. labiatus* contiennent des silex. Elles forment le haut des falaises à Branscombe, où elles reposent presque sur l'upper green sand d'après M. Meyer (2) ; M. Whitaker (3) dans une coupe théorique montre en stratification discordante sur l'upper green sand, toutes les couches supérieures à la craie à grains de quartz et de glauconie. Je n'ai pu étudier ces environs de Branscombe.

J'ai pris à Beer dans la baie la coupe suivante au-dessus du n° 11 précité :

12. Lit de gros silex noirs compactes.
13. Craie blanche noduleuse. . . . . . . . . . . 1,50
14. Nodules. . . . . . . . . . . 0,10
15. Craie noduleuse. . . . . . . . . . . 1,00
16. Nodules et silex. . . . . . . . . . . 0,30
17. Craie compacte, quelques feuillets de marne. . . . . . . . . . . 2,00
18. Nodules jaunes . . . . . . . . . . 0,08
19. Craie compacte se chargeant en haut de silex et de nodules. . . . . . . . . . . 0,30
20. Craie compacte : *Discoïdea minima*, *Spondylus spinosus*. . . . . . . . . . . 2,00
21. Craie avec silex noirs disséminés. . . . . . . . . . . 1,00

(1) Sir H. de la Bèche. Trans. Geol. Soc. 2e Ser. T. 2, p. 117.
(2) C. J. A. Meyer. l. c. p. 384.
(3) W. Whitaker. Quart. journ. Geol. Soc. Vol. XXVIII p. 98

22. Craie sans silex : *Terebratulina Campaniensis*, d'Orb. . . . . . . . . . . . . . . . . 1,00
23. Craie avec silex, petits, cornus, digitiformes . . . . . . . . . . . . . . . . . . . . 1,50

*Terebratulina gracilis*, Schlt. — *Micraster corbovis*, Forb.
*Inoceramus Brongniarti*, Sow. — *Polyphragma cribrosum*, Reuss.
*Cidaris*.

24. Craie sans silex. . . . . . . . . . . . . . . . . . . . . . . . . . . . . . 0,50
25. Silex disséminés dans une couche de craie. . . . . . . . . . . . . . . . . . . . . 0,50
26. Craie avec petits silex cornus : *Rhynchonella Cuvieri*, *Terebratulina gracilis*. . . . . . . 1,50
27. Banc de silex noirs, continu ; il est à la hauteur de la tête au point où commence la rampe qui mène au haut de la falaise à Beer. . . . . . . . . . . . . . . . . . . . . 0,10
28. Craie blanche plus tendre et plus blanche que les précédentes ; elle s'écrase entre les doigts. Silex disséminés. . . . . . . . . . . . . . . . . . . . . . . . . 2,00

*Terebratulina gracilis*, Schlt. — *Holaster coravium*, Lamk.

29. Craie blanche semblable à la précédente, avec petits nodules de silex noirs, arrondis ou de formes peu irrégulières . . . . . . . . . . . . . . . . . . . . . . . . 3,00
30. Gros silex noirs cornus ou arrondis, pyrites. . . . . . . . . . . . . . . . . . . . 0,15
31. Craie blanche. . . . . . . . . . . . . . . . . . . . . . . . . . . . . 1,00
32. Gros silex noirs . . . . . . . . . . . . . . . . . . . . . . . . . . . 0,10
33. Craie blanche. . . . . . . . . . . . . . . . . . . . . . . . . . . . . 2,00

*Terebratulina gracilis*, Schlt. — *Spondylus spinosus*, Sow.
*Rhynchonella Cuvieri*, d'Orb.

34. Craie blanche avec lits peu suivis, irréguliers, de silex compactes peu nombreux. (Ce numéro, avec le précédent, correspondent à 19, de M. Meyer) . . . . . . . . . . . . . . . . 2,00

*Inoceramus* voisin de *Labiatus* — *Terebratulina gracilis*, Schlt.

35. Banc de nodules durs de craie. . . . . . . . . . . . . . . . . . . . . . . . 0,50
36. Argile gris noirâtre. . . . . . . . . . . . . . . . . . . . . . . . . . . 0,02
37. Craie grise avec nodules durs, grisâtres, devenant blancs à l'air : cette couche contient des silex noirs assez gros. . . . . . . . . . . . . . . . . . . . . . . . . . 2,00

*Inoceramus involutus* ?, Sow. — *Micraster breviporus*, Ag.
*Rhynchonella Cuvieri*, d'Orb. — » *corbovis*, Forb.

38. Craie noduleuse à nodules gris, jaunâtres en dehors . . . . . . . . . . . . . . . . 0,50
39. Craie noduleuse blanche, silex noirs. . . . . . . . . . . . . . . . . . . . . . 2,00

Tout cet ensemble de couches à l'exception des deux dernières, représente la craie Turonienne à *Terebratulina gracilis*. Il y a à sa partie supérieure (n° 36) une petite couche d'argile gris noirâtre qui rappelle singulièrement celle qui se trouve vers la partie supérieure de cette zone dans l'île de Wight, et en beaucoup d'autres localités. La faune de cette craie à silex (n° 12 à 37) est évidemment celle de la zone Turonienne à *Terebratulina gracilis ;* ici elle est lithologiquement distincte et se sépare très-nettement du Turonien inférieur à *Inoceramus labiatus*. J'avais déjà fait remarquer en parlant de cette zone aux environs de Lewes, que sa faune était tout-à-fait distincte de la zone inférieure à *Inoceramus labiatus* ; pour ne parler que des céphalopodes plus faciles à reconnaître, les *Ammonites Woolgari*, Mant., *Carolinus*, d'Orb. *peramplus*, Mant., (forme *Prosperianus*), caractérisent la première, les *Am. nodosoides*, Schl., *rusticus*, Sow., *Lewesiensis*, Mant., caractérisent la seconde.

Le Turonien est à l'état de craie marneuse sans silex ou avec peu de silex dans le Sussex, tandis que ces deux zones inférieures sont lithologiquement différentes dans le Devonshire.

Les trois numéros 17, 18, 19 de M. Meyer correspondent à la zone à *Terebratulina gracilis*, épaisse de 24 mètres d'après mes mesures. M. Meyer avait rapporté 17 au Lower chalk, 18 et 19 au Middle chalk ; ces termes sont actuellement devenus peu précis, la zone à *T. gracilis* appartient au Lower chalk de M. Whitaker, à la Middle chalk (Whiteleaf beds) de M. Caleb Evans.

Le contact du Turonien et du Sénonien (n$^{os}$ 38, 39) se voit dans les carrières de Beer.

J'ai pris la coupe suivante dans une carrière au Nord du village :

(à la base) : craie marneuse avec peu de silex. . . . . . . . . . . . . . . . . . . . 10,00
*Terebratulina gracilis*, Schlt. *Spondylus spinosus*, Sow.
Argile gris noirâtre. . . . . . . . . . . . . . . . . . . . . . . . . . . . 0,03
Craie blanche. . . . . . . . . . . . . . . . . . . . . . . . . . . . . 1,00
*Rhynchonella Cuvieri*, d'Orb. *Terebratulina gracilis*, Schlt.
Lit de nodules, peu épais . . . . . . . . . . . . . . . . . . . . . . .
Craie avec silex (*Micraster*) . . . . . . . . . . . . . . . . . . . . . . 15,00

Cette coupe s'accorde avec celle des falaises pour faire voir que le *chalk rock* n'est pas bien développé dans cette région ; la zone à *Holaster planus* est ici une craie avec silex et bancs noduleux assez durs. Une carrière sur la rive gauche de l'Axe, au delà de Seaton, où on exploite la craie à silex de la zone à *T$^{na}$ gracilis*, montre à sa partie supérieure un banc noduleux jaunâtre, qui doit représenter le chalk rock ; je n'ai pu y atteindre.

Les couches Turoniennes dont je viens de donner la coupe, s'observent au haut de la falaise à l'entrée de Beer ; on peut cependant étudier des couches supérieures en suivant un petit sentier qui monte vers le signal. Je n'ai pu voir les couches sur une hauteur de 20 mètres, c'était une craie blanche avec silex noirs, cornus ; cette lacune toutefois, n'est pas de 20 mètres, grâce à l'inclinaison des couches.

40. Nodules gris, durs, verdâtres, dans une craie blanche . . . . . . . . . . . . . . . . 0,05
41. Craie blanche avec bancs de silex espacés de 0,50 à 1 mètre, et disséminés ; il y a des parties de craie plus dures qui font saillie sur la falaise. . . . . . . . . . . . . . . . . . . . 5,00
*Inoceramus*. *Holaster*.
*Serpula*. *Micraster cortestudinarium*, Gold.
*Terebratula semiglobosa*, Sow. *Cyphosoma radiatum*, Ag.
*Rhynchonella plicatilis*, Sow.
42. Banc continu de silex noirs. . . . . . . . . . . . . . . . . . . . . . . . 0,05
43. Craie blanche. . . . . . . . . . . . . . . . . . . . . . . . . . . . . 0,30
44. Nodules jaune brunâtre, quelques-uns verts en dehors . . . . . . . . . . . . . . . 0,15
45. Craie blanche, silex noirs en bancs réguliers, espacés de 0,50 à 1 mètre . . . . . . . . . 10,00
*Serpula plexus*, Sow. *Terebratulina striata*, Wahl.
*Janira quadricostata*, Sow. *Micraster coranguinum*, Forbes.
*Inoceramus* (*nombreux*). *Amorphospongia globosa*, v. Hag.
*Ostrea*.
46. Craie blanche homogène, quelques silex cariés : *Micraster*.

Le N° 20 de M. Mëyer représente donc mes zones à *Holaster planus*, *Micraster cortestudinarium*, et une partie de la zone à *M. coranguinum*. Je n'attribue qu'une épaisseur de 2 à 3 mètres à la zone à *Holaster planus*, 10 à 15 mètres à la zone à *M. cortestudinarium* ; la limite entre elles se trouve dans l'espace des falaises que je n'ai pu observer, elle n'est pas nette dans les carrières, je ne puis donc fixer leur épaisseur absolue.

Les 10 mètres supérieurs de la falaise appartiennent à la zone à *Micraster coranguinum* : les zones à Marsupites et à Belemnitelles manquent donc aux environs de Beer. La zone à Belemnitelles manque dans tout le Devonshire, mais la zone à Marsupites couronne peut être les collines crétacées les plus élevées. J'ai observé la craie dans les fondations de nouvelles constructions établies au haut de Rowsedown, entre Seaton et Lyme-Regis ; je n'ai pu y trouver de fossiles, mais les silex arrondis et de couleur grise, m'ont rappelé ceux de la zone à Marsupites. La zone à *M. coranguinum* aurait dans ce cas, moins de 20 mètres d'épaisseur.

TERRAIN CRÉTACÉ DU DEVONSHIRE ET SOMERSETSHIRE.

| MEYER. | DE RANCE. | DAVIDSON. | WHITAKER. | DE LA BÊCHE. | CLASSIFICATION GÉNÉRALE. | Épaisseurs d'après mes coupes. |
|---|---|---|---|---|---|---|
| 2, 3, 4, 5, 6 | Cow stones Fox mould Z. à E. conica | | Upper Green Sand. | Sands and Sandstones beneath the chalk. | Zone à Am. inflatus. | 85m |
| 7,8,9,10,11,12 | Z. à P. asper. | 4, 5, 6 | | Chalk with quartz grains. | Z. à Pecten asper. | 7 |
| 13, 14 | Z. à Sc. æqualis. | 3, 2, Scaphites bed et Discoïdean bed. | 4, 5, | | Chloritic marl. | 3 |
| ? | ? | ? | ? | ? | Z. à Hol. Subglobosus. | ? |
| | | | | | Z. à Bel. plenus. | 0 |
| 15, 16 | Yellow chalk. | I. Lower chalk | 3 | Chalk without flints. | Z. à I. labiatus. | 7 |
| 17, 18, 19 | | | 2, 1 | | Z. à T. gracilis. | 24 |
| | | | | | Z. à H, planus. | 2? |
| 20 | | | 1 | Chalk with flints. | Z. à M. cortestudinarium | 10? |
| | | | | | Z. à M. coranguinum. | 20? |
| | | | | | Z. à Marsupites. | ? |
| | | | | | Z. à Belemnitelles. | 0 |

Le tableau précédent résume le parallélisme tel que je le comprends, entre les divisions établies dans les couches crétacées de cette région par MM. de la Bèche, [1] Whitaker, [2] (Devonshire), Davidson [3] (environs de Chard, Somersethire), Mëyer [4] (Devonshire), et de Rance [5] (Somersetshire).

## 5. — RÉSUMÉ.

La région occidentale du bassin crétacé du Hampshire, est donc formée par les couches crétacées suivantes :

| CLASSIFICATION GÉNÉRALE. | DIVISIONS DE LA RÉGION OCCIDENTALE. | ÉPAISSEURS. |
|---|---|---|
| Zone à Am. inflatus. | Blackdown Beds. | 20 à 35$^{m}$ |
| Zone à Pecten asper. | Craie à grains de quartz de Lyme-Regis. | 2 à 7 |
| Chloritic marl. | Craie à grains de quartz de White-Cliff. | 1 à 3 |
| Zone à Holaster subglobosus. | Chalk marl de Maiden-Newton. | 0 à 20 |
| Zone à Belemnites plenus. | ? | » |
| Zone à Inoceramus labiatus. | Calcaire sableux des carrières de Beer. | 7 à 10 |
| Zone à Terebratulina gracilis. | Craie à silex de la baie de Beer. | 20 à 24 |
| Zone à Holaster planus. | Chalk rock de White Sheet Hill. | 2 à 4 |
| Zone à M. cortestudinarium. | Craie de Broad chalk. | 10 à 12 ? |
| Zone à M. coranguinum. | Craie du signal de Beer. | 20 à 25 ? |
| Zone à Marsupites. | Craie de Dorchester. | 0 à 60 |
| Assise à Belemnitelles. | Craie de Piddletown. | 0 à 30 |

Il faut noter comme fait général la diminution de l'épaisseur de toutes les couches crétacées à l'Ouest de l'Angleterre.

Dans le Dorsetshire, on remarque le développement de l'assise à Belemnitelles, notamment dans le pli synclinal de la Frome. Les plis de Bower chalk, Broad chalk, sont parallèles aux systèmes déjà décrits, de Winchester, etc.

Le Devonshire révèle des faits intéressants : 1° L'absence du Cénomanien supérieur (assise à Holaster subglobosus), preuve qu'en Angleterre comme en France, il y a eu d'importantes oscillations du sol pendant le Cénomanien ; 2° une distinction lithologique avec banc limite net, entre les deux zones inférieures du Turonien, partout si distinctes par leurs fossiles.

(1) Sir H. T. de la Beche. Trans. Geol .Soc., ser. 2, vol. II, p. 109.
(2) M. Whitaker. On the Chalk of the S. part of Dorset and Devon, Quart. journ. Geol. Soc., vol. XXVII, p. 93.
(3) T. Davidson. Mon. Palæontog. Soc. 1852.
(4) C. J. A. Mëyer. Quart. journ. Geol. Soc., vol. XXX, p. 369.
(5) C. E. de Rance. Geol. mag. 2e Dec., vol. I, p. 246,

## § 4. — RÉGION MÉRIDIONALE.

Le terrain crétacé de cette région a déjà été l'objet d'importants travaux : Berger [1], Webster [2], Englefield [3], Buckland [4], de la Bêche [5], Fitton [6], Bristow [7], Whitaker [8], ont tour à tour fait connaître sa composition. Cette partie du terrain crétacé est difficile à étudier, et sa connaissance complète nécessitera encore de bien nombreuses études.

La région méridionale du bassin crétacé du Hampshire s'étend de l'île de Wight (Culver Cliff), à travers l'île de Purbeck, jusqu'à White Nore (Dorsetshire), et de là dans l'intérieur des terres jusqu'à Chilcomb Hill, Est de Bridport (Dorsetshire). Les couches crétacées qui forment la portion comprise entre Culver cliff et White Nore ont une très-forte inclinaison vers le Nord ; elles sont quelquefois même comme Webster l'a remarqué le premier, absolument verticales. Leur extension superficielle est par suite très-faible, elles forment une simple crête de collines arrondies dont les altitudes varient entre 100 et 200 mètres, Nine Barrow down la plus haute a 208 mètres.

La portion comprise entre White Nore et Chilcomb Hill est formée par des couches beaucoup moins inclinées, leur inclinaison vers le Nord est souvent de 8° à 10°, et s'élève jusqu'à 40° ; c'est à cette diminution d'inclinaison qu'est due leur plus grande extension superficielle. Les altitudes de ces collines ne dépassent pas 170 mètres.

J'étudierai successivement les couches peu inclinées (1. Rive droite de la Frome) et les couches très-inclinées (2. île de Purbeck, île de Wight) ; elles sont bien évidemment la continuation les unes des autres. L'inclinaison Nord est due à un axe anticlinal, parallèle aux axes des Wealds, de Kingsclere et de Winchester ; on le suit très-nettement de l'Est à l'Ouest, de l'île de Wight au Dorsetshire.

Dans l'île de Wight, cet axe dirigé de Brixton Bay à Sandown Bay, ramène au jour le Wealdien dans ces baies ; dans l'île de Purbeck, il fait affleurer le Kimmeridien dans la baie de Kimmeridje ; dans le vallon de Weymouth, il passe de la baie de Weymouth au Chesil Bank, et montre au centre la grande Oolithe. Au Nord de cet axe les couches plongent rapidement au Nord, au Sud leur inclinaison est vers le Sud et beaucoup plus faible. Cet axe est la limite Sud du bassin crétacé du Hampshire, les couches crétacées situées au Nord seront étudiées dans ce chapitre, les couches situées au Sud et qui ne sont du reste visibles que dans l'île de Wight appartiennent à un autre bassin. Je n'en parlerai plus dans ce travail, m'en étant déjà occupé ailleurs [9].

---

(1) J. F. Berger. A Sketch of the Geol.... Trans. Geol. Soc., ser. 1, vol. I, p. 249, 1811.
(2) T. Webster. Trans. Geol. Soc. 1re ser., vol. II. p 161.
(3) Sir H. Englefield and T. Webster. A Description of the princ. pict. Beauties...., fol. London, 1816.
(4) Rev. Buckland and Sir H. de la Bêche. Trans. Geol. Soc., vol. IV, 2e ser., 1830, p. 1.
(5) ibid.
(6) W. H. Fitton. On the strata between.... Trans. Geol. Soc., 2e sér., vol. IV.
(7) H. W. Bristow. Geol. Survey of Great Britain.
(8) W. Whitaker. Quart. journ. Geol. Soc., vol. XXVII, p. 93, 1871.
(9) C. Barrois. Annal. Sciences géologiques. Paris 1875.

## I. — Rive droite de la Frome.

J'étudierai dans ce paragraphe l'espace compris entre la rivière Frome, la faille reconnue et décrite par Buckland et de la Bêche sous le nom de *grande faille du Ridgeway*, la mer à White Nore, et une ligne droite tirée de Bat's corner à Winfrith ; c'est-à-dire toute la partie de la région méridionale formée par les couches inclinant légèrement au Nord, à l'exception des massifs de Lulworth et de Studland qu'on ne peut séparer des couches fortement inclinées.

Deux cartes géologiques très-soignées, à l'échelle de 1/64000 ont déjà été publiées sur cette partie du Dorsetshire ; la première due à MM. Buckland et de la Bêche (¹), la seconde à M. Bristow (²). Un regard jeté sur ces cartes montrera combien les couches de cette région sont disloquées : l'inclinaison Nord est loin d'être générale, de nombreux plis et failles la rendent très-variable. Avant d'exposer la distribution des différentes zones dans l'intérieur du pays, je vais les étudier à la côte.

*A. Coupe des Falaises* : La plus belle coupe que j'aie observé se trouve à White Nore sous le signal ; à l'Est la mer empêche d'aborder le pied des falaises, à l'Ouest les éboulements les encombrent. Le croquis ci joint montrera le point où j'ai pris la coupe, j'ai suivi le petit ravin indiqué, c'est toutefois un chemin assez difficile.

Fig. 7.— COUPE SOUS LE SIGNAL DE WHITE-NORE.

L'inclinaison est de 8° vers le S.-E. ; j'ai relevé de bas en haut :

1. Marne sableuse, vert foncé, avec quelques nodules de phosphate de chaux. . . . . . . 1,50

*Serpula sp.*
*Ostrea vesiculosa*, Sow.
*Pecten asper* (nombreux.)
*Holaster Brongniarti ?*, Hébert.
*Pseudodiadema ornatum*, Desor.

(¹) Rev. Buckland and sir H. de la Bêche. Trans. Geol. Soc., 2ᵉ sér., vol. IV, p. 1.
(²) H. Bristow. Geol. Survey of great Britain, n° 17, 1850-55.

2. Grès vert à grains de quartz, avec *cherts* :
   *a*. Grès dur siliceux. . . . . . . . . . . . . . . . . . . . . . . . . . . . 1,00
   *b*. Chert. . . . . . . . . . . . . . . . . . . . . . . . . . . . . . . . 0,20
   *c*. Grès et nodules siliceux . . . . . . . . . . . . . . . . . . . . . . . 0,50
   *d*. Banc dur de grès siliceux, cherts . . . . . . . . . . . . . . . . . . . 0,20
   *e*. Sable avec gros nodules de grès . . . . . . . . . . . . . . . . . . . . 1,50
   *f*. Grès . . . . . . . . . . . . . . . . . . . . . . . . . . . . . . . . 1,00

1 et 2 appartiennent à la zone à *Pecten asper* ; il y a un ravinement très-sensible en ce point de la falaise, à la partie supérieure de *f* qui est durcie et corrodée. A la base de 3 se trouve une immense quantité de fossiles, plusieurs doivent provenir des couches inférieures remaniées.

3. Calcaire sableux, noduleux, jaune brunâtre, grains de quartz et de glauconie ; nodules de phosphate de chaux . . . . . . . . . . . . . . . . . . . . . . . . . . . . 1,00

| | |
|---|---|
| *Ammonites Rotomagensis*, Defr. | *Serpula vermes*, Sow. |
| » *varians*, Sow. | *Arca sp.* |
| » *Coupei*, Brg. | *Panopœa sp.* |
| *Scaphites œqualis*, Sow. | *Echinoconus castanea*, d'Orb. |
| *Nautilus radiatus*, Sow. | *Holaster subglobosus*, Ag. |
| *Avellana cassis*, d'Orb. | » *Trecensis*, *Leym.* |
| *Pleurotomaria sp.* | Spongiaires. |

Les *Holaster subglobosus* sont si nombreux qu'ils forment réellement un tapis continu à la base de cette division, qui est le chloritic marl.

4. Craie, blanc grisâtre, marneuse, homogène, très-dure, formant des bancs compactes de 0,20 à 1 mètre, séparés par des veines argilo-marneuses. Nombreux silex gris bleuâtre fondus dans la roche. . . . . . . . . . . . . . . . . . . . . . . . . . . . . . . . . . 10,00

Cette craie contient les fossiles de la zone à *Holaster subglobosus* ; les silex nombreux qui s'y trouvent en bancs réguliers espacés de 0,50 à 1m, indiquent bien qu'on ne saurait les considérer comme caractéristiques de l'upper chalk.

5. Marne verdâtre, dont 1 mètre à la base très-argileuse. . . . . . . . . . . . . . . . . 3,00

Cette marne tranche nettement par sa couleur à la surface de la falaise, elle a été déjà signalée par M. Whitaker (1) ; elle représente la zone à *Belemnites plenus*.

6. Craie très-noduleuse sans silex (*zône à Inoceramus labiatus*) . . . . . . . . . . . . . 20,00

| | |
|---|---|
| *Inoceramus labiatus*, *Schlt.* | *Rhynchonella Cuvieri*, *d'Orb.* |

7. Craie non noduleuse, avec silex de couleur claire, gris bleuâtre, peu abondants ; silex noirs à la partie supérieure (zône à *T. gracilis*) . . . . . . . . . . . . . . . . . . . . . 25,00

| | |
|---|---|
| *Inoceramus labiatus*, | *Inoceramus Brongniarti*, Sow. |
| *Rhynchonella Cuvieri*, d'Orb. | *Holaster coravium*, Lamk. |

8. Lit d'argile gris-noirâtre, mince.
9. Craie avec très-rares silex . . . . . . . . . . . . . . . . . . . . . . . . . . . 2,00

| | |
|---|---|
| *Inoceramus* voisin de *Labiatus*. | *Micraster corbovis*, Forbes. |
| *Spondylus spinosus*, Sow. | |

(1) W, Whitaker. Quart. journ. Geol. Soc. Vol. XXVII. 1871, p. 96.

10. Craie noduleuse dure . . . . . . . . . . . . . . . . . . . . . . . . . . . . . . 0,50

| | |
|---|---|
| *Inoceramus* voisin de *Labiatus.* | *Holaster planus*, Ag. (Mant sp.) |
| *Terebratula semiglobosa*, Sow. | *Cyphosoma radiatum*, Sorig. |
| *Micraster breviporus*, Ag. | *Echinocorys gibbus*, Lk. |
| » *corbovis*, Forb. | *Amorphospongia globosa*, v. Hag. |

11. Craie à silex noirs, compactes, disséminés. . . . . . . . . . . . . . . . . . . . . 15,00

| | |
|---|---|
| *Inoceramus.* | *Cidaris sceptrifera*, Mant. |
| *Ostrea.* | » *clavigera*, Kœnig. |
| *Terebratula semiglobosa*, Sow. | *Discoïdea.* |
| *Rhynchonella plicatilis*, Sow. | *Parasmilia.* |
| *Holaster planus*, Mant. | *Amorphospongia globosa*, v. Hag. |
| *Micraster corbovis?* Forb. | |

12. Banc noduleux dur.

*Micraster corbovis ?*, Forb.

13. Craie avec silex noirs, dont quelques bancs cariés; niveaux noduleux à plusieurs reprises . . 20,00

Il m'a été impossible d'aborder cette partie de la falaise, j'ai recueilli dans les éboulements deux *Micraster cortestudinarium*, très-bien caractérisés, et provenant de ce niveau autant que j'ai pu en juger par les caractères de la roche. Je rattache également 11 à la zone à *M. cortestudinarium*, 9 et 10 à la zone à *Holaster planus* ; j'ai cité avec doute dans ces couches *Micraster corbovis*, l'espèce que j'ai recueillie est une espèce à aires interporifères lisses, assez commune dans la zone à *M. cortestudinarium*, sa ressemblance avec *M. breviporus* rend parfois difficile la distinction entre les deux zones caractérisées par ces oursins. Au-dessus du nº 13 la coupe devient très-facile, on peut suivre un sentier tracé qui mène au signal House.

14. Craie avec silex moins nombreux, noirâtres, en bancs dont quelques-uns sont tabulaires. . . 3,00

*Echinocorys gibbus*, Lk.

15. Craie avec silex cariés, nombreux, disséminés dans la craie; ils sont rosés en dehors. . . . 4,00

| | |
|---|---|
| *Ostrea vesicularis*, Lk. | *Cidaris hirudo*, Sorig. |
| *Cidaris sceptrifera*, Mant. | *Salenia granulata*, Forbes. |
| » *clavigera*, Kœnig. | Astéries. |
| » *subvesiculosa*, d'Orb. | *Amorphospongia globosa*, v. Hag. |

16. Banc jaune noduleux . . . . . . . . . . . . . . . . . . . . . . . . . . . . . . 0,30
17. Craie à silex rosés en dehors . . . . . . . . . . . . . . . . . . . . . . . . . . . 1,00
18. Banc jaune, très-dur, noduleux, avec nombreux fossiles roulés . . . . . . . . . . . . 0,50

Ce banc forme la base de la zone à *M. coranguinum.* C'est un banc limite très-net, que remarqueront inévitablement tous les géologues qui feront cette coupe. C'est certainement le même que M. Whitaker (¹) a décrit comme banc noduleux de 1 pied 1/2 dans la craie avec nombreux silex.

(¹) M. Whitaker. Quart. journ. Geol. Soc. Vol. XXVII. 1871, p. 96.

19. Craie blanche avec silex rosés au bord et en bancs espacés de 1 mètre; à la base, nombreux lits de fragments de gros Inocérames . . . . . . . . . . . . . . . . . . . . . . . . . 15,00

*Inoceramus involutus*, Sow.
*Inoceramus*.
*Serpula plexus*, Sow.
*Cidaris hirudo*, Sorig.
*Cidaris clavigera*, Kœnig.
Astéries.
*Amorphospongia globosa*, v. Hag.

20. Craie blanche à silex rosés au bord, en bancs espacés de 1,50 en bas, de 0,50 en haut. . . . . 10,00

*Inoceramus*.
*Echinocorys gibbus*, Lk.
*Cidaris clavigera A.*, Kœnig.
» *sceptrifera A.*, Mant.
*Cidaris hirudo*, Sorig.
*Bourgueticrinus ellipticus*, Mall..
Astéries.
*Amorphospongia globosa*, v. Hag.

21. Craie blanche à silex blonds, rosés au bord, de formes assez régulières, aplaties, en bancs espacés de 1 mètre. . . . . . . . . . . . . . . . . . . . . . . . . . . . . 10,00

*Echinoconus conicus*, Breyn.
*Micraster coranguinum*, Forb.
*Cidaris perornata*, Forb.
» *clavigera*, Kœnig.
» *subvesiculosa*, d'Orb.
*Cidaris hirudo*, Sorig.
*Cyphosoma sp.*
Astéries.
Bryozoaires.
*Amorphospongia*.

Cette craie forme le haut de l'escarpement, qui est par conséquent couronné par la zone à *M. coranguinum*. On monte encore 10$^m$ jusqu'au signal Houso, les silex sont ici grisâtres en bancs minces et discontinus ; je n'y ai pas trouvé de fossiles, je les rapporte cependant à la zone à Marsupites que j'ai reconnue près de là dans une carrière ouverte un peu au Nord.

La zone à *Am. inflatus* n'est pas visible à White Nore, mais elle est très-bien exposée dans la baie de Ringstead. Son épaisseur est de 15 mètres environ, elle est formée de sables argileux verts avec bancs de grès à la partie moyenne, et est recouverte par la zone à *Pecten asper*.

J'ai recueilli à Ringstead dans la zone à *Am. inflatus* :

*Ostrea conica*, Sow.
» *columba*, Lk.
*Janira quadricostata*, Sow.
*Vermicularia concava*, Sow.

Dans les éboulements de cette baie de Ringstead, j'ai recueilli des fossiles dans la craie à silex gris bleuâtre fondus dans la roche (Chalk marl à H. subglobosus) :

*Ammonites varians*, Sow.
» *Sussexiensis*, Mant.
*Nautilus pseudo-elegans*, d'Orb
*Pecten depressus*, Münst.
» *Beaveri*, Sow.
*Lima elongata*, Sow.
*Inoceramus striatus*, Mant.
*Ostrea vesicularis*, Lamk.
*Plicatula inflata*, Sow.
*Rhynchonella Mantellana*, Sow.
*Holaster subglobosus*, Ag

Les différentes zones exposées dans les falaises de White nore se voient avec les mêmes caractères à l'intérieur du pays. L'assise à Marsupites est bien développée aux environs de Dorchester ; dans la tranchée du chemin de fer de cette ville, elle est presque horizontale et ne contient pas de silex.

L'assise à Belemnitelles existe d'une façon continue dans toute cette partie, elle forme une bande régulière au contact du tertiaire, et couronne de plus vers l'Ouest les collines de craie à Marsupites.

A Conygor Hill, Farringdon-in-Ruin, j'ai trouvé : *Belemnitella mucronata* ; au Sud de Whitcomb :

| | |
|---|---|
| *Pecten cretosus*, Defr. | *Rhynchonella octoplicata*, Sow. |
| *Lima Hoperi*, Defr. | |

Ces couches inclinent insensiblement vers le N.-E. ; à Warmwell, j'ai recueilli : *Belemnitella mucronata*, à Owre-Moyne où les silex sont bien rares :

| | |
|---|---|
| *Belemnitella mucronata*, Schl. | *Rhynchonella octoplicata*, Sow. |
| *Rostellaria stenoptera*, Gold. | *Magas pumilus*, *var.* Sow. |
| *Lima Dutempleana*, d'Orb. | *Micraster*. |

L'épaisseur de ce niveau est de plus de 30 mètres.

*B. Structure géologique* : La structure géologique de cette partie du Dorsetshire est intéressante et assez compliquée ; grâce à deux accidents décrits sous les noms de faille du Ridgeway, et faille de Winterborne-Abbas.

*Faille du Ridgeway* : Cet accident est bien connu grâce aux études de M. de la Bêche, Buckland, Weston (1) et surtout de M. Bristow (2), qui l'ont suivi et tracé sur leur carte sur une longueur de plus de 25 kilomètres, depuis East Chaldon jusqu'à la mer à l'Ouest d'Abbotsbury. Cette faille, fait buter tour à tour les différentes zones de la craie contre les différentes zones du jurassique, du coral-rag aux couches de Purbeck, je me bornerai à une seule coupe.

*Coupe de Five Meers (Est de Winfrith) à Bat's Corner, passant par la faille du Ridgeway (Pl. III. fig. 5 ).* A Owre-Moyne affleure la craie à Belemnitelles ; elle est presque horizontale et directement recouverte par le tertiaire des couches de Woolwich et de Reading. A Five-Meers, sur le flanc Nord de la colline, se trouve une carrière où la craie est fendillée en tous sens. Les silex sont peu nombreux, jaunes en dehors, ils ont une patine épaisse, et sont disposés en bancs minces.

| | |
|---|---|
| *Beryx sp.* | *Pecten cretosus*, Defr. |

(1) Weston. Quart. journ. Geol. Soc. N° 16. 1848, p. 245.
(2) H. W. Bristow. Geological Survey, sheet 17.

Cette craie se rapporte par ses caractères à la zone à Marsupites. L'inclinaison peu nette me semble de 13° ; celle qui est indiquée sur la coupe est donc fort exagérée, on ne pouvait l'éviter sur une coupe à si petite échelle.

Le haut de la colline est formé par la craie à silex, j'y ai recueilli un *Micraster coranguinum*. En descendant au Sud, on passe sur une craie noduleuse à silex (zone à *M. cortestudinarium*, puis on arrive sur le Turonien avec *Inoceramus Brongniarti*. Au bas, il y a des carrières de craie conglomérée, avec bancs de nodules, et petits lits d'argile schisteuse, gris verdâtre.

*Inoceramus labiatus.*
*Cidaris hirudo*, Sorig.

Son épaisseur est de 10$^{m}$, c'est la base du Turonien ; son inclinaison est N. 15°. E. 50°. Le Cénomanien à *Hol. subglobosus* est ici au contact de la faille, mais il n'y a pas de beaux affleurements ; un peu à l'Ouest vers Lords barrow les sables verts du Cénomanien inférieur butent contre cette faille du Ridgeway, à l'Est au contraire vers Winfrith j'y ai vu le Turonien avec *Inoceramus labiatus* ; son inclinaison est N. 20°, E. 53°.

Avant de quitter cette crête élevée des collines crétacées de Five-Meers, d'où l'on domine tout le pays, je dois faire remarquer les relations étroites si frappantes ici, qui existent entre les vallées actuelles et les anciens accidents géologiques. Du haut des collines de Five-Meers on voit se dérouler au Nord la vaste plaine tertiaire du Hampshire, au Sud la vallée de East-Chaldon au delà de laquelle des collines crétacées s'élèvent de nouveau, à l'Ouest l'étroite vallée de East-Chaldon se continue au loin entre ces deux lignes de hauteurs : elle correspond ici directement à la faille du Ridgeway. La faille ne se prolonge pas au Sud de Winfrith, les couches se sont bombées sans que la fracture se soit produite ; il y a ici une hauteur, et la vallée de East-Chaldon ne se prolonge pas au-delà.

Les agents atmosphériques ont façonné nos vallées, mais je crois qu'en général ils ne les ont pas formées ; les eaux qui tombent à la surface du sol, et qui y donnent naissance aux rivières, n'ont pas creusé leur lit au hasard, mais elles se sont réunies dans les dépressions préexistantes du sol. La plupart des accidents anciens que j'ai observés dans cette partie méridionale de l'Angleterre, failles, plis synclinaux ou anticlinaux, ont été l'ébauche de vallées actuelles.

Cette chaîne des collines crétacées de Five Meers formée de couches fortement inclinées, montre encore un fait intéressant quand on la compare à la chaîne crétacée de l'île de Purbeck qui lui ressemble tant : je veux parler d'une structure en éventail. Les schémas suivants feront mieux comprendre cette disposition que de longues explications :

Fig. 8. — COUPE SCHÉMATIQUE DES CRÊTES CRÉTACÉES DE FIVE-MEERS ET DE PURBECK.

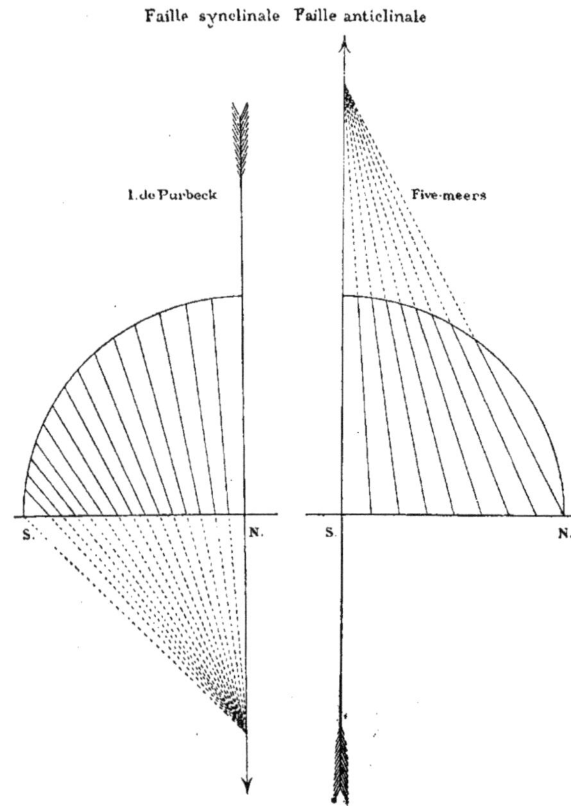


Ces deux schémas représentent des coupes théoriques à travers les chaînes de craie de Purbeck et de Five Meers. Dans les deux cas les couches plongent fortement au Nord, dans les deux cas les couches les plus inclinées sont celles au contact de la faille ; dans la coupe de Purbeck (1) les couches inférieures sont les moins inclinées, les supérieures les plus inclinées ; dans le massif de Five Meers

(1) J'ai déjà indiqué cette disposition dans mon travail sur l'île de Wight ; elle se continue dans l'île de Purbeck, comme je le montrerai plus loin.

le contraire a lieu, les couches inférieures sont les plus inclinées, les supérieures les moins inclinées. Ces deux failles diffèrent, en ce que l'une, celle de Purbeck est un pli synclinal exagéré (faille synclinale), tandis que l'autre de Five Meers (Ridgeway) est un pli anticlinal exagéré (faille anticlinale).

Cela étant posé, si on prolonge comme le montre la figure, ces couches à inclinaisons différentes dans le sens de leur mouvement, c'est-à-dire celles de Five Meers vers le centre de l'anticlinal, celles de Purbeck vers le centre du synclinal, on voit que dans les deux cas les couches vont converger vers un même point. Cela n'a pas lieu dans la nature, car les couches se sont pliées avant d'atteindre ce point extrême d'amincissement. Il faut bien néanmoins admettre que les parties qui forment le centre des plis synclinaux ou anticlinaux ont subi ici une sorte de compression, et sont réduites à un volume moindre que les parties intermédiaires. Ces changements d'épaisseur des couches, postérieurs à leur dépôt, me semblent pouvoir être mis à profit pour expliquer les *silex brisés* et les *Slickensides.*

Les *silex brisés* de ces régions ont été remarqués depuis longtemps par Mantell; ces silex en place dans la carrière, semblent entiers et intacts, mais quand on vient à les toucher, ils tombent en morceaux et on peut constater qu'ils étaient fendillés dans tous les sens, et que la craie avait même pénétré entre ces fentes. Il est donc probable que ces silex se sont fissurés pendant la période de compression des couches [1]; la craie qui se trouve dans les fissures y est amenée tous les jours par l'eau qui circule sans cesse dans la craie poreuse.

Les *Slickensides*, surfaces rugueuses, striées, ondulées, polies ou irrégulières, de certains bancs de craie, ont souvent attiré l'attention [2]. Je crois avec M. Judd et beaucoup d'autres géologues anglais que leur origine est uniquement dûe à des actions mécaniques. Des cassures locales et de petits glissements, se sont produits dans les couches lors de leur compression; les cassures sont irrégulières, rugueuses, puis les stries se forment lorsque ces parties glissent les unes sur les autres; quand le frottement est plus fort, des parties de la roche se trouvent réduites à un grand état de division, et ces particules comprimées forment ensuite le revêtement spécial de certaines surfaces polies. C'est dans les couches crétacées dont la structure est la moins homogène (zone à *Inoceramus labiatus*), que ces structures particulières sont les plus frappantes. Les apparences cristallines que l'on y voit assez souvent, sont dues, je crois à l'action actuelle des eaux.

Je reviens enfin à la description de la coupe de Five Meers à Bat's corner (pl. III, figure 5). J'ai indiqué le Cénomanien butant contre la faille du Ridgeway; de l'autre côté de cette faille, et au

(1) Pendant la période tertiaire, comme je le montrerai plus loin

(2) *R. Mortimer*. Notes on markings in the Chalk of the Yorks. Quart. journ. Geol. Soc., No 116, 1873.
*H. D. Fordham*. Notes on the structure sometimes developed in Chalk, Quart. jour. Geol. Soc., n° 117, 1873.
*Prof. Marsh*. Proc. Amer. assoc. of Sciences, 1875.

fond de la vallée affleurent les argiles rouges Wealdiennes. Au Sud, ces couches sont surmontées par les sables verts à *Am. inflatus* :

*a.* Sables verts, visibles près l'église de East-Chaldon.
*b.* Grès vert lustré, calcaréo-siliceux.

| | |
|---|---|
| *Janira 4 costata* (de grande taille). | ***Ostrea vesiculosa*, Sow.** |
| » *5 costata* id. | ***Pecten laminosus*, Mant.** |
| *Ostrea conica* id. | |

On voit ce grès à l'Ouest du village, sur la route de West-Chaldon, il forme la partie supérieure de la zone à *Am. inflatus*. Les couches supérieures (zone à *P. asper*), se montrent dans les tranchées du chemin au S.-E. de East-Chaldon :

*d.* Grès calcareo-siliceux, grains de glauconie . . . . . . . . . . . . . . . . . 2,00

| | |
|---|---|
| *Pecten asper*, Lk. | ***Discoïdea minima*, Ag.** |
| *Ostrea conica*, Sow. | |

*e.* Marne glauconieuse (chloritic marl). . . . . . . . . . . . . . . . . . . . . . 1,00

| | |
|---|---|
| *Scaphites æqualis*, Sow. | ***Baculites.*** |
| *Ammonites varians*, Sow. | ***Pleurotomaria.*** |
| » *Coupei*, Brg. | ***Cyprina.*** |
| » *Rotomagensis*, Defr. | ***Inoceramus striatus*, Mant.** |
| » *Mantelli*, Sow. | ***Echinoconus castanea*, d'Orb.** |
| *Turrulites costatus*, Lamk. | ***Holaster subglobosus*, Ag.** |
| *Nautilus.* | |

L'inclinaison de ces couches vers le Sud est de 13° dans la carrière du four à chaux, où se trouve le chloritic marl, et où on exploite le Chalk marl à *Holaster subglobosus*.

*f.* Marne grisâtre avec silex bleuâtre fondus dans la roche (Z. à *H. subglobosus*).

| | |
|---|---|
| *Ammonites Mantelli*, Sow. | ***Inoceramus striatus*, Mant.** |
| *Scaphites æqualis*, Sow. | ***Lima semiornata*, d'Orb.** |

*h.* Craie noduleuse à *Inoceramus labiatus*, exploitée dans une carrière à l'Est de West Chaldon, où elle est inclinée S. 30° O. = 12°.
*i.* Craie à silex (zône à *T. gracilis*), formant le bas des collines au Sud de West-Chaldon.
*j.* J'ai observé le *chalk rock* très-noduleux dans la tranchée d'un chemin.

| | |
|---|---|
| *Holaster planus*, Mant. | ***Micraster breviporus*, Ag.** |

Je ne puis indiquer exactement cet affleurement, faute de points de repère sur la carte de cette région déserte.

*k.* La craie à silex cariés (zône à *M. cortestudinarium*), et
*l.* La craie à nombreux Inocérames (zône à *M. coranguinum*), sont bien exposées dans Chaldon down, dans un ravin au Nord de Round pound.

| | |
|---|---|
| *Plicatula sigillina*, Wood. | **Bryozoaires.** |
| *Echinocorys gibbus*, Lk. | ***Amorphospongia globosa*, v. Hag.** |

*m.* Craie tendre, silex jaunes en dehors, et à épaisse patine blanche (zône à *Marsupites*), exploitée dans une petite carrière au haut de Round pound.

| | |
|---|---|
| *Janira quadricostata*, Sow. | ***Bourgueticrinus ellipticus*, Mill.** |
| *Rhynchonella octoplicata*, Sow. | **Bryozoaires.** |
| *Terebratulina striata*, Wahl. | **Eponges.** |
| *Echinocorys gibbus*, Lk. | |

A un kilomètre Ouest de Wardstone barrow, près d'une ferme abandonnée, bâtie au point le plus élevé de ce district, la craie est tendre, et contient des silex gris-bleuâtre.

*Avicula* (1). *Echinocorys gibbus*, Lk.

Elle appartient peut-être à la partie inférieure de l'assise à Belemnitelles, zone à *B. quadrata* de M. Hébert (2).

Ces couches viennent buter à Bats' corner, contre une faille bien visible dans la falaise; je m'occuperai plus loin de la craie située au Sud de cette faille, elle appartient à la chaîne étroite qui traverse les îles de Wight et de Purbeck.

*Faille de Winterborne-Abbas* : La coupe de Muckleford sur la Frome à Blackdown (3) (pl. III, fig. 6), montre la structure de cette région; M. H. W. Bristow en avait parfaitement reconnu les principaux traits comme on le voit sur la coupe de Blackdown à West Hill (Horizontal sections n° 20).

Aux environs de Muckleford, affleure une craie blanche, tendre, avec peu de silex, noirs, à patine blanche, épaisse, et en bancs espacés d'environ 1,50. Cette craie est pauvre en fossiles dans cette région, je l'ai observée encore à New-Barn, Hr Skippet, Bradford down, et jusqu'à Dorchester.

*Ostrea hippopodium*, Nills. *Cidaris sceptrifera*, Mant.
*Plicatula sigillina*, Wood. *Amorphospongia globosa*, v. Hag.
*Echinocorys gibbus*, Lk.

L'inclinaison est en général vers le N. E. de 8° à 10°; il y a cependant de petites ondulations dans cette plaine crétacée; ainsi, à Bradford Heath, dans un chemin creux au nord de la voie Romaine de Dorchester, l'inclinaison est de 15° vers le Sud.

Dans une prairie au Sud de Knowle, une carrière est ouverte dans des couches inférieures; les silex y sont assez nombreux, noirs, gros, cornus, en bancs espacés de 0,50. Inclinaison N. 60 E. = 8° :

*Spondylus Dutempleanus*, d'Orb. *Micraster coranguinum*, Forbes.

Une carrière intéressante se trouve à gauche du chemin de North Hill à Steepleton : l'inclinaison est N. 35° E. = 60°; il y a de haut en bas :

1. Craie blanche tendre, silex noirs, cornus, en bancs espacés de 0,50 (zône à M. Cortestudinarium). 15,00

*Inoceramus involutus*, Sow. *Micraster cortestudinarium* ?, Gold.

2. Craie grossièrement noduleuse; bancs irréguliers et discontinus de nombreux silex gris sombre. 7,00

*Inoceramus*. *Micraster corbovis*, Forb.

---

(1) J'ai recueilli cette même espèce dans la zône à *B. quadrata* de Saint-Quentin (Aisne).

(2) Il faut bien se garder de comparer cette zône à *B. quadrata*, à la craie à *B. quadrata* des géologues allemands; celle-ci correspond à ma zône à Marsupites, tandis que la première est comprise dans mon assise à Belemnitelles, dont elle forme la base.

(3) Il ne faut pas confondre cette colline avec les célèbres Blackdown Hills du Devonshire.

3. Craie blanche, homogène, compacte, dans laquelle il y a 4 bancs de silex tabulaires distants de 0,70. . . . . . . . . . . . . . . . . . . . . . . . . . . . . . . . . 3,00

*Inoceramus* voisin de *Labiatus.*

4. Poudingue à petits galets et à pâte marneuse grisâtre. . . . . . . . . . . . . . . . . 1,50
5. Craie compacte homogène . . . . . . . . . . . . . . . . . . . . . . . . . . 1,00
6. Poudingue à petits galets de craie. . . . . . . . . . . . . . . . . . . . . . . 3,00

Les numéros 3, 4, 5, 6, représentent le Chalk rock et les couches noduleuses de la partie supérieure du Turonien à *T. gracilis*. Le numéro 4, poudingue à petits galets et à pâte marneuse grisâtre, a un intérêt tout spécial : les galets sont peu roulés et ont des formes anguleuses émoussées; la plupart sont des fragments de craie, ils sont blancs, durs, jaunis en dehors; quelques-uns proviennent du Cénomanien et sont de l'upper green sand très-bien caractérisés. Il y a dans ce poudingue de petits grains de quartz, de glauconie, et d'autres grains verdâtres tendres (chlorite?); il y a enfin d'assez nombreux fragments de fossiles parmi lesquels j'ai reconnu :

| | |
|---|---|
| *Inoceramus.* | *Bourgueticrinus.* |
| Astéries. | Radioles d'Oursins. |

Pendant la période d'exhaussement qui précéda la grande émersion de la fin du Turonien, les couches cénomaniennes, déjà consolidées, étaient donc en partie émergées et exposées à des dénudations, puisqu'on en retrouve des traces dans le Turonien supérieur.

Steepleton est bâti sur le Turonien; la zone à *T^ina^ gracilis* affleure à l'Est, derrière le moulin est une carrière dans la zone à *I. labiatus*; de l'autre côté de la rivière, c'est-à-dire sur sa rive droite, on se trouve subitement sur les grès verts lustrés de la zone à *Am. inflatus* : il y en a dans tous les champs et les fossés de Winterborne-Abbas.

Au Sud, en gravissant la route qui mène vers Portisham et passe par Blackdown, on traverse de nouveau toute la série crétacée qui incline légèrement au Sud. Au haut de Blackdown est un affleurement des sables de Woolwich et de Reading.

La faille de Winterborne-Abbas présente les mêmes particularités que celle du Ridgeway à Fivemeers : couches plus fortement inclinées au Nord qu'au Sud, inclinaison maxima au contact de la faille, vallée et rivière correspondant à la faille, etc.; je ne reviendrai plus sur ces questions.

La faille de Winterborne-Abbas se prolonge au N. O et au S. E., comme l'a très-bien représenté M. Bristow (1); au N. O. de Martins Town, la craie Turonienne noduleuse à *I. labiatus* est inclinée de 40° vers le Nord; au Sud de cette localité et de l'autre côté de l'eau, affleurent des bancs horizontaux de craie un peu noduleuse avec silex, que je rapporte à la partie supérieure de la zone à *T. gracilis*.

(1) Geological Survey, Sheet 17.

### 2. Ile de Purbeck.

Le terrain crétacé supérieur forme dans cette contrée une crête étroite, son inclinaison vers le N. est très-forte; cette chaîne de collines comprend successivement de l'O. à l'E. : Bindon Hill, Purbeck Hill, Knowl Hill, Challow Hill, Nine Barrow down. Au nord de cette crête, il y a deux massifs de craie où les couches sont peu inclinées, celui de Lulworth et celui de Studland.

La craie de ce district est limitée au Nord par le bassin tertiaire du Hampshire, au Sud par une chaîne formée de crétacé inférieur qui lui est parallèle, à l'Est par la mer, à l'Ouest par une ligne droite que j'ai tirée de Winfrith à la faille de Bats' Corner.

La faille et la falaise de Bats' Corner sont représentées dans la coupe (pl. III, fig. 5); je n'ai pu étudier cette coupe de près, la partie inférieure de la falaise étant inabordable. La falaise à l'Est de Bats' Corner, où les couches sont verticales, est formée entièrement par la craie à silex; je n'ai donc pas figuré le Cénomanien ni le Turonien sur ma coupe, peut-être la zone à *M. cortestudinarium* existe-t-elle à la base?

**Bindon Hill** : Les couches qui forment cette chaîne sont très-nettement exposées dans les nombreuses petites baies qui se trouvent sur la côte : Durdle cove, Man of War cove, Lulworth cove, Mewps Bay; je n'ai vu que des différences insignifiantes entre ces coupes.

1. **A Lulworth cove,** les couches sont verticales au milieu de la baie, mais l'inclinaison est moindre sur les côtés où affleurent des couches inférieures; l'inclinaison de la craie cénomanienne ne dépasse guère 30° N., les couches supérieures sont les plus inclinées; au centre de la baie, elles sont même un peu renversées vers le Sud.

Voici la coupe que j'ai prise au côté Ouest de Lulworth cove; de ce côté, la couche inférieure est une argile noire sableuse, contenant des concrétions ferrugineuses en forme de tiges. C'est l'argile du gault dont l'épaisseur, d'après Fitton, est ici de 22m. Les couches suivantes constituent l'upper green sand de Fitton; il leur assignait une épaisseur de 25 mètres.

*Coupe de Lulworth cove* (bas en haut) :

| | | |
|---|---|---|
| | Argile noire sableuse (Gault) | 4,00 |
| A. | 1. Argile noire plus sableuse | 0,50 |
| | 2. Grès tendre, micacé, argileux. | 0,50 |
| | Bivalve. Tiges noirâtres. *Vermicularia concava*, Sow. | |
| | 3. Sable | 1,00 |
| | 4. Grès grisâtre : *Vermicularia concava*, *Ostrea conica*. | 0,50 |
| | 5. Sable vert pauvre en fossiles | 9,00 |
| | 6. Grès gris verdâtre : *Vermicularia concava*, *Janira quadricostata*, nombreuses *Ostrea*. | 0,15 |
| | 7. Sable gris noir, micacé; gypse, pyrites, petits lits de fossiles phosphatés. | 2,00 |
| | *Vermicularia concava*, Sow. *Arca*. *Ostrea vesiculosa*, Sow. | |
| | 8. Nodules de grès calcareux en banc discontinu | 0,50 |

| | Nombre des échantillons. | Beer. | Blackdown. |
|---|---|---|---|
| *Ecailles de poissons.* | | | |
| *Crustacé* | | | |
| *Ammonites Rauliniamus*, d'Orb.? (1). | 1 | | |
| » *rostratus*, Sow. Identique à la figure de Sowerby | 1 | | |
| » *inflatus*, Sow | 1 | | |
| » *sp.*, voisine de *varicosus*, Pictet, grès vert, pl. 9, fig. 5. | 1 | | + |
| » *crenatus*, Fitt. Pl. 11, fig. 22 (2). | 1 | | + |
| » *Goodhalli*, Sow. Pl. 255 | 1 | | + |
| *Hamites virgulatus*, Brong. | 1 | | |
| » *alternatus*, Mant. (3) | 3 | | + |
| *Rostellaria Parkinsoni*, Sow. (4) | 1 | + | + |
| *Thetis major*, Sow. | 1 | + | + |
| » *genevensis*, Pict. et Roux. Grès vert. Pl. 30, fig. 2 (5) | 1 | | |
| *Cytherea caperata* Sow. min. conch. pl. 518 | 1 | | + |
| » *parva*, Sow Pl. 518. | 7 | | + |
| » *subrotunda*, Sow. in Fitt. Pl. 17, f. 2. | 3 | | + |
| *Venus faba*, Sow. Min. Conch | 2 | | + |
| » *immersa*, Sow. In Fitt. Pl. 17, f. 6. | 1 | + | + |
| » *truncata* Sow. in Fitt. Pl. 17, f. 3. Cytherea (Morris catalogue, 87). | 4 | | + |
| » *submersa*, Sow. in Fitt. Pl. 17, f. 4 | 6 | | + |
| *Mactra? angulata*, Sow. in Fitt. Pl. 16, fig. 9. | 1 | + | + |
| *Cardita Dupiniana*, d'Orb. Pal. Fr | 1 | | |
| *Astarte striata*, Sow. Min. Conch. Pl. 520, f. 1. | 3 | | + |
| » *concinna*, Sow. in Fitt. Pl. 16, f. 15. | 3 | | + |
| » *impolita*, Sow. in Fitt. Pl. 16, f. 18. | 4 | | + |
| » *sp.* | 15 | | |
| *Arca æquilateralis*, Corn. et Briart Pl. 5, fig. 7 à 10. | 1 | | |
| » *nana*, d'Orb. (6) | 3 | | |
| » *carinata*, Sow. | 1 | + | + |
| » *obesa*, Pictet et Roux, grès vert, Pl. 38, fig. 12. | 2 | | |
| » *glabra*, Park | 46 | | + |
| » *formosa*, Sow. in Fitt. Pl. 17, f. 7 (7) | 4 | | + |
| *Nucula sp*, voisine de *lineata*, Fitt. (8) | 1 | + | + |
| » *sp*, voisine de *bivirgata*, Sow. in Jukes-Browne. Pl. 15, f. 4, 8 | 1 | | |
| *Trigonia spinosa*, Park. in Sow. Min. Conch | 5 | | + |
| » *alæformis*, Park. id | 14 | | + |
| » *pyrrha*, d'Orb. prodrome. | 1 | | |
| » *nov. sp* | 2 | | |

(1) Me semble identique à l'espèce figurée sous ce nom par Pictet (grès vert, pl. 7. f. 2.), mais différent de *A. Raulinianus* typiques de Machéromenil.

(2) Me semble identique à la figure de Fitton ; elle n'est peut-être que le jeune de *A. auritus*, comme le pense d'Orbigny.

(3) Cette espèce voisine de *H. spinulosus*, Sow. de Blackdown, et de *H Favrinus* (Pictet et Roux, grès vert, pl 12. f. 5 6. 7.), est ornée comme eux de côtes égales, simples, peu obliques, très-atténuées sur le ventre et munies sur le dos de deux rangées de tubercules. Toutes les côtes ne sont pas cependant tuberculées comme *H. Favrinus*, elles ne le sont pas de deux en deux, comme *H. spinulosus*. Les 3 fragments que je possède présentent des côtes tuberculées, alternant irrégulièrement avec des côtes sans tubercules. Cette espèce est très-abondante dans la gaize de l'Argonne; j'en ai recueilli 10 échantillons ; je considère *A. arduennensis*, d'Orb., comme étant synonyme.

(4) Cette coquille se rapporte bien à la figure 12, pl. 208, de d'Orbigny ; ses tours portent des côtes tuberculeuses très-obliques, le dernier perd ces côtes, et sa partie supérieure est ornée de deux carènes. Ces caractères ne sont pas visibles dans la fig. de Sowerby, pl. 18, f. 24.

(5) Cette espèce distincte de *T. minor* de la mineral conchology diffère bien peu, ce me semble, de T. minor, d'Orb. Pal. Fr. pl. 387, f. 8. 10.

(6) Ils se rapprochent bien de la var. *subnana*, Pict. et Roux, grès vert, pl. 36. f 6.

(7) Elles diffèrent bien peu de *A glabra*, Park ; elles pourraient n'être que les formes jeunes de cette espèce si commune ici.

(8) Les Nucules sont indéterminables, ce sont des moules internes qui se rapprochent par leur forme générale des espèces indiquées.

| | Nombre des échantillons. | Beer. | Blackdown. |
|---|---|---|---|
| *Limopsis Loriolii?* Renv. Pl. 7, f. 8 (1) | 2 | | |
| *Siliqua Moreana*, d'Orb. | 8 | | |
| *Panopœa Rhodani*, Pict. et Roux. Pl. 28, f. 3 (2). | 4 | | |
| *Modiola reversa*, Sow. in Fitt. Pl. 17, f. 13 | 2 | | + |
| *Inoceramus sulcatus*, Park. | 2 | + | + |
| *Pecten laminosus*, Mant. | 10 | + | + |
| » *Millerii*, Fitt. Pl. 16, f. 19 (3) | 3 | + | + |
| » *Gallienei*, d'Orb | 1 | | |
| *Janira quinquecostata*, Sow. Variétés de petite taille. | 5 | | + |
| » *quadricostata*, Sow. id. | 1 | | + |
| » *æquicostata*, d'Orb. id. | 10 | | |
| *Ostrea canaliculata*, Defr. (4) | 4 | | + |
| » *conica*, Sow | 14 | + | + |
| *Vermicularia polygonalis*, Sow. | 3 | + | + |
| » *concava*, Sow. | c | + | + |
| *Holaster* (plaquettes). | | | |
| *Pseudodiadema* (radioles). | | | |
| Tiges de végétaux. | c | + | |

La faune de Durdle cove est la même que celle de Lulworth cove; j'ai compris dans cette liste les espèces que j'ai recueillies dans ces deux localités, pour donner une idée plus complète de la faune des différentes couches. Cette faune est celle de Blackdown; sur 56 espèces, 33 sont citées à Blackdown.

9. Sable vert. . . . . . . . . . . . . . . . . . . . . . . . . . . . . . 2,00
10. Banc de petites huîtres, quelques nodules de phosphate de chaux : *Vermicularia concava*, *Janira quadricostata*, *Plicatula* . . . . . . . . . . . . . . . . 0,10
11. Sable vert. . . . . . . . . . . . . . . . . . . . . . . . . . . . . . 0,50
12. Grès à serpules. . . . . . . . . . . . . . . . . . . . . . . . . . . 0,20
13. Sable, banc d'*Ostrea vesiculosa* à la base, *Vermicularia concava*, quelques fossiles en phosphate de chaux. . . . . . . . . . . . . . . . . . . . . . . . . 2,00

Ces couches correspondent aux numéros 2, 3, 4, de M. Meyer.

*B.* 14. Grès calcareux, à gros grains de glauconie, nombreuses *Janira quadricostata* de grande taille . . . . . . . . . . . . . . . . . . . . . . . . . . . . . 1,00
15. Sable vert, *Vermicularia concava*, *Ostrea*. . . . . . . . . . . . . . . . 1,50
16. Grès calcaréo-siliceux, à surface caverneuse . . . . . . . . . . . . . 1,00

*Vermicularia concava*, Sow.
*Panopœa læviuscula ?*
*Venus*.
*Plicatula pectinoïdes*, Sow.
*Janira quadricostata*, Sow.
*Pecten laminosus*, Mant.
» *hispidus*, Gold.
*Ostrea conica* (de grande taille).
» *vesiculosa*, Sow.
*Cidaris vesiculosa ?*, Gold.

17. Sable vert . . . . . . . . . . . . . . . . . . . . . . . . . . . . . . 0,50
18. Grès calcaréo-siliceux : *Ostrea* . . . . . . . . . . . . . . . . . . . 0,25 à 0,50

(1) Ces coquilles ne présentent pas de caractères bien nets, mais ont une grande ressemblance avec l'espèce décrite par M. Renevier.

(2) Coquille bien voisine de *P. acutisulcata*, d'Orb. = *Gurgitis*, Brong. (d'après Pictet), mais ayant son côté anal plus de deux fois plus long que son côté buccal. C'est justement, d'après Pictet, le caractère de *P. Rhodani*.

(3) Trois beaux échantillons identiques à la figure de Fitton; cette espèce est très-voisine du *P. arcuatus*, Gein. (Elbthalgebirge) de l'Unterquadersandstein ; peut-être conviendrait-il même de les réunir?

(4) Je réunis à cette espèce *Ostrea undata*, Sow., à l'exemple de M. Coquand.

J'assimile à cette division B les numéros 5, 6, de M. Meyer.

C. 17. Sable vert marneux, fossiles en phosphate de chaux. . . . . . . . . . . . . . . . 2,00

*Ancyloceras.*
*Scaphites æqualis*, Sow.
*Rostellaria.*
*Avellana cassis*, d'Orb.
*Terebratella pectita*, Sow.
*Arca echinata*, d'Orb.
» *Passyana*, d'Orb
*Trigonia scabra*, Lamk ?
*Cardita dubia*, Sow. ?
*Cardium ventricosum*, d'Orb.
*Venus Rotomagensis*, d'Orb. ?
*Cyprina consobrina*, d'Orb.
*Inoceramus.*
*Janira quadricostata*, Sow.
*Spondylus? (Avicula) occultus*, Gein.
*Pecten asper*, Lamk.
» *elongatus*, Lamk.
*Ostrea vesiculosa*, Sow.
» *conica*, Sow.
*Serpula difforme*, Dix.
» *gordialis*, Schl.
*Vermicularia concava*, Sow.
*Discoïdea subuculus*, Klein.
*Catopygus.*
*Holaster Brongniarti ?* (Heb. et Mun-Chal.)

18. Grès glauconieux calcareux . . . . . . . . . . . . . . . . . . . . . . . . . 0,50
19. Sable vert, nombreux fossiles phosphatés : *Pecten asper*. . . . . . . . . . . . . 0,50
D. 20. Grès blanc à grains fins, peu glauconieux, avec bancs de cherts. Il devient quartzeux et à gros grains en haut ; la glauconie y devient aussi plus abondante . . . . . . . . 3,50

*Otodus.*
*Terebratulina rigida*, Sow.
*Rhynchonella.*
*Arca Mailleana*, d'Orb.
*Cardita dubia*, Sow. ?
*Pecten* voisin de *Hispidus*, Gold.
*Janira quadricostata*, Sow.
*Lima Archiacana*, Corn et Bri.
» *Astieriana*, d'Orb.
*Spondylus Omalii*, d'Arch.
*Ostrea conica*, Lamk.
*Ostrea vesiculosa*, Sow.
*Inoceramus.*
*Cidaris velifera*, Bronn.
*Holaster nodulosus*, Gold.
*Cardiaster fossarius*, Forbes. ?
*Discoidea subuculus*, Klein.
*Glyphocyphus radiatus*, Desor. ?
*Catopygus columbarius*, d'Arch.
*Serpula.*
Astéries.
Éponges.

J'ai trouvé à Durdle cove, dans ces mêmes grès blanchâtres avec cherts :

*Ostrea carinata.*
*Trigonia.*
*Cidaris vesiculosa*, Gold.
» *velifera*, Bronn.
*Caratomus rostratus*, Agas.
*Peltastes clathratus*, Cotteau.
*Catopygus columbarius*, d'Arch.
*Discoïdea subuculus*, Klein.
*Holaster nodulosus*, Gold.
» *suborbicularis ?* Brongn.

Cette faune D est celle des Warminster beds ; ces couches ont de plus la même position stratigraphique et la même composition lithologique. D correspond aux numéros 10, 11, 12, de M. Meyer ; ses numéros 8, 9, sont comparables à ma division C.

L'ensemble des couches précédentes a été décrit par Englefield et Webster, Fitton, comme un des types de leur *upper green sand*. Dans ces falaises du Dorsetshire, on le voit, l'upper green sand typique contient deux faunes très-nettement distinctes : l'inférieure est celle de Blackdown, la supérieure celle de Warminster : L'upper green sand n'a pas de faune propre, ce n'est que l'assemblage des zones à *Am. inflatus* et à *P. asper*.

*E.* 21. Calcaire blanc jaunâtre glauconieux, nodules de phosphate de chaux (Chloritic Marl) . . 0,60
*Scaphites æqualis*, Sow. — *Baculites*.
*Ammonites varians*, Sow. — *Terebratula arcuata*, Roem.
» *Vectensis*, Shap. — *Holaster subglobosus*, Ag.
» *Mantelli*, Sow.

*F.* 22 Marne blanc grisâtre compacte, avec silex bleuâtre fondus dans la roche . . . . 9 à 10,00
*Ammonites Rotomagensis*, Defr.

*G.* 23. Marne verdâtre argileuse . . . . . . . . . . . . . . . . . . . . . . 2,00
*Belemnites plenus*, de Bl. — *Hamites*.
*Ammonites*.

24. Marne verdâtre plus compacte . . . . . . . . . . . . . . . . . . . . . 1,00

Ces bancs verdâtres avaient été signalés par M. Whitaker [1] à Lulworth cove, à Man of War cove, à Durdle cove et à Flowers-Barrow ; c'est la zone à *Belemnites plenus* qui, comme on le voit, est très-nette dans ces falaises du Dorsetshire.

*H.* 25. Craie dure en plaquettes blanches schisteuses, séparées par des lits argileux verdâtres :
*Inoceramus labiatus* (peu abondants) . . . . . . . . . . . . . . . . . . 10,00

26. Craie très-noduleuse, pétrie de *Inoceramus labiatus* . . . . . . . . . . . . . . 10,00

*I.* 27. Craie avec très-rares silex gris bleuâtre ; elle est beaucoup plus compacte que la précédente et contient encore quelques bancs noduleux. . . . . . . . . . . . 20,00

*Inoceramus labiatus*. Rare. — *Rhynchonella Cuvieri*, d'Orb.
» *Brongniarti*, Sow. — *Terebratulina gracilis*, Schlt.
*Spondylus spinosus*, Sow. — *Cidaris subvesiculosa*, d'Orb.
*Terebratula semiglobosa*, Sow. — Astéries.

*J.* 28. La craie à *Holaster planus*, fossilifère, noduleuse, contient des silex noirs :
*Rhynchonella plicatilis*, Sow. — *Holaster planus*, Mant.
*Terebratulina gracilis*, Schlt. — *Bourgueticrinus*.
*Cidaris subvesiculosa*, d'Orb. — *Pentacrinus*.
*Micraster breviporus*, Ag. — Astéries.
» *corbovis*, Forbes. — *Serpula*.
*Cyphosoma*.

2. **Mewps Bay** : Dans cette baie, le gault est nettement reconnaissable ; c'est un de ces derniers affleurements à l'Ouest, d'après M. Meyer ; au delà, on ne le trouve plus qu'à Black Venn.

La zone à *Am. inflatus* se présente sensiblement avec la même épaisseur et dans les mêmes conditions qu'à Lulworth cove. La zone à *Pecten asper* est encore formée par une marne sableuse verdâtre avec nodules de phosphate de chaux (C) et par un grès siliceux grisâtre (D). Le Chloritic marl (E) est à l'état de calcaire glauconieux blanc jaunâtre ; son épaisseur est de $2^m$ ; j'y ai trouvé :

(1) W. Whitaker. Quart-Journ. Geol. Soc. Vol. XXVII, p. 93.

| | |
|---|---|
| *Otodus.* | *Lima semiornata*, d'Orb. |
| *Lamna.* | *Ostrea canaliculata*, d'Orb. |
| *Odontaspis.* | *Discoidea subuculus*, Ag. |
| *Ammonites varians*, Sow. | *Cidaris.* |
| *Nautilus.* | *Holaster Trecensis* (rare), Leym. |
| *Serpula antiquata*, Sow. | » *subglobosus* (commun), Ag. |
| *Terebratula semiglobosa*, Sow. | *Epiaster.* |

*F.* 1. Zône à *Holaster subglobosus* : calcaire gris blanchâtre avec grains de glauconie. . . . 0,50

| | |
|---|---|
| *Holaster.* | *Plocoscyphia meandrina*, Roem. |
| *Micrabacia.* | *Dendrospongia fenestralis*, Roem. |

2. Calcaire marneux, gris-bleuâtre, avec silex bleuâtres, fondus dans la roche. . . . . . 15,00

| | |
|---|---|
| *Nautilus pseudo-elegans*, d'Orb. | *Inoceramus striatus*, Mant. |

*G.* 3. Marne argileuse gris verdâtre (zône à *B. plenus*) . . . . . . . . . . . . . . . . 0,10
*H.* 4. Banc noduleux (zône à *I. labiatus*), peu épais.
5. Craie blanc grisâtre, noduleuse et conglomérée, surtout à la partie supérieure. . . . . 17,00

| | |
|---|---|
| *Inoceramus labiatus*, Schlt. | *Holaster.* |
| *Rhynchonella Cuvieri*, d'Orb. | *Discoidea minima*, Ag. |

*I.* 6. Craie blanche, très-dure, paraissant un peu noduleuse sur la falaise (zône à *T. gracilis*). 7,00

| | |
|---|---|
| *Inoceramus.* | *Holaster coravium*, Lk. |
| *Terebratulina gracilis*, Schlt. | *Polyphragma cribrosum*, Reuss. |
| *Echinoconus subrotundus*, Mant. | |

*J.* 7. Nodules de craie durcie, verdis en dehors (zône à *Holaster planus*) . . . . . . . . . 0,05
8. Craie blanche . . . . . . . . . . . . . . . . . . . . . . . . . . . . . . . . 0,30
9. Nodules de craie dure, verdis en dehors . . . . . . . . . . . . . . . . . . . . 0,05
10. Craie sans silex . . . . . . . . . . . . . . . . . . . . . . . . . . . . . . . 5,00

| | |
|---|---|
| Vertèbres de poissons. | *Cidaris subvesiculosa*, d'Orb. |
| *Terebratula semiglobosa*, Sow. | *Holaster planus*, Mant. |
| *Echinocorys gibbus*, Lk. | *Micraster breviporus*, Ag. |

*K.* 11. Banc de silex arrondis, assez gros, espacés entre eux . . . . . . . . . . . . . . 0,07
12. Craie gris jaunâtre, très-dure, un peu noduleuse, contenant peu de silex, noirs, cornus, disséminés dans les bancs (zône à *M. Cortestudinarium*). . . . . . . . . . . . . 15,00

| | |
|---|---|
| *Inoceramus Cuvieri ?* Sow. | *Echinocorys gibbus*, Lk. |
| *Micraster sp.* | |

A l'Est de la baie, au niveau de l'eau, est une sorte de grotte, au fond de laquelle j'ai trouvé :

13. Petits nodules contenant du phosphate de chaux, verdis en dehors. . . . . . . . . 0,40
14. Craie blanche, avec bancs de silex cariés espacés de 0,50 (z. à M. cortestudinarium).

On ne peut étudier les couches supérieures à Mewps Bay; si après avoir gravi la falaise on descend dans la baie suivante où coule le petit ruisseau qui vient de Irish Mell, on trouve à l'Ouest de la baie la zone à Marsupites.

Je n'ai pas reconnu les fossiles caractéristiques de la zone à Marsupites, mais je ne crois pas cependant me tromper en fixant ainsi l'âge de ce niveau; il y a environ 50 mètres de craie blanche tendre, avec petits silex, rosés en dehors, en bancs espacés de 1 à 2$^{m}$ : *Inoceramus*, *Echinocorys gibbus*.

A l'Est de la baie, les bancs de silex plus rapprochés sont espacés d'environ 0,50 ; les silex sont noirs, arrondis, blanc-rosé sur les bords, et de grosseur variable, quelques bancs tabulaires. J'ai recueilli au niveau de l'eau :

*Micraster coranguinum* (abondant). *Echinocorys gibbus*, Lk.

Il y a des couches présentant les mêmes caractères lithologiques sur plus de 100 mètres. Il y a là un petit plissement ; le croquis suivant donnera une idée de cette partie de la baie.

Fig. 9. — CRAIE DE MEWPS BAY.

Si on fait une nouvelle ascension pour redescendre encore dans la baie de Worbarrow, on retrouve la coupe de Mewps Bay ; j'ai dû prendre la coupe de Worbarrow très-rapidement, et ai à peine eu le temps d'y ramasser quelques fossiles.

Argile noir bleuâtre du gault.

*A.* Sables verts, en lits plus ou moins argileux, quelques bancs de grès. Inclinaison N. — 40° : *Vermicularia concava*. . . . . . . . . . . . . . . . . . . . . . . . . . 20,00

*B.* Grès vert dur contenant des parties siliceuses lustrées . . . . . . . . . . . . . . . 2,00

Grosses *Janira quadricostata*. *Ostrea vesiculosa*, Sow.
*Ostrea conica*, Sow.

*C.* Sable vert marneux, avec nodules de phosphate de chaux, formant un banc de 0,02, dont quelques-uns, très-rares, atteignent la grosseur du poing. . . . . . . . . . . . . . 1,00

*Otodus appendiculatus*, Ag. *Pecten asper*, Lk.
*Serpula tuba*, Sow. *Terebratella pectita*, Sow.

*D.* Grès durs grossiers, grisâtre . . . . . . . . . . . . . . . . . . . . . . . . . . 3,00

*Ammonites Mantelli*, Sow. *Cidaris*.
*Ostrea columba*, Lk. *Holaster*.
*Pecten asper*, Lk.

*E.* Calcaire gris jaunâtre, glauconieux, noduleux. . . . . . . . . . . . . . . . . . . . . . 1,50

Nombreuses Ammonites et Nautiles.
*Holaster subglobosus*, Ag.

*F.* 1. Craie grise, compacte, homogène, bancs de nodules siliceux, durs, espacés de 1.50. . . . 8,00

2. Craie marneuse gris-bleuâtre, lits de marne espacés de 0,75 . . . . . . . . . . . . 2,00

3. Craie marneuse gris-bleuâtre, lits de marne espacés de 0,80 ; nombreuses pyrites. . . . . 5,00

*Inoceramus striatus.* *Holaster subglobosus*, Ag.

4. Lit argileux mince.

5. Craie compacte gris-bleuâtre . . . . . . . . . . . . . . . . . . . . . . . . 0,50

6. Lit argileux.

*G.* 1. Craie compacte gris-bleuâtre . . . . . . . . . . . . . . . . . . . . . . . . 1,00

2. Marne argileuse bleuâtre (zône à *Belemnites plenus*). . . . . . . . . . . . . . . . 2,00

*Inoceramus.*

*H.* 1. Craie dure, blanc grisâtre, un peu noduleuse, en bancs séparés par des lits de marne gris-verdâtre, ondulés. (Zône à *I. labiatus*). Incl. N. = 50°. . . . . . . . . . . . . . . 5,00

*Inoceramus labiatus*, nombreux.

2. Craie devenant de moins en moins noduleuse . . . . . . . . . . . . . . . } 30m,00

*Ischyodus.* *Cidaris subvesiculosa*, d'Orb.
*Inoceramus labiatus*, Schlt.

*I.* Craie non noduleuse, blanche, très-dure . . . . . . . . . . . . . . . . . . . . }

*Terebratulina gracilis*, Schlt.

*J.* 1. Nodules phosphatés, verts en dehors . . . . . . . . . . . . . . . . . . . . . . 0,03

2. Craie très-dure, blanc-grisâtre. . . . . . . . . . . . . . . . . . . . . . . . . 1,00

*Terebratulina gracilis*, Schlt.
*Spondylus spinosus*, Sow.

3. Nodules phosphatés, verdis extérieurement . . . . . . . . . . . . . . . . . . . 0,05

*K.* Craie grossièrement noduleuse, gris-blanchâtre . . . . . . . . . . . . . . . . . .

*Caprotina sp.* *Holaster planus*, Mant.
*Spondylus latus*, Sow. *Micraster corbovis*, Forbes.
*Rhynchonella plicatilis*, Sow. *Echinocorys gibbus*, Lk.

Fig. 10.— BAIES DE LA CÔTE CRÉTACÉE DU DORSETSHIRE.

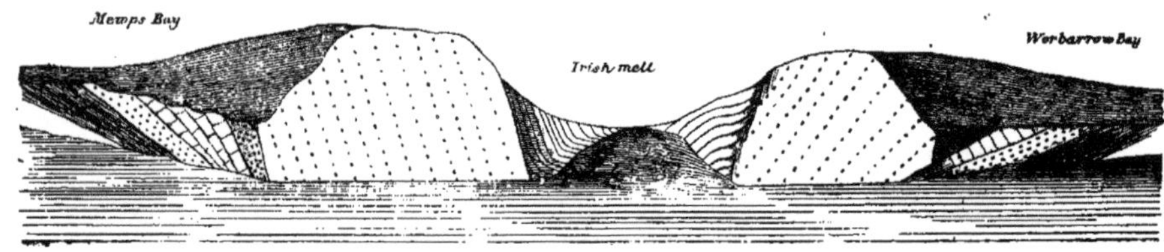


Sur ce banc repose la craie noduleuse gris-blanchâtre à nombreux *Micraster cortestudinarium* ; on ne peut aborder les couches supérieures. L'esquisse suivante montre la disposition des couches sur cette côte.

Avant de quitter les curieuses petites baies de cette partie du Dorsetshire, j'appellerai encore une fois l'attention sur les rapports qui existent entre la configuration actuelle du sol et les accidents géologiques anciens. Lyell avait été frappé de la configuration de cette côte du Dorsetshire : dans la célèbre discussion avec von Buch, E. de Beaumont, Poulett-Scrope, Constant-Prévost, sur les cratères de dénudation, il la cite comme un exemple devant préparer le géologue aux grands effets des dénudations [1].

« Il y a, dit-il, en un point de la côte du Dorsetshire de nombreuses « *coves* » aussi exactement » circulaires, si pas davantage, que le golfe de Santorin ou la Caldera de Palma; la mer y entre » également par une seule brèche aussi étroite par rapport au cirque de falaises environnantes. Ces » falaises sont escarpées et dues uniquement (*exclusively*), d'après tous les géologues, à l'action » des dénudations marines; le fond de ces baies, ou côté opposé à l'entrée, est le plus élevé; il est » formé par des couches de craie inclinées. Lulworth cove, qui a un diamètre de 1,300 pieds, en est » l'exemple le plus parfait. La dureté des couches de Purbeck et de Portland empêche les vagues et » les marées de détruire ou d'élargir cette barrière; le peu de résistance relative des couches » fortement inclinées comprises entre cette barrière et la craie du fond de la baie facilite l'envahis- » sement de la mer en dedans de cette baie. »

La mer participe certainement à la formation de ces « *coves*, » mais elle n'est pas seule à y contribuer. Les couches de Purbeck et de Portland sont légèrement inclinées vers le Nord, les couches qui viennent au dessus sont de plus en plus inclinées jusqu'à la craie, qui est verticale ou même parfois renversée au Sud. Il y a donc ici une structure en éventail que j'ai figurée en m'occupant de l'accident du Ridgeway à Five-meers; les couches qui ont cette disposition ne peuvent avoir conservé partout la même épaisseur; elles sont comprimées d'un côté, étendues c'est-à-dire fissurées, crevassées de l'autre. Les couches comprises entre le Purbeckien et la craie dans les baies du Dorsetshire sont ainsi fissurées, aussi les eaux pluviales y trouvent une voie bien facile et y circulent très-rapidement. Ces eaux entraînent par suite de nombreux débris des falaises latérales et tendent ainsi à élargir les baies.

Une autre cause a contribué également à la formation de ces baies : si on suit une même zone de la craie dans cette longue chaîne des collines de Purbeck, on constate que l'inclinaison de cette zone varie. Dans la plus grande partie de la chaîne, Purbeck Hill, Knowl Hill, Nine Barrow down, Ballard down, l'inclinaison vers le Nord est constante, elle varie en général de 50° à 70°; dans Bindon Hill, qui est découpée par les baies que nous étudions, l'inclinaison d'une même zone diffère dans chaque baie, elle varie de 70° N. à 70° S.; cette disposition s'explique par un plissement des couches en cette partie.

La chaîne de couches inclinées qui forme l'île de Purbeck plonge au Nord sous le tertiaire du

(1) Sir C. Lyell. Quart. Journ. Geol Soc. 1849. N° 23, p. 210.

Hampshire, on peut se rendre compte de ce mouvement en supposant une pression du Sud au Nord; les inclinaisons variables des couches dans les baies du Dorsetshire ne peuvent s'expliquer que par une seconde pression perpendiculaire à la première et agissant de l'Est à l'Ouest, ou réciproquement. Si cette pression avait été plus énergique, ce faisceau de couches verticales se serait plissé, les parties saillantes des plis auraient formé des caps, les parties rentrantes des baies, et la configuration actuelle de la côte aurait été déterminée directement par ce mouvement du sol. La pression n'a pas été suffisante pour former de vrais plis, mais elle a produit des ondulations mises en évidence par les changements d'inclinaison : ces ondulations de la crête de couches verticales qui constituent Bindon Hill ont favorisé la formation des baies.

Voici la carte de cette côte remarquable :

Fig. 11. — CARTE DE LA CÔTE AUX ENVIRONS DE LULWORTH.

Les baies de la côte du Dorsetshire, façonnées par la mer, fournissent donc un nouvel exemple de la participation des accidents géologiques anciens à la configuration actuelle du sol. Elles fournissent en même temps un nouvel exemple, et une preuve de plus, de la structure quadrillée de la craie du bassin du Hampshire, sur laquelle j'ai déjà appelé l'attention en étudiant les South downs.

3. **Massif de Lulworth** : Au Nord de Bindon Hill, dont toutes les couches plongent de 30° à 90° vers le Nord ou sont accidentellement renversées au Sud, se trouvent des couches crétacées presque horizontales. Elles sont séparées des premières par une faille, déjà indiquée sur la carte du geological Survey de M. Bristow. Les couches horizontales, qui constituent ce que j'appelle le *massif de Lulworth*, appartiennent toutes à l'assise à Belemnitelles.

Une première carrière située sur le flanc Nord de Bindon Hill, au Sud du monastère, montre des couches horizontales avec *Belemnitella mucronata*, *Pecten cretosus*.

Une carrière à Coombe-Keynes, dans une craie tendre, avec silex noirs, arrondis, compactes, jaunis en dehors, disséminés dans les bancs, m'a fourni :

*Belemnitella mucronata* (abondantes). *Rhynchonella subplicata*, Mant.

A Wool, à l'extrémité Nord de ce massif, les silex sont peu abondants et de petites dimensions.

*Belemnitella mucronata*, Schlt. *Echinocorys gibbus*, Lk.
*Magas sp.*

Cette craie de Wool appartient à la base de l'assise à Belemnitelles ; à une altitude plus élevée d'environ 50 mètres, dans le parc de Lulworth, il y a plusieurs carrières où les silex sont en bancs espacés de 0,50 ; il y en a d'énormes (*Paramoudras* de Buckland) :

| | |
|---|---|
| *Belemnitella mucronata*, Schlt. | *Rhynchonella limbata*, Dav. |
| *Magas pumilus* (type de Meudon). | *Serpula plexus*, Sow. |

Peut-être la craie de Lulworth Park appartient-elle à la zone à *B. mucronata* de M. Hébert, tandis que celle de Wool représenterait sa zone à *B. quadrata* ? Je n'ai pas recueilli un nombre suffisant de fossiles dans ces régions pour y suivre ces niveaux d'une façon certaine ; ils sont cependant reconnaissables en Angleterre.

**Purbeck Hill, Knowl Hill, Challow Hill** : Ces collines font partie de la même chaîne que Bindon Hill, mais il n'y a plus ici de falaises qui présentent la succession des différentes zones. L'inclinaison dans les carrières est plus régulière que dans Bindon Hill, elle varie de 50° à 80° vers le Nord. Une carrière est ouverte dans la craie à Marsupites au N O. de Knowl Hill ; M. Whitaker (1), qui a étudié cette région, a signalé le chalk rock au S. O. de cette colline, ainsi qu'au Nord de West-Tyneham dans Purbeck Hill.

La grande route de Corfe Castle donne une coupe assez complète de Challow Hill. Sur le chemin de Challow, il y a des sables et grès glauconieux (zone à *Am. inflatus*) :

| | |
|---|---|
| *Janira quadricostata*, Sow. | *Ostrea vesiculosa*, Sow. |
| *Pecten laminosus*, Mant. | » *columba*, Lk. |

A l'Est de Corfe Castle, on exploite une craie gris bleuâtre, avec pyrites (zone à *H. suglobosus*).

| | |
|---|---|
| *Ammonites Rotomagensis*, Defr. | *Holaster Trecensis*, Leym. |
| *Inoceramus striatus*, Mant. | |

Fig. 12. — COUPE D'UNE CARRIÈRE AU NORD DE CHALLOW HILL

(1) W. Whitaker. Quart. Journ. Geol. Soc. T. XXVII, p. 93.

A l'Est du petit pont de Byle Brook, est la craie noduleuse avec *Inoceramus labiatus* ; le château de Corfe est bâti sur la craie à *Micrasters*. Rien de particulier jusqu'ici, mais une carrière ouverte dans la craie à Belemnitelles au N. de la colline mérite de fixer l'attention.

Les bancs sont fendillés dans tous les sens et très-disloqués, comme le montre la figure. J'y ai recueilli :

*Belemnitella mucronata*, Schlt.
*Magas pumilus* (type).
*Inoceramus Cripsii*, Mant.

Il faut attribuer la dislocation des couches en ce point au voisinage de la grande faille qui sépare la crête des couches verticales des couches crétacées horizontales. La position des couches n'a pas été seule affectée par cet accident, leur texture a été aussi profondément modifiée.

La craie à Belemnitelles, dans tous les points précédemment cités, est blanche, tendre, farineuse, se raie facilement avec l'ongle et s'écrase aisément entre les doigts ; les silex sont noirs en dedans et blanchâtres en dehors. Dans cette carrière, au contraire, la craie est blanc grisâtre, dure, si dure qu'on peut à peine la rayer avec un couteau et qu'il est très-difficile d'en extraire les fossiles. Elle est de plus remplie de petites veines de calcite. Les silex, qui sont en bancs espacés de 0,50, se distinguent difficilement de la craie environnante ; ils sont profondément altérés, jaunes ou verts en dehors, gris, jaunes, bruns et opaques en dedans.

Cette craie durcie de Corfe Castle ressemble exactement par tous ses caractères à la craie du même âge qui se trouve en Irlande sous le basalte. Mon ami M. Duvillier a bien voulu analyser un échantillon de la craie à *Belemnitella mucronata* d'Irlande, ainsi qu'un échantillon de cette craie dure de Corfe Castle, et un autre de craie tendre à *B. mucronata*, que j'avais recueilli près de là dans les couches horizontales de la baie de Studland : La composition chimique est peu différente, d'après cette analyse dont voici le résultat :

| Craie à B. mucronata, Glynn (Irlande) Craie dure, métamorphisée, couches horizontales. | | Craie à B. mucronata, Studland (Dorsetshire) Craie tendre, couches peu inclinées. | Craie à B. mucronata, Corfe-Castle (Dorsetshire) Craie dure, couches disloquées. |
|---|---|---|---|
| Argile . . . . . . . . . | 0,35 | 0,38 | 0,42 |
| Silice soluble. . . . . . | 0,15 | 0,11 | 0,10 |
| Oxyde de fer . . . . . . | 0,10 | 0,54 | 0,28 |
| Phosphate de chaux . . . | 0,13 | 0,18 | 0,26 |
| Carbonate de chaux . . . | 99,12 | 97,99 | 98,17 |
| Carbonate de magnésie . . | 0,13 | 0,62 | 0,74 |
| | 99,98 | 99,82 | 99,97 |

La dureté de la craie de Corfe Castle peut être due en partie à la plus grande quantité de carbonate de magnésie qu'elle contient ; peut-être la faille a-t-elle donné passage à une source magnésienne dont les eaux salines auront pénétré la craie. M. de Mercey (¹) a signalé de nombreux exemples de craie magnésienne dans le Nord de la France ; il a reconnu qu'elles contenaient parfois jusqu'à 20 °/ₒ de magnésie, apportée selon lui par des sources. M. de Mercey a toujours rencontré cette craie magnésienne dans des régions voisines du point de contact des 2 niveaux à *Micraster coranguinum* et à *Belemnitelles*.

Le Rev. W. B. Clarke (²) avait remarqué dès 1837 la craie dure comme du marbre de Corfe Castle, il l'avait suivie au Nord de la crête crétacée de Purbeck, jusqu'à la faille de Ballard down, visible dans les falaises.

Une carrière au Nord de Sandy Hill donne une très-belle coupe de la craie marneuse à *I. labiatus*: les couches noduleuses y ont un très-grand développement. Voici la coupe de bas en haut :

| | |
|---|---|
| 1. Craie blanc bleuâtre, compacte ; pyrites (zone à *H. subglobosus*) . . . . . . . . . . . . | 15,00 |
| *Ammonites varians*, Sow. *Holaster subglobosus*, Ag. | |
| 2. Nodules. . . . . . . . . . . . . . . . . . . . . . . . . . . . . . . . | 0,50 |
| 3. Craie blanche dure. *Inoc. labiatus* nombreux . . . . . . . . . . . . . . . . . . . . | 3,00 |
| 4. Craie noduleuse : *I. labiatus* . . . . . . . . . . . . . . . . . . . . . . . . | 1,00 |
| 5. Craie blanche dure. . . . . . . . . . . . . . . . . . . . . . . . . . . . | 3,00 |
| 6. Banc durci avec tubulures. | |
| 7. Craie blanche dure : *I. labiatus* . . . . . . . . . . . . . . . . . . . . . . | 4,00 |
| 8. Lit noduleux . . . . . . . . . . . . . . . . . . . . . . . . . . . . . | 0,02 |
| 9. Craie blanche dure : *I. labiatus* . . . . . . . . . . . . . . . . . . . . . . | 3,00 |
| 10. Lit noduleux jaune vert . . . . . . . . . . . . . . . . . . . . . . . . . | 0,05 |
| 11. Craie blanche dure. . . . . . . . . . . . . . . . . . . . . . . . . . . | 2,00 |

**Ballard down** : Ballard down peut être facilement étudiée à l'Est, dans les falaises. A Ballard Hole, près Punfield, on peut prendre la coupe suivante, visible sur cette esquisse :

Fig. 13. — COUPE DE BALLARD HOLE

(¹) *N. de Mercey.* Bull. Soc. Géol. France. 2ᵉ sér. T. XX. p. 631.
(²) *Rew. W. B. Clarke.* Mag. nat. Hist. vol. X. 1837, p. 414, 461.
*Dʳ J. Mitchell.* ibid. p. 587.
*Rev Conybeare.* Outlines of the Geol. of England and Wales. 1822. p. 110.
*T. Webster.* In Englefields History of the Isle of Wight.

Voici de bas en haut la coupe de Ballard Hole (pl. III, fig. 7) :

1. Sables verts et argile glauconifère (zone à *Am. inflatus*).

| | |
|---|---|
| *Serpula tuba*, Sow. | *Plicatula radiola*! Lk. |
| *Vermicularia concava*, Sow. | *Pecten laminosus*, Mant. |
| *Arca carinata*, Sow. | *Janira quadricostata*, Sow. |
| » *formosa*, Sow. | *Ostrea columba*, Lk. |
| *Panopæa lævisula*. | |

2. Grès gris verdâtre (zone à *Pecten asper*) . . . . . . . . . . . . . . . . . . . . . 5,00
3. Calcaire avec grains de glauconie (Chloritic marl) . . . . . . . . . . . . . . . . . . 0,40
4. Craie gris bleuâtre (zone à *Hol. subglobosus*). . . . . . . . . . . . . . . . . . . . 30,00

Il y a dans cette craie de petits nodules brunâtres, verts en dehors, peu abondants, mais assez riches en phosphate de chaux, d'après cette analyse que M. Duvillier en a faite :

| | |
|---|---|
| Sable et argile | 8,40 |
| Silice soluble | 1,14 |
| Oxyde de fer | 1,96 |
| Phosphate de chaux | 19,91 |
| Sulfate de chaux | 0,91 |
| Carbonate de chaux | 65,62 |
| Carbonate de magnésie | 0 89 |
| | 98,83 |

5. Craie marneuse, noduleuse à la base (zones à *I. labiatus* et à *T. gracilis*) . . . . . . . . 35,00
6. Craie noduleuse dure (zone à *H. planus*). . . . . . . . . . . . . . . . . . . . . 5,00

| | |
|---|---|
| *Micraster breviporus*. | *Lima Hoperi*, Defr. |

7. Craie avec silex noirs, assez abondants (zone à *M. cortestudinarium*) . . . . . . . . . . 25,00
8. Craie avec silex roses en dehors, un peu zonés . . . . . . . . . . . . . . . . . . . . 15,00

La zone à *M. coranguinum* forme donc ici le haut de la falaise; on ne peut étudier facilement les couches supérieures, la mer empêche d'aborder le pied des falaises, et le haut ne montre guère d'affleurements. J'ai cependant trouvé quelques fossiles à environ 300 mètres au Nord de Ballard hole, dans une craie avec peu de silex :

| | |
|---|---|
| *Janira*. | *Bourgueticrinus ellipticus*, Mill. |
| *Rhynchonella limbata*, Dav. | Astéries. |
| *Echinocorys gibbus*, Lk. | *Amorphospongia globosa*, v. Hag. |
| *Cidaris*. | |

C'est la zone à Marsupites; au delà vient la craie dure comme du marbre, signalée par le Rev. W. B. Clarke [1] et que j'ai reconnue à Corfe Castle comme appartenant à la zone à Belemnitelles. Cette craie dure est presque verticale et au contact d'une faille oblique représentée (pl. III, fig. 7); de l'autre côté de cette faille se trouve au haut de la falaise la craie avec peu de silex (zone à Marsupites) en couches peu inclinées vers le Nord.

(1) Rev. W. B. Clarke. Mag. nat. Hist. Vol. X. 1837, p. 414, 461.

Cette faille de Ballard down est la même que celle de Corfe Castle et de Lulworth, où elle sépare les couches horizontales de la crête de couches très-inclinées : elle est du reste tracée très-exactement sur la carte du geological Survey de M. Bristow. A Ballard down, elle est environ à 500 mètres de Ballard hole ; en évaluant donc l'inclinaison moyenne de ces couches crétacées à 60°, le calcul trigonométrique donnera 433 mètres pour l'épaisseur du terrain crétacé supérieur de l'île de Purbeck. Cette mesure est cependant inexacte, et l'épaisseur des couches fortement inclinées est très-exagérée sur la coupe (pl. III, fig. 7) ; je cite en passant cet exemple, pour montrer combien peu il faut avoir de confiance en ces sortes de mesures, quand on les applique à des couches à inclinaisons si variables.

Dans l'île de Wight, j'avais évalué l'épaisseur de la craie à 405m, à White nore à 270m ; les travaux de M. Whitaker sont ici d'accord avec les miens pour reconnaître que la craie de l'île de Wight diminue régulièrement d'épaisseur vers l'Ouest. La craie à Ballard down devrait donc avoir une épaisseur moyenne entre les deux précédentes. C'est, du reste, le résultat auquel j'étais arrivé par les évaluations que j'avais faites sur place de ces épaisseurs : j'avais estimé la puissance de cette craie à 300 mètres.

La coupe ( pl. III, fig. 7 ) montre l'allure régulière des couches jusqu'à Foreland ; la zone à Marsupites forme le haut des falaises jusqu'entre les deux Pinnacles (old Harry, old Harry's wife), où la craie à Belemnitelles repose sur elle. La craie à Belemnitelles est abordable et peut facilement s'étudier au bas de la falaise dans la baie de Studland, son épaisseur y est de 40 mètres ; voici quelle est sa composition, de bas en haut :

Craie sans silex (zone à Marsupites).
Surface durcie, corrodée (banc limite).

| | | |
|---|---|---|
| 1. | Craie blanche compacte, tendre, avec lits de silex minces espacés de 2 à 3m. | 10,00 |
| 2. | Silex noirs. | |
| 3. | Craie blanche : *Rhynchonella limbata*, *Echinocorys* | 3,00 |
| 4. | Silex noirs. | |
| 5. | Craie blanche. | 1,00 |
| | *Belemnitella mucronata*, Schlt. — *Rhynchonella subplicata*, Mant.<br>*Lima Hoperi*, Defr. — *Magas pumilus*.<br>*Pecten cretosus*, Defr. — *Cidaris*.<br>*Spondylus Dutempleanus*, d'Orb. — *Serpula deforme*, Dix.<br>» *æqualis*, Héb. — » *lombricus*, Defr. | |
| 6. | Silex. | |
| 7. | Craie blanche. | 0,15 |
| 8. | Silex. | |
| 9. | Craie blanche. | 1,00 |
| 10. | Petits silex noirs. | |
| 11. | Craie blanche. | 6,50 |
| 12. | Silex noirs. | |
| 13. | Lits à peu près égaux de silex, séparant des bancs de craie de environ 1m. | 5,00 |
| 14. | Silex noirs. | |

15. Craie avec assez nombreux silex . . . . . . . . . . . . . . . . . . . . . . . . . . 1,00
16. Craie blanche. . . . . . . . . . . . . . . . . . . . . . . . . . . . . . . . . . 2,00

*Belemnitella mucronata*, Schlt. — *Serpula lombricus*, Defr.
*Inoceramus* — *Cyphosoma elongatum*, Cott.
*Magas pumilus*, Sow.

17. Silex noirs, lit très-mince.
18. Craie blanche. . . . . . . . . . . . . . . . . . . . . . . . . . . . . . . . . . 0,50
Banc durci, verdi à la surface.
19. Craie blanche : *Rhynchonella subplicata*, *Magas pumilus*, *Amorphospongia globosa*. . . . 0,75
20. Silex noirs. . . . . . . . . . . . . . . . . . . . . . . . . . . . . . . . . . 0,10
21. Craie blanche tendre : *Rhynchonella octoplicata*, *Cidaris serrata* . . . . . . . . . . . 1,50
22. Silex noirs, nodules espacés.
23. Craie blanche. . . . . . . . . . . . . . . . . . . . . . . . . . . . . . . . . . 2,00
24. Gros silex noirs. . . . . . . . . . . . . . . . . . . . . . . . . . . . . . . . 0,05
25. Craie blanche. . . . . . . . . . . . . . . . . . . . . . . . . . . . . . . . . . 1,50
Terrain tertiaire ravinant la craie.

Cette coupe présente deux *bancs limites*, durcis et corrodés ; l'inférieur sépare la craie à Belemnitelles de la zone à Marsupites, il est très-visible. On voit ce banc de très loin ; ainsi, au milieu de la falaise du cap Foreland, où on ne peut aborder, il forme une ligne très-nettement définie.

La partie supérieure de la craie, au contact du tertiaire de la baie de Foreland, est durcie et ravinée.

## § 3. — RÉSUMÉ.

La région méridionale du bassin crétacé supérieur du Hampshire est donc ainsi formée :

| CLASSIFICATION GÉNÉRALE. | DIVISION DE LA RÉGION MÉRIDIONALE. | ÉPAISSEURS. |
|---|---|---|
| Zone à Ammonites inflatus. | Sable argileux de Lulworth cove. | 15 à 22 |
| Zone à Pecten asper. | Grès de Durdle cove. | 6 à 7 |
| Chloritic marl. | Calcaire glauc. de Man of War cove. | 0,50 à 1,50 |
| Zone à Holaster subglobosus. | Craie à silex de Worbarrow bay. | 10 à 30 |
| Zone à Belemnites plenus. | Marne de Lulworth cove. | 1 à 3 |
| Zone à Inoceramus labiatus. | Craie noduleuse de Sandy Hill. | 15 à 20 |
| Zone à Terebratulina gracilis. | Craie de White nore. | 20 à 30 |
| Zone à Holaster planus. | Chalk rock de Mewps bay. | 3 à 7 |
| Zone à M. cortestudinarium. | Craie de Steepleton. | 30 à 40 |
| Zone à M. coranguinum. | Craie de Ballard hole. | 35 à 40 |
| Assise à Marsupites. | Craie des Pinnacles. | 100 à 150 |
| Zone à Belemnitelles. | Craie de Studland bay. | 30 à 50 |

Les couches augmentent d'épaisseur de l'Ouest à l'Est. Elles sont plissées dans deux directions différentes perpendiculaires entre elles.

La première direction, anticlinal de Purbeck, anticlinal du Ridgeway, anticlinal de Winterborne-abbas, anticlinal de East-Compton, est sensiblement parallèle aux axes de Winchester et de Kingsclere : les couches qui plongent au Nord de ces axes sont beaucoup plus inclinées que celles qui plongent au Sud.

La seconde direction est perpendiculaire à la première (structure quadrillée), elle se manifeste par des ondulations de la crête de craie verticale visibles dans les baies du Dorsetshire.

L'upper green sand, type de Fitton, est l'ensemble de mes zones à *Am. inflatus* (Blackdown) et à *Pecten asper* (Warminster).

Le banc limite entre les zones à *M. cortestudinarium* et *M. coranguinum*, peut se voir nettement dans cette région, ainsi que celui entre les zones à *Marsupites* et l'assise à *Belemnitelles*. On peut encore remarquer l'épaisseur de l'assise à *Belemnitelles*, ainsi que la constance de la marne à *Belemnites plenus*.

## § 4. — Ile de Wight.

J'ai publié en 1875 une description géologique de la craie de l'île de Wight [1] ; c'est dans cette île que j'avais commencé en 1873 mes recherches sur la craie d'Angleterre, mes études postérieures m'ont amené à modifier quelques-unes des opinions émises dans ce premier travail. Je vais présenter ici ces modifications [2], sans revenir de nouveau sur la description de la craie de cette île.

**Upper green sand** : C'est dans l'île de Wight, que J. F. Berger, Englefield et Webster, Fitton, ont défini l'*upper green sand*. J'ai donné dans mon mémoire la liste des fossiles qui y avaient été recueillis jusqu'aujourd'hui, tant par les différents géologues anglais que par le geological Survey, et par moi-même : je pensais que les caractères lithologiques de l'upper green sand en faisaient une division spéciale, distincte des autres niveaux. Je m'étais trompé, dans l'upper green sand de l'île de Wight, il y a comme dans l'upper green sand du reste de l'Angleterre deux faunes très-distinctes: celle

(1) Ch Barrois. Descript. Géol. craie de Wight. Annal. Sciences géologiques 1875. Article n° 2.

(2) J'ai publié plusieurs notes préliminaires sur la craie d'Angleterre ; c'est au présent mémoire qu'il faudra se référer pour les points où il y a désaccord entre ces différents travaux :

Sur le Gault. Annal. Soc. Geol. Lille. p. 45 à 50 T. 2. 1874.

Ondulations de la craie dans le Sud de l'Angleterre. Annal. Soc. Géol. Lille. Tome 2, p. 85 1875.

Note sur l'Ile de Wight. Annal. Soc. Géol. Lille. Tome 1, p. 74. 1874, — et Bull. Soc. Géol. France. Vol. 2, p. 429. 1874.

Age des couches de Blackdown. Annal. Soc. Geol. Lille. T. 3, p. 1. 1875.

Age des Folkestone beds. Annal. Soc. Geol. Lille. T. 3, p. 23. 1875.

de Blackdown et celle de Warminster. La liste des fossiles que j'ai donnée ([1]) de ce niveau est donc absolument mauvaise.

*Coupe du ravin de Chine Head, Est de Bonchurch, de bas en haut* ([2]) :

*A. B.* Grès sableux gris jaunâtre et vert, sans *chert* :
Nombreuses *Vermicularia concava*.
*C.* Sable vert avec fucoïdes ou éponges rameuses. . . . . . . . . . . . . . . . . . . . 0,75
Sable vert avec nodules et fossiles en phosphate de chaux. . . . . . . . . . . . . . . 1,50
*Arca*.
*D.* Sable et grès vert clair en bancs de 0,50, alternant avec des bancs de *cherts* : je n'ai pu y trouver de *Vermicularia concava*. . . . . . . . . . . . . . . . . . . . . . . . 10,00

| | |
|---|---|
| *Pecten laminosus*, Mant. | *Cardita*. |
| *Ostrea vesiculosa*, Sow. | *Terebratulina*. |
| » *canaliculata*, d'Orb. | *Rhynchonella compressa*, Lk. |

*E.* Chloritic marl.

*Coupe de l'Undercliff à Saint-Lawrence, de bas en haut :*

*A.* Grès gris jaune, tendre et léger, homogène, très-micacé, glauconieux, avec lits bleuâtres plus argileux : il ressemble à la gaize de l'Argonne . . . . . . . . . . . . . . . . . 85,00

| | |
|---|---|
| *Belemnites*. | *Panopœa mandibula*, d'Orb. |
| *Hamites armatus*, Sow. | *Arca carinata*, Sow. |
| *Ammonites inflatus*, Sow. | » *glabra*, Park. |
| » *Renauxianus*, d'Orb. | *Janira quadricostata*, Sow. |
| *Solarium ornatum*, Sow. | » *quinquecostata*, Sow. |
| *Cardita tenuicosta*, Fitt. | *Pinna*. |
| *Pecten laminosus*, Mant. | *Rhynchonella compressa*, Lk. |
| » *hispidus*, Gold. | *Terebratula biplicata*, Broch. |
| *Plicatula pectinoïdes*, Sow. | » *ovata*, Sow. |
| *Inoceramus*. | *Lingula subovalis*, Dav. |
| *Lima Archiacana*, Cor. et Bri. | *Vermicularia concava*, Sow. |
| *Ostrea conica*, Lk. | » *polygonalis*, Sow. |
| » *canaliculata*, d'Orb. | *Siphonia pyriformis*, Gold. |
| » *vesiculosa*, Sow. | » *Websteri*, Sow. |

*B.* Grès gris jaunâtre très-micacé, sans cherts. Il y a des bancs plus durs, siliceux, contenant des éponges à formes irrégulières . . . . . . . . . . . . . . . . . . . . . . . . . 4,00

| | |
|---|---|
| *Janira* 4 *costata* (grande taille). | *Pecten laminosus*, Mant. |
| *Ostrea conica*, id. | *Vermicularia concava*, Sow. |

*C.* Sable vert avec nodules de phosphate de chaux recouverts d'huîtres et de plicatules . . . . 2,00

| | |
|---|---|
| *Ostrea*. | *Pecten asper*, Lk. |
| *Plicatula sigillina*, Wood. | *Crania*. |

*D.* Grès gris verdâtre et cherts bleuâtres alternant en bancs de 0,50. . . . . . . . . . . 8,00

| | |
|---|---|
| *Pecten laminosus*, Mant. | *Ostrea canaliculata*, d'Orb. |
| *Cardita*. | *Vermicularia concava*. Rares. |
| *Ostrea vesiculosa*, Sow. | |

*E.* Chloritic marl. . . . . . . . . . . . . . . . . . . . . . . . . . . . . . . . . . 2,50

([1]) Annal. Scienc. Géol. 1875. p. 8.
([2]) Les lettres employées correspondent à celles des coupes du Dorsetshire.

Pour cette division comme pour l'upper green sand, j'avais donné la liste de tous les fossiles cités; il en est dans le nombre que je n'ai jamais recueillis à ce niveau, je vais donc rappeler ici ceux que j'ai trouvés moi-même :

| | |
|---|---|
| *Belemnites ultimus?*, d'Orb. | *Pleurotomaria.* |
| *Turrulites tuberculatus*, Bosc. | *Avellama cassis*, d'Orb. |
| *Scaphites æqualis*, Sow. | *Pecten aspér*, Lamk. |
| *Ammonites Mantelli*, Sow. | *Ostrea pectinata*, Lamk. |
| » *navicularis*, Mant. | *Plicatula inflata*, Sow. |
| » *falcatus*, Mant. | *Janira quinquecostata*, Sow. |
| » *varians*, Sow. | *Terebratulina striata*, Wahl. |
| » *Coupei*, Brong. | *Rhynchonella grasiana*, d'Orb. |
| » *Rotomagensis*, Defr. | *Terebratula biplicata*, Brocch. |
| » *Vectensis*, Sharpe. | *Discoïdea minima*, Ag. |
| » *curvatus*, Mant. | *Echinoconus castanea*, d'Orb. |
| » *laticlavius*, Sharp. | *Holaster subglobosus*, Ag. |
| *Nautilus lævigatus*, d'Orb. | Eponges nombreuses. |

L'upper green sand de l'île de Wight (¹) doit donc se subdiviser en deux zones, la zone supérieure D. C. (chert series) correspond aux Warminster beds, l'inférieure B. A. est la continuation de la zone à *Am. inflatus* du Dorsetshire.

Je passe aux zones supérieures que j'ai décrites dans la craie de cette région : la zone à *M. coranguinum* de l'île de Wight correspond à l'ensemble de mes zones actuelles à *M. coranguinum* et à *Marsupites*; la partie supérieure de la zone à *M. cortestudinarium* de l'île de Wight appartient encore à la craie à silex zonés (zone à *M. coranguinum*), je n'ai pas reconnu le banc limite dans cette contrée. Le « *Chalk rock* » de M. Whitaker que j'ai décrit comme formant la partie supérieure du Turonien, correspond seul à la zone à *Holaster planus* du bassin de Paris, les bancs noduleux avec nombreux *micrasters* qui le surmontent, et que j'avais assimilés à cette zone appartiennent à la zone à *M. cortestudinarium*. Je me suis laissé tromper par l'existence à ce niveau d'*Holasters*, et de *micrasters à aires interporifères lisses*, que je croyais caractéristiques du Turonien. Il y aurait une étude bien intéressante à faire encore sur la limite entre le Turonien et le Sénonien.

Je dois enfin rappeler ici qu'un axe anticlinal, parallèle aux axes de Winchester et de Kingsclere, traverse l'île de Wight de l'Est à l'Ouest et ramène au jour le Wealdien dans les baies de Sandown et de Brixton. Ce bombement des couches Wealdiennes sépare le crétacé supérieur de l'île en deux massifs ; le massif méridional dont les couches plongent vers le Sud de 5° à 10°, le septentrional dont les couches plongent vers le Nord de 70° en moyenne.

---

(¹) Captain L. L. B Ibbetson (Notes on the Geol. and chem. comp. of the various strata in the I. of Wight) a divisé l'upper green sand en plusieurs niveaux dès 1849 ; il m'a été impossible, à mon grand regret, de me procurer cet ouvrage, que je ne connais que d'après une citation de Mantell (Geol. Excursions, p. 242).

Dans le massif méridional il n'y a pas de couches crétacées supérieures à la zone à *Holaster subglobosus*, on ne peut suivre ailleurs en Angleterre les couches de ce massif; dans le massif septentrional, la série est plus complète, et les couches se retrouvent à l'Ouest dans le Dorsetshire avec la même inclinaison. La craie de ce massif septentrional présente une série de petits accidents, plis et failles, perpendiculaires à son inclinaison générale.

# DEUXIÈME PARTIE.

## ALLURE DES COUCHES. MOUVEMENTS DU SOL DU BASSIN CRÉTACÉ DU HAMPSHIRE.

---

La carte (pl. 1) et les coupes (pl. 3, fig. 1 à 4) exposent clairement la structure géologique du bassin crétacé du Hampshire. Les inclinaisons des couches crétacées, et la distribution géographique des zones paléontologiques que j'ai reconnues montrent que la disposition des couches de ce bassin est loin d'être aussi simple qu'on l'a admis jusqu'ici.

Les couches crétacées ne plongent pas régulièrement sous le tertiaire, de la circonférence vers le centre du bassin ; ou du moins s'il en est ainsi à l'E., au S. et à l'O. du bassin, il n'en est plus de même au Nord,

Le bassin crétacé du Hampshire est limité à l'O. par le rivage des couches plus anciennes du Devonshire, Somersetshire, et du Wiltshire ; à l'E. il est borné par le bombement Wealdien, au N. et au S. il est actuellement limité par deux plissements parallèles. Ces plissements sont connus depuis longtemps ; le plissement septentrional *(axe de Kingsclere)* a été signalé par Buckland, il est dirigé de E. à O. de Froyle à Kingsclere, Ham, et le vallon de Pewsey ; le méridional *(axe des îles de Wight et de Purbeck)* bien étudié par Webster, Buckland et de la Bêche est également dirigé de E. à O., de Brixton Bay à Sandown Bay (I. de Wight), et de là traverse l'île de Purbeck, la baie de Kimmeridje, la vallée de Weymouth, jusqu'au Chesil bank.

A l'E., au S. et à l'O. du bassin crétacé du Hampshire, les couches plongent réellement vers le centre du bassin ; dans la région septentrionale, les couches au Sud de l'axe de Kingsclere ont été affectées par différents accidents étudiés déjà par MM. Hopkins, [1], et P. J. Martin [2].

Les travaux de P. J. Martin ont conclu à l'existence dans cette région de plusieurs systèmes de

[1] *W. Hopkins.* — On the Geol. Structure of the Wealden district. Trans geol. Soc. 2e ser. Vol. VII, p. 1. 1841.

[2] *P. J. Martin.* — On the anticlinal Line of the London and Hamp. Basin. — Phil. mag. Ser. IV. Vol. 2, p. 41 (1851); ibid. Vol. 12, p. 447 ; ibid. Vol. 13, p. 83.

bombements, sans rapports avec ceux des pays voisins. Les principaux sont en allant du Nord au Sud : 1° Ligne de Pewsey, 2° ligne de *Peasemarsh*, sans rapports avec la précédente mais se continuant au N. de Popham, 3° *ligne de Wardour* et de Grinstead, 4° *ligne de Warminster* à Broughton Hill, Winchester et Greenhurst, 5° *ligne centrale du Weald* à Stockbridge down et Amesbury, enfin 6° *ligne de Portsdown*.

C'est principalement par l'étude des différences d'altitudes des collines crétacées de cette région que M. Martin était arrivé à ces résultats ; mais outre que ce travail était fort difficile dans une contrée où les cartes de l' « *Ordnance Survey* » ne donnent pas d'altitudes, il faut encore ici faire la part des dénudations.

J'ai passé plusieurs années à parcourir les contrées crétacées du Sud de l'Angleterre, cherchant à relier entre eux ces différents plissements. Il est difficile de le faire d'une façon certaine, j'espère cependant avoir jeté quelque lumière sur cette question en faisant entrer dans son étude des facteurs nouveaux : L'importance du plissement et son âge. L'importance d'un plissement se juge d'après l'inclinaison des couches, et surtout d'après la zone paléontologique qui est ramenée au jour. On n'a plus à considérer ici l'effet des dénudations.

La distribution géologique des zones paléontologiques (Pl. 1) montre que le bassin crétacé du Hampshire est traversé par plusieurs grands axes de soulèvement. L'axe septentrional est celui de Pewsey, que je considère avec Buckland et beaucoup d'autres géologues comme la continuation de celui de Kingsclere, et du Nord du Weald. Je ne puis admettre avec Martin la continuation de ce dernier (Peasemarsh) vers Popham et Andover. L'axe méridional est celui des *îles de Wight et de Purbeck* déjà décrit.

La région crétacée comprise entre ces deux grands axes montre un grand nombre de petits plis parallèles. J'en ai parlé en décrivant les couches ; les principaux sont ceux de Ports down, Winchester, Stoke, Stockbridge, Middle-Woodford, Stapleford, Warminster, Wardour, Broad-Chalk, Bower-Chalk, Standlinch down, East-Compton, Winterborne-Abbas, Ridgeway. Tous ces plis anticlinaux sont parallèles ; plusieurs d'entre eux, Winchester, Stockbridge, Middle-Woodford, Stapleford, Warminster, semblent se faire suite les uns aux autres, de sorte que si on les réunit par une ligne idéale on aura une grande ligne anticlinale, elle sera sensiblement parallèle aux axes *de Kingsclere* et des îles de Wight et de Purbeck. J'appellerai cette ligne anticlinale, l'*axe de Winchester*, elle traverse la craie du Hampshire de Petersfield à Warminster.

La connaissance de l'*axe de Winchester* montre que le bassin tertiaire du Hampshire est en réalité formé de deux bassins : le bassin méridional est le bassin du Hampshire proprement dit, il contient toutes les couches tertiaires depuis les couches de Woolwich et de Reading jusqu'aux couches de Hempstead (oligocène moyen). Le bassin septentrional qu'on pourrait appeler *Bassin de Whitchurch*, est une dépression beaucoup moins importante, elle ne contient plus de sédiments tertiaires postérieurs au London clay. Ce bassin est actuellement une plaine haute, couverte de collines et de vallées variant de 200 à 340m, au-dessus du niveau de la mer. On y voit de nombreux affleurements (*Outliers*) des Woolwich et Reading beds épargnés par les dénudations (Pl I, et Pl. III Fig. 8), Buckland puis M. Prestwich [1], ont prouvé que les bassins de Londres et du Hampshire communiquaient entre eux pendant le dépôt de ces couches tertiaires. [2]

Parmi les mouvements du sol dont les couches de ce bassin crétacé nous ont conservé la trace, il faut en distinguer de deux sortes : Les uns se sont produits pendant le dépôt même de ces couches, les autres postérieurement à ce dépôt. Les premiers se révèlent à l'observation par des variations d'épaisseur, ou par l'absence de certaines couches, les seconds par des plissements ou des failles.

## § 1. — Oscillations contemporaines des dépots.

I. **Oscillations du sol pendant le dépôt du Terrain crétacé supérieur** : « Malgré la fixité apparente du sol, même dans les régions où les tremblements de terre sont inconnus, nous ne pouvons citer avec certitude un point où le niveau relatif de la terre et de la mer n'ait pas changé depuis une époque peu éloignée » [3]. Ces oscillations qui ont lieu tous les jours sous nos pieds, se continuent depuis les époques géologiques les plus reculées ; on en trouve des exemples dans tous les terrains et dans tous les pays: elles sont la cause des lacunes.

Des lacunes de ce genre existent dans le bassin crétacé du Hampshire comparé aux bassins crétacés éloignés, à ceux du Midi ou de l'Ouest de la France par exemple, où des sédiments s'opéraient et des faunes passaient, tandis que les bancs limites étaient durcis dans la craie d'Angleterre. Il y a donc eu des mouvements généraux du sol auxquels le bassin tout entier a pris part.

Le bassin crétacé du Hampshire a été soumis de plus à des mouvements partiels ; si on compare entre elles les différentes parties de ce bassin, on constate que la mer qui y formait des dépôts était trop profonde, et les mouvements partiels du sol insuffisants pour provoquer l'émersion d'un côté du bassin, tandis que des faunes vivaient et passaient d'un autre.

Les mouvements partiels du sol de ce bassin moins importants que ses mouvements d'ensemble, ont cependant été considérables ; on en a des preuves dans des bancs durcis et corrodés que j'ai signalés à plusieurs reprises dans l'étendue d'une même zone, ainsi que dans la variation d'épaisseur des zones les différentes parties du bassin. Il y a donc eu des émersions partielles, indépendantes les unes des autres dans le bassin crétacé du Hampshire, c'est-à-dire des lacunes stratigraphiques. La durée de ces dernières lacunes ne semble pas avoir été suffisante pour que les faunes qu'elles séparent aient pu acquérir des caractères distinctifs.

(1) J. Prestwich. Quart. journ Geol. Soc. No 31, p. 256.
(2) Ondulations de la craie dans le Sud de l'Angleterre, Annal. Soc. Geol. Lille. Tome 2, p. 85. — 1875.
(3) M. Potier. Discours sur les travaux de E. de Beaumont 8 mai 1875. Paris.

Je ne reviendrai plus ici sur les bancs durcis, corrodés, noduleux, que j'ai décrits en leur place ; quant aux variations d'épaisseur des zones dans les différentes parties du bassin, je les ai déjà exposées ([1]) dans un travail antérieur. Je vais donner ici de nouveau le tableau où je résumais ces variations, le premier comme je l'ai dit n'était que provisoire et approximatif ; celui-ci quoique plus exact ne saurait toutefois inspirer une confiance absolue, les mesures n'étant prises qu'au moyen d'un baromètre anéroïde et de calculs trigonométriques.

TERRAIN CRÉTACÉ SUPÉRIEUR DU BASSIN DU HAMPSHIRE.

| ÉTAGE. | ASSISE. | ZONE. | RÉGION ORIENTALE. | RÉGION SEPTENTRIONALE. | RÉGION OCCIDENTALE. | RÉGION MÉRIDIONALE. |
|---|---|---|---|---|---|---|
| Cénomanien | A. à O. conica. | Z. à A. inflatus. | 20 | 15 à 25 | 20 à 35 | 15 à 22 |
| | | Z. à Pecten asper. | 8 | 4 à 7 | 2 à 7 | 6 à 7 |
| | A. à H. subglobosus. | Chloritic marl. | 2 | 0,50 à 2,50 | 1 à 3 | 0,50 à 1,50 |
| | | Z. à H. subglobosus. | 30 | 20 à 30 | 0 à 20 | 10 à 30 |
| | | Z. à B. plenus. | 3 | 3 à 3 | ? | 1 à 3 |
| Turonien | | Z. à I. labiatus. | 20 | 10 à 15 | 7 à 10 | 15 à 20 |
| | | Z. à T. gracilis. | 50 | 15 à 20 | 20 à 24 | 20 à 30 |
| | | Z. à H. planus. | 6 | 2 à 6 | 2 à 4 | 3 à 7 |
| Sénonien | A à Micraster. | Z. à M. cortestudinarium. | 15 | 10 à 15 | 10 à 12 | 30 à 40 |
| | | Z. à M. coranguinum. | 35 | 20 à 25 | 20 à 25 | 35 à 40 |
| | A. à Marsupites. | Z. à Mar. ornatus. | 100 | 60 à 80 | 0 à 60 | 100 à 150 |
| | A. à Belemnitelles. | Z. à B. quadrata. Z. à B. mucronata. | 20 | 0 à 0 | 0 à 30 | 30 à 50 |
| | | | 309 | 159,50 à 228,50 | 82 à 230 | 265,50 à 400,50. et 450 (I. de Wight) |

Les différences entre ce tableau et le précédent sont surtout dûes à la zone à *Micraster coranguinum* (craie à silex zonés de M. Hébert), qui a été longtemps pour moi une cause d'erreurs. Cette zone est beaucoup moins distincte que les autres ; facilement reconnaissable dans les belles coupes naturelles de la cote, il est extrêmement difficile ([2]) de la distinguer dans l'intérieur des terres. Mes dernières études m'ont donc amené à introduire des changements dans mon premier tableau, mais si les nombres ont varié, les rapports sont restés exactement les mêmes, et par conséquent les déductions que j'en ai tirées pour montrer les oscillations du sol demeurent toutes légitimes.

([1]) Ondulation de la craie dans le Sud de l'Angleterre, Annal Soc. Geol. Lille, Tome 2, p. 85 1875.

([2]) Les *Micraster coranguinum*, typiques, bien caractérisés, se trouvent dans la zone à Marsupites ; ils sont ordinairement moins bien conserves et présentent des variétés parfois embarrassantes dans la zone à *Micraster coranguinum* proprement dit.

II. **L'assise de la craie à Belemnitelles** : L'étude détaillée du bassin du Hampshire tout entier, montre que toutes les divisions établies dans le terrain crétacé de cette contrée, se suivent sur tout le pourtour du bassin ; seule l'assise supérieure caractérisée par *Belemnitella mucronata* manque dans la région septentrionale. Les différentes zones du terrain crétacé, acquièrent leur maximum d'épaisseur dans les régions E. et S. du bassin, tandis qu'elles sont réduites à leur minimum à l'O. et au N. Si on remarque qu'à l'O. du bassin était un rivage de roches plus anciennes, et qu'au N. était l'axe de Kingsclere, on peut comprendre facilement cette disposition : Le soulèvement de Kingsclere s'effectuait au moins dès le commencement de l'époque crétacée supérieure ; le rivage occidental allait en s'exhaussant graduellement pendant que la partie centrale du bassin s'affaissait. Les travaux de M. Hébert nous ont rendu ce mode de mouvement familier.

L'exhaussement successif des bords, et l'affaissement du centre, expliquent déjà comment la partie supérieure de ce terrain (*assise à Belemnitelles*) s'est trouvée resserrée dans la partie centrale. Cet effet a eu une autre cause qui s'est ajoutée à la première : *Le soulèvement de Winchester*.

Ce soulèvement s'est produit entre les dépôts de la zone à Marsupites et de l'assise à Belemnitelles : La mer des Belemnitelles ne s'est probablement jamais avancée au N. au-delà de la ligne de Winchester, les dépôts de cet âge n'ont pas dû s'effectuer sur le haut fond compris entre les lignes de Winchester et de Kingsclere. La preuve en est que d'abord je n'ai jamais trouvé la faune de l'assise à Belemnitelles dans la région septentrionale, et que de plus j'y ai reconnu la zone à Marsupites sous les « *outliers* » tertiaires. Cette superposition immédiate des couches de Woolwich sur la craie à Marsupites, sans l'interposition de la craie à Belemnitelles, prouve que cette craie à Belemnitelles ne s'est pas déposée dans cette région, ou qu'elle en a été enlevée en entier par dénudation avant le dépôt du terrain tertiaire.

S'il est difficile de croire à une si faible extension de la mer de Belemnitelles, il est aussi, ce me semble, très-invraisemblable d'admettre que l'argile à silex tertiaire qui se trouve sous les couches de Woolwich dans le bassin du Hampshire, et sous les couches de Thanet dans le bassin de Londres, toujours avec une très-faible épaisseur, soit le produit de la dénudation d'une assise crétacée entière, alors que l'assise à silex quaternaire d'une épaisseur beaucoup plus considérable n'est que le produit de dénudations beaucoup moins étendues et surtout moins prolongées. On trouvera encore un autre argument contre cette dernière hypothèse en étudiant plus loin le crétacé d'Irlande.

La zone à Belemnitelles est beaucoup moins étendue dans le bassin crétacé du Hampshire que les zones inférieures. Deux causes expliquent cet effet, indépendamment des dénudations postérieures : la première est le mouvement général du bassin, la seconde le soulèvement des axes. Par conséquent tout en reconnaissant une très-grande influence aux dénudations prétertiaires, il me semble probable que le bassin crétacé du Hampshire, et le bassin crétacé de Londres ne communiquaient plus directement entre eux pendant le dépôt de la craie à Belemnitelles. Je ferai observer que ces vues sont pleinement d'accord avec celles que M. Hébert a émises dans ses travaux fondamentaux sur la craie du bassin de Paris.

M. Hébert [1] qui a le premier distingué l'assise à Belemnitelles, a aussi reconnu que ses limites [2] dans le bassin de Paris sont beaucoup plus restreintes que celles des mers des craies inférieures. Il a montré de plus dans un travail récent [3] que des cinq plis convexes qu'il a étudiés dans la craie du bassin de Paris, quatre se sont produits entre la craie à micrasters et la craie à *Belemnitella mucronata*. La craie à Belemnitelles est donc séparée de la craie à micrasters par une répartition géographique très-différente, par un système de soulèvements important, et par sa faune ; elle diffère donc incomparablement plus des autres assises de l'étage de la craie Sénonienne, que ces différentes assises entre elles.

Il y a donc identité absolue entre les mouvements qui se sont produits pendant le dépôt des couches crétacées supérieures dans les bassins du Hampshire et de Paris.

## § 2. — OSCILLATIONS POSTÉRIEURES AUX DÉPOTS CRÉTACÉS.

I. **Oscillations du sol pendant la période tertiaire** : La mer crétacée abandonna le bassin du Hampshire après le dépôt de la craie à Belemnitelles ; cette région resta exondée pendant que la craie supérieure (Ciply Maëstricht) se formait ailleurs.

Les beaux travaux de M. Prestwich sur le tertiaire anglais, ont appris que les eaux n'avaient envahi de nouveau cet ancien bassin qu'à l'époque des couches de Woolwich et de Reading.

L'extension de ces eaux tertiaires de Woolwich et de Reading a été plus vaste dans cette région que celle de la mer des Belemnitelles ; les couches tertiaires se sont déposées jusque sur le haut fond situé entre les lignes de Kingsclere et de Winchester.

Le mouvement cependant qui produisait les lignes de Kingsclere et de Winchester, et qui sépara sans doute les bassins de Londres et du Hampshire pendant le dépôt de la craie à Belemnitelles, se fit sentir pendant de longues périodes. La communication un moment rétablie entre ces bassins pendant le dépôt des couches de Woolwich et de Reading est de nouveau interrompue, par ce mouvement ascendant après cette époque. Quand se produisit cette séparation ? Ce moment est difficile à préciser.

Les seules couches tertiaires que l'on observe sur la craie dans l'espace compris entre les bassins de Londres et du Hampshire appartiennent aux couches de Woolwich et de Reading. Le soulèvement s'est donc produit certainement après le dépôt des couches de Woolwich, et probablement selon

(1) E. Hébert, Bull. Soc. Geol. France. 2e Ser T. XVI. p. 143.
(2) » — — id. — 2e Ser. T. XX. p. 605.
(3) » — — id. — 2e Ser. T. XXIX, p. 583.

Buckland après le dépôt du London clay; mais il a pu se produire aussi bien après une couche tertiaire beaucoup plus récente. Je ne sais comment on pourrait reconnaître ici l'importance de ce qui a été enlevé par les dénudations?

L'axe anticlinal des îles de Wight et de Purbeck ne semble pas s'être formé avant l'époque des couches de Barton; les couches tertiaires antérieures ayant la même inclinaison que la craie, et cette inclinaison devenant moindre pendant le dépôt des couches de Barton. Les autres lignes anticlinales du bassin du Hampshire reconnues parallèles aux grands axes,. c'est-à-dire celles, de Portsdown, Stoke, Wardour, Broad-Chalk, Bower-Chalk, Standlinch down, East-Compton, Winterborne-Abbas, Ridgeway, se sont formées comme ces axes après les couches de Woolwich et de Reading et probablement comme eux pendant l'Éocène supérieur.

Il y a dans le bassin crétacé du Hampshire un autre système de soulèvements, celui qui a produit les accidents transversaux.

II. **Accidents transversaux** : Dans les Wealds, dans le crétacé du bassin du Hampshire, et dans celui du bassin de Paris, il y a deux systèmes de soulèvements perpendiculaires. Les uns, dirigés de Est à Ouest en Angleterre, de Nord-Ouest à Sud-Est en France, sont les grands axes dont je me suis occupé jusqu'ici; les autres dirigés du Nord au Sud en Angleterre, du Nord-Est au Sud-Ouest en France, sont perpendiculaires aux précédents et beaucoup moins importants qu'eux.

Je m'occuperai d'abord des accidents transversaux du bassin crétacé du Hampshire. Dans l'île de Wight, il y a quatre accidents transversaux de cette nature (1), ils sont perpendiculaires à la grande crête crétacée qui traverse cette île, et par conséquent au grand accident; trois d'entre eux, plis ou failles, fournissent une voie aux rivières, le quatrième est une faille qui livre passage à une source. J'ai indiqué un plissement transversal dans la chaîne de couches crétacées verticales visibles dans les petites baies du Dorsetshire (région méridionale p. 98); il y a eu aussi un ridement perpendiculaire à la ligne d'élévation des Wealds dans les south downs, comme le montre ma coupe de Beachy-Head à Lewes (fig. 3, p. 31, région orientale). Dans la haute plaine de craie qui forme la région septentrionale du bassin du Hampshire, ces accidents transversaux, plis ou cassures, ont dû jouer souvent aussi un rôle important dans la formation des vallées. Les rivières coulent perpendiculairement aux couches et plus d'une a sans doute son lit dans des accidents de cet ordre.

Dans le Dorsetshire, l'île de Wight, et les South downs, ces accidents transversaux se sont produits après les grands soulèvements; ils ont pu avoir lieu successivement et se continuer très-longtemps, probablement même jusqu'au commencement du Pliocène.

---

(1) Crétacé de l'île de Wight. Annal. Sci. Géol., Paris 1875. Cahier 2.

## § 3. — RELATIONS DES LIGNES ANTICLINALES DU CRÉTACÉ AVEC LES ACCIDENTS ANCIENS.

Dans le cours de ce travail, j'ai appelé à diverses reprises l'attention sur les relations qui existent entre la configuration actuelle du sol et les accidents géologiques anciens ; ces accidents anciens ont fait sentir leur influence de façons différentes mais d'une manière continue pendant les époques géologiques. Les faits rappelés dans le paragraphe suivant le montreront clairement.

I. **Correspondance des accidents nouveaux et des accidents anciens, ceux-ci étant les lignes de moindre résistance du sol.** — Lors des dislocations qui suivirent le dépôt du terrain houiller, et qui froissèrent et replièrent ces couches sur elles-mêmes, il se produisit une *grande faille*, ce grand accident a été suivi depuis la Westphalie jusqu'au canal de Bristol ; sa direction qui est presque E.-O en France, devient presque N.-E. au S.-O. d'après M. Potier (¹) en s'approchant du Rhin, et le changement de direction se fait d'une manière très-brusque.

Cette grande faille est surtout bien connue en Belgique et dans le Nord de la France depuis les beaux travaux de M. Gosselet (²) sur les terrains primaires de ces pays. Ses travaux ont établi qu'à la fin de l'époque Dévonienne, ces régions étaient divisées en deux bassins : *le bassin de Namur*, entre le Brabant et le Condros, et le *bassin de Dinant* entre la bande silurienne du Condros et l'Ardenne. Le bassin de Dinant correspond à celui du Devonshire et des Cornouailles, le bassin de Namur à celui de Bristol.

Lors des dislocations qui suivirent le dépôt du terrain houiller, il se produisit depuis Liège jusque dans le Boulonnais une *grande faille* qui longea l'affleurement septentrional de la bande *silurienne du Condros*. La position de cette grande faille a été fixée par M. Gosselet, mais son existence était précédemment connue : MM. d'Archiac, E. de Beaumont, Godwin-Austen (³), en ont fait successivement mention, elle correspond à l'*axe de l'Artois*. MM. d'Archiac (⁴) et Godwin-Austen (⁵) montrèrent que cet *axe de l'Artois* avait fait sentir de nouveau son influence à l'époque crétacée ; MM. Hébert (⁶) et de Mercey (⁷) étudièrent plus tard le plissement de la craie dans cette contrée ; enfin les travaux de MM. Potier (⁸) ont appris que ce bombement crétacé depuis Farbus jusqu'au Boulonnais était

---

(¹) Potier. Exposé des trav. de E. de Beaumont, mai 1875, Paris.
(²) Gosselet. Mém. sur les terr. prim. de la Belgique, Paris 1860.
Étude sur le T. carb. du Boulonnais. Soc. Sci. Lille, janvier 1873.
Le système du Poud. de Burnot, annal. Sc. Géol., Paris 1873.
Esquisse Géol. du Dt du Nord, Lille 1874.
Études sur le gis. de la houille du Nord, Lille 1874.
Études relatives au Bas. houiller du Nord. Bull. Soc. Géol. France, juin 1873.
(³) Quart. jour. Geol. Soc., vol. XII, 1856, p. 61.
(⁴) Mem. Soc. Géol. France, 2e sér., vol. II, p. 116.
(⁵) Quart. journ. Geol. Soc., vol. XII, p. 38.
(⁶) Bull. Soc. Géol. France, 2e série, vol. XX, p. 605.
(⁷) — — p. 631.
(⁸) Association Française av. Sciences. Lille 1874.

tantôt un plissement, tantôt une faille ; dans ce cas les couches sont à peu près horizontales au Sud, tandis qu'au Nord elles plongent sous la plaine.

MM. Godwin-Austen, de Mercey, admettent que la direction générale du pli crétacé se confond avec celle du plissement primaire ; c'est une loi générale dit M. G. Austen (1) que lorsqu'une partie de l'écorce terrestre a été plissée ou fracturée, toutes les dislocations postérieures se produisent suivant ces mêmes lignes, et uniquement parce que ce sont les lignes de moindre résistance.

L'*axe de l'Artois* (post-crétacé) peut se suivre en Angleterre : « si on prolonge, dit M. d'Archiac (2), la ligne de partage des eaux de l'Artois on trouve que cette ligne en s'infléchissant à l'O. suit la vallée des Wealds, dont la continuation sépare le bassin tertiaire de Londres de celui du Hampshire ; son passage à travers le détroit est marqué par un relèvement très-sensible du fond de la mer. La sonde la plus faible de tout l'axe du canal se trouve précisément entre l'embouchure de la Liane et la pointe de Dunge Ness, où elle n'est que de 2m ; au S. O. la profondeur augmente assez vite ; au N. O. elle ne dépasse pas 3m sur une longueur de 14 kilom. qui correspond à l'ouverture de la vallée du Bas-Boulonnais ; au delà les sondes augmentent pour ne plus se relever. »

M. Godwin-Austen fait passer l'axe de l'Artois par les North downs, les collines crétacées du Hampshire, et les environs de Frome, où le carbonifère identique à celui du Boulonnais se présente dans les mêmes conditions par rapport aux autres couches Les travaux récents de M. Gosselet ont appris que c'était au S. des terrains primaires du Boulonnais que passait l'axe de l'Artois; de là il passe à Dunge Ness Il est très-difficile de le suivre dans le pays des Wealds ; M. Hopkins (3), qui a étudié les accidents de cette région, figure un grand nombre de plissements et de failles parallèles, les trois principaux systèmes sont ceux de Guildford, de Wadhurst, et de Greenhurst ; le troisième n'est pas en question ici, j'en parlerai plus loin ; il serait intéressant de savoir lequel des deux autres est la continuation de l'axe de l'Artois, puisque c'est au N. de cette ligne qu'on trouverait la houille du bassin de Namur, si toutefois la faille récente correspond toujours à la faille ancienne (point qui n'est pas encore suffisamment établi). L'axe de l'Artois suit ensuite la ligne de Kingsclere, Ham, Frome, et le canal de Bristol, où il est très-visible.

Dans le Hampshire il est difficile, je l'ai dit, de préciser l'âge du dernier mouvement de l'axe de Kingsclere : il y eut un mouvement avant la craie à Belemnitelles, mais le dernier, postérieur aux couches de Woolwich a pu se produire très-tard, les dépôts supérieurs du tertiaire ayant été enlevés par dénudation. L'axe de l'Artois est plus instructif à ce sujet : les découvertes récentes faites par MM. Gosselet (4), Potier (5), des sables de l'argile plastique (couches de Woolwich) des deux côtés de

(1) Godwin Austen (R. A. C.). Quart. journ. Geol. Soc. Vol. XII, p. 62.
(2) D'Archiac. Mém. Soc. Geol. France. 2e Ser. Vol 2. p. 116.
(3) W. Hopkins. Trans. Geol. Soc. Londres. 2e Ser. Vol. 7, p. 1.
(4) Gosselet. Bull. Soc. Geol. France. 3e S. Vol. 2, p. 51. 1873.
(5) Potier. Assoc. Franc. Av. Sciences. Lille, 1874.

cet axe, indique que la mer Eocène inférieure dans cette région, a été comme dans le Hampshire plus étendue que la craie de la mer à Belemnitelles. M. Potier a également découvert des traces de l'Eocène moyen (meulières à nummulites) des deux côtés de cet axe, preuve que cette mer occupa aussi cette région ; il conclut que l'on doit fixer à la fin de l'époque Laékenienne la production des fractures de la craie de l'Artois.

C'est donc pendant que se déposait dans d'autres régions, l'Eocène supérieur [1], que se produisit le dernier mouvement de l'axe de l'Artois ; quand les premiers dépôts oligocènes se formèrent, les couches crétacées étaient déjà redressées. Il en fut sans doute de même en Angleterre, et c'est pendant l'Eocène supér eur que se produisit le dernier mouvement de Kingsclere ; c'est à cette même époque (Barton clay) que semble s'être effectué le soulèvement de l'île de Wight.

Les accidents qui se sont produits lors de l'Eocène supérieur (axe de l'Artois, axe de Kingsclere) suivent donc les accidents anciens de la fin de la période houillère (Grande faille du Condros).

II. **Identité des phénomènes de dislocation après les époques silurienne, carbonifère et crétacée :** Les rapports entre les accidents successifs qui ont affecté une même région, ne se bornent pas à de simples réouvertures de failles ; les mouvements du sol qui leur ont donné naissance semblent s'être effectués de la même façon, et dans les mêmes directions, aux différentes époques.

La coupe (Pl. III, Fig 8) montre que tous les plissements qui ont affecté la craie du bassin du Hampshire présentent un fait général : Tandis que les couches qui plongent au N. ont une inclinaison très-forte, celles qui plongent au Sud sont horizontales ou ont une très-faible inclinaison. Ainsi dans l'Ile de Wight, l'inclinaison des couches crétacées vers le N. = 60° à 80°, l'inclinaison S. = 5° à 10° ; dans l'Ile de Purbeck, l'inclinaison N. = 50° à 90° ; à Steepleton l'inclinaison N. = 60 ; dans le « vale of Wardour » l'inclinaison N. = 20°, l'inclinaison S. = 3° à 4° ; dans le « vale of Warminster l'inclinaison N. = 8°, l'inclinaison S. = 5° ; dans le « vale of Pewsey » l'inclinaison N. = 18° à 30°, l'inclinaison S. = 6° ; dans les « vale of Ham » et de « Kingsclere », l'inclinaison N. = 5° à 20°, l'inclinaison S. est presque horizontale ; à Froyle, l'inclinaison N. = 6° à 8°, l'inclinaison S = 2° à 5° ; à Petersfield, l inclinaison N. = 8° à 10, l'inclinaison S. = 2° à 5° ; à Portsdown, l'inclinaison N. = 10° à 15°, l'inclinaison S. = 5° ; l'axe de Winchester semble, il est vrai, faire une petite exception, l'inclinaison étant sensiblement la même des deux côtés.

En dehors du bassin crétacé du Hampshire, on peut observer le même fait ; ainsi, dans les Wealds dont les plissements ont fait l'objet d'un travail important de M. Hopkins [2], on trouve que sur la

(1) Barrois. Annal. Soc. Geol. Nord. Vol. 3. p. 84. — 1876.
(2) W. Hopkins. Trans. Geol. Soc. London. 2e Ser. Vol. VII, p. 1.

ligne de Hastings [1], l'inclinaison N. = 50° à 60°, l'inclinaison S. est beaucoup moindre ; sur la ligne de Crowboro [2], près Balcombe, l'inclinaison N. est très-forte, elle est nulle au Sud ; à Nashes [3], sur la Medway, l'inclinaison N. = 40° à 50°, l'inclinaison S. = 30° ; à Guildford [4] l'inclinaison N. s'élève jusqu'à 80°, les couches sont horizontales au Sud ; etc. Cette remarque avait déjà été faite par Phillips. [5].

En France, on observe encore la même loi ; les coupes de M. Hébert [6] le montrent avec netteté. Dans l'Artois, les couches sont à peu près horizontales au S. de la ligne de faîte, elles s'abaissent doucement vers Moreuil et Noyon, mais plongent rapidement au Nord vers la mer du Nord ; dans le pays de Bray, qui vient d'être étudié d'une façon si complète par M. de Lapparent [7], l'inclinaison au S.-E. du bombement est presque nulle, elle est considérable au N.-O.—Fitton [8] pour la ligne anticlinale de Wardour, Hopkins [9] pour celle de Hastings, font observer que les lignes anticlinales se trouvent au Nord des bombements. Souvent les couches du faisceau incliné vers le N. sont coupées par une faille : île de Purbeck, Bray, Boulonnais.

C'est donc un fait général que les plissements des couches crétacées du S.-E. de l'Angleterre et du N. E de la France, présentent une inclinaison très-forte vers le Nord, et très-faible vers le S., je ne sais à quelle cause l'attribuer. L'effet est le même que si les couches avaient été poussées du S. vers le N. ; l'exagération de cette poussée déterminerait un plongement de toutes les couches vers le Sud, les couches des faisceaux N. se renversant sur celles des faisceaux S. Cela a eu lieu du reste en certains points de la crête des collines crétacées de l'île de Purbeck, où les couches inclinant au N. ont dépassé parfois la position verticale, et inclinent jusqu'à 70° vers le Sud à Man-of-War cove, 80° S. à Durdle cove.

J'arrive enfin aux rapports que j'ai annoncés entre cet accident et ceux des terrains anciens ; j'en reviens encore pour cela aux travaux de M. Gosselet [10]. Ses études ont montré que pendant l'âge primaire, le sol de la Belgique et du N. de la France, a subi à deux reprises différentes une série de ridements ; il a appelé la première de ces séries : *Ridement de l'Ardenne,* la seconde, *Ridement du Hainaut.*

Le *Ridement de l'Ardenne,* date de la fin de la période silurienne, il a eu pour effet de redresser les couches antérieures de l'Ardenne et du Brabant, qui toutes plongent vers le Sud ; celles qui

(1) W. Hopkins. Trans. Geol. Soc. London. 2e Ser. Vol. VII, p 4.
(2) — id. — — — p. 9.
(3) — id. — — — p. 14.
(4) — id. — — — p. 18.
(5) Phillips. Manual of Geology, 1853, p. 445.
(6) Hébert, Bull. Soc. Geol. France. 2e Ser. Vol. XXIX, p. 593.
(7) De Lapparent. Carte Geol. détaillée de la France.
(8) W. B. Fitton. Trans. Geol. Soc. London, 2e Ser. Vol. IV, p. 224.
(9) W. Hopkins. Trans. Geol Soc. London. 2e Ser. Vol VII, p. 4.
(10) Gosselet. Mém. Terr. primaires Belgique, etc. (voir p. 116 de ce mémoire).

avaient leur inclinaison primitive vers le N. ont été complètement renversées. On pourrait donc voir dans ce ridement l'effet d'un refoulement considérable du S. vers le N. comme si l'Ardenne avait été poussée vers le Brabant.

Le *Ridement du Hainaut* s'est fait pendant la dernière partie de la période carbonifère, et avant la fin de l'époque houillère. Il paraît aussi avoir été déterminé par un refoulement de S. vers le N. ; ce refoulement a été plus violent dans le bassin de Namur que dans celui de Dinant, car les couches y sont presque toujours renversées.

Il s'est donc produit dans cette région comprise entre la Belgique et le Hampshire, trois refoulements successifs du S. vers le N. : le premier après le dépôt du silurien, le second à la fin de la formation de la houille, le troisième après l'époque crétacée.

Les mêmes mouvements du sol se sont donc répétés à de longs intervalles.

## § 4. — Comparaison des lignes anticlinales du crétacé du bassin du Hampshire et de celles du bassin de Paris.

I. **Bassin du Hampshire** : Trois lignes anticlinales principales peuvent être suivies dans le bassin crétacé du Hampshire (Pl. III. Fig. 8) ; elles sont parallèles entre elles.

A. *Axe de Kingsclere* : Cet axe est dirigé E.-O., il a séparé le bassin de Londres de celui du Hampshire ; on le suit de Froyle, aux vallons de Kingsclere, de Ham, et de Pewsey, où il relève le Cénomanien tout entier. L'inclinaison des couches est très-forte au N., presque nulle au S. ; le mouvement qui l'a déterminé s'est continué pendant de longues périodes, il s'est produit entre la craie à Marsupites et la craie à Belemnitelles, ainsi que plus tard vers la fin du terrain Eocène.

*B. Axe de Winchester* : Parallèle au précédent, il se suit de Petersfield à Winchester, Stockbridge, Middle-Woodford, Stapleford, et le « vale of Warminster ». Winchester est la partie centrale du bassin crétacé où ce relèvement est le plus considérable : le Turonien y est amené au jour tout entier ; l'inclinaison des couches varie de 6° à 9° au S., et de 8° à 9° au N. ; il en est à peu près de même à Stockbridge. Ce soulèvement, je l'ai déjà montré, s'est fait entre le dépôt de la craie à Marsupites et celui de la craie à Belemnites, mais après l'inondation de l'Eocène inférieur, il s'est produit une seconde fois.

*C. Axe des Iles de Wight et de Purbeck* : Cet axe est dirigé également de E. à O., de Brixton Bay à Sandown Bay (Wight), à Kimeridje Bay, au « Vale of Weymouth » et au « Chesil Bank ». Au centre de ce bombement affleure en général le Jurassique, la grande oolithe dans le « Vale of Weymouth », le Kimmeridjien dans l'île de Purbeck, le Wealdien dans l'île de Wight. L'inclinaison des couches varie de 50° à 90° au N., de 5° à 10° au S. ; la formation de ce plissement ne semble pas antérieure aux couches de Barton, attendu que les couches tertiaires inférieures ont la même inclinaison que la craie, tandis que cette inclinaison devient beaucoup moindre pendant le dépôt des couches de Barton.

II. **Bassin de Paris** : La stratigraphie du terrain crétacé du bassin de Paris est actuellement très-bien connue, grâce aux travaux de MM. Hébert (1), de Mercey (2), de Lapparent (3), et Potier (4). J'ai étudié moi-même la région dont il va être question, mais mes observations personnelles ne m'ayant rien appris de nouveau, je renverrai aux travaux que je viens de citer.

M. Hébert a résumé les ondulations de la craie dans le bassin de Paris dans deux coupes bien connues; elles indiquent avec la plus grande clarté l'existence de cinq plis convexes séparés par cinq plis concaves, sensiblement parallèles entre eux. Je suivrai surtout ici son travail.

*A. Axe de l'Artois* : Le plus septentrional de ces plis (n° 5 de M. Hébert) est le pli saillant de l'Artois : les couches relevées sont à peu près horizontales au S. O., tandis qu'au N. E. elles plongent sous la plaine. Le plongement est analogue à celui des couches relevées par l'axe de Kingsclere : c'est du reste, je crois, un fait admis que l'axe de l'Artois passe au Nord de la région des Wealds et se continue à l'O. par Kingsclere, Pewsey, Frome, et le canal de Bristol. J'en ai parlé plus haut.

*B. Axe de la vallée de la Bresle* (n° 4 de M. Hébert) : Le second pli saillant, appelé par M. Hébert axe de la vallée de la Bresle, forme le lit de cette rivière. Le Turonien à *I. labiatus* est amené au jour dans les falaises du Tréport, la zone à *Belemnites plenus* affleure à Blangy. Le plongement au N. E vers la vallée de la Somme est évident; au S. O., il est plus difficile à reconnaître.

Ce mouvement est antérieur à l'époque tertiaire; la mer du calcaire grossier est venue occuper le pli concave, mais cette dépression a continué à s'accroître à des époques plus récentes, puisqu'elle a déterminé un affaissement considérable des sables de Beauchamp dans la forêt de Mortefontaine.

*C. Axe du Bray* : Le troisième pli saillant de M. Hébert est celui du pays de Bray. M. de Lapparent vient de faire paraître la carte géologique détaillée de cette région, carte d'une précision inconnue jusqu'ici. Au centre du bombement du Bray affleurent les couches Kimmeridiennes ; au S. O., l'inclinaison est faible; au N. E., elle est excessive comme dans l'île de Wight; les couches crétacées de ce faisceau N. sont souvent coupées par une faille comme dans l'île de Purbeck.

M. Hébert place ce bombement « entre la craie à Micrasters et la craie à Belemnitelles, mais les » plis concaves ont continué à s'accroître pendant une grande partie de la période tertiaire, » jusqu'après le calcaire de St-Ouen. » M. de Lapparent pense que le mouvement s'est produit entre le calcaire grossier et les sables de Beauchamp.

---

(1) Hébert. Bull. Soc. Géol. France. 2e sér. Vol XX, p. 605. — Ibid. — Vol. XXIX, p. 583. — Ibid. — 3e sér. Vol. 3.
(2) de Mercey. id. 2e sér. Vol. XX, p. 631.
(3) de Lapparent. Carte géol. détaillée France. Mém. n° 1. Paris 1873.
(4) Potier. Carte géol. détaillée France.

III. **Comparaison entre les axes anticlinaux des deux bassins** : Après avoir suivi l'axe de l'Artois en Angleterre et l'avoir assimilé à l'axe de Kingsclere, il est naturel de se demander si les autres axes n'ont pas de rapports entre eux?

Ces axes, d'abord, ne se rencontrent pas, ils sont parallèles entre eux. Tous les soulèvements décrits dans la région des Wealds par MM. Hopkins (¹) et Topley (²) sont parallèles et dirigés à peu près de E. à O. ; dans le bassin du Hampshire, étudié par M Martin et par moi-même, leur direction est la même; dans le N. de la France, les soulèvements étudiés par MM. de Mercey, Hébert, de Lapparent, Potier, sont encore parallèles et dirigés du N. O au S.-E. Il reste à chercher si ces axes parallèles ne sont pas la continuation les uns des autres : cette recherche est difficile, on ne peut arriver à la certitude.

Tous les caractères sur lesquels on peut se baser pour identifier deux plissements me semblent réunis pour faire regarder l'axe de Winchester comme le prolongement de l'axe de la Bresle. Ils sont l'un et l'autre parallèles à l'axe de l'Artois et semblablement placés par rapport à cet axe. Tous deux ramènent au jour toute la craie Turonienne jusqu'à la zone à Belemnites plenus. L'axe de Winchester, dont la terminaison orientale est à Petersfield, peut se suivre à l'Est à travers les Wealds; c'est l'axe de Greenhurst de M. Hopkins, le troisième axe de la région des Wealds dont j'ai parlé (p. 117); il longe les South downs, et la direction de son prolongement concorde assez bien avec l'axe de la Bresle.

Enfin l'âge de ces deux axes est probablement le même ; le mouvement de Winchester est comme celui de la Bresle antérieur à la craie à Belemnitelles et postérieur à la craie à Marsupites ; mais des deux côtés la mer Eocène a repris ensuite une nouvelle extension, extension qu'elle a conservée dans le bassin de Paris jusqu'après les sables de Beauchamp ; rien n'empêche d'admettre qu'il en ait été de même dans le Hampshire.

C'est donc probablement comme dans l'Artois, pendant l'Eocène supérieur, que le dernier mouvement des axes de la Bresle et de Winchester s'est produit. Il faut remarquer qu'entre les axes de l'Artois et de la Bresle, on trouve dans le bassin de Paris des affleurements de craie à Belemnitelles, de Noyon à Nesles, Ham, Péronne, ainsi qu'à Beauval au S. de Doullens ; il est donc possible qu'on trouve aussi des « Outliers » de craie à Belemnitelles entre les axes de Kingsclere et de Winchester. Je pense toutefois, comme je l'ai déjà dit plus haut, que cette assise n'a jamais eu un grand développement de ce côté ; on ne trouve pas dans cette région les traces d'une dénudation bien importante entre le tertiaire et le crétacé.

De nombreuses raisons me semblent attester l'unité des axes du Bray et des îles de Wight et de Purbeck : ils ont même position et même direction relativement aux axes précédents ; l'axe du Bray

(¹) W. Hopkins. Trans. Geol. Soc. Lond. 2ᵉ ser. T. VII, p. 1.
(²) W. Topley. Mem. Geol. Survey Great Britain. The Weald. 1875.

ramène le Kimeridje au jour comme celui de Purbeck, les inclinaisons sont respectivement les mêmes dans ces régions des deux côtés de la ligne anticlinale, la craie du faisceau N. est affectée de la même manière par une grande faille.

Quant à l'âge du dernier bombement de l'île de Wight, il a dû se produire, je l'ai dit, lors du dépôt des couches de Barton (Eocène supérieur); comme celui du Bray et les deux autres, il est antérieur à l'oligocène. Dans l'île de Wight, les divisions inférieures de l'Eocène ont identiquement la même inclinaison que la craie à Belemnitelles et que la craie à Marsupites; il n'y a eu aucun mouvement dans cette région entre la craie à Micrasters et la craie à Belemnitelles. Les mouvements se produisaient sur les rivages, et là était le point le plus profond.

De ce qui précède, je crois pouvoir conclure que l'axe de Kingsclere est le prolongement de l'axe de l'Artois, l'axe de Winchester, le prolongement de celui de la Bresle, l'axe des îles de Wight et de Purbeck le prolongement de celui du pays de Bray.

# Chapitre II.

## CRÉTACÉ SUPÉRIEUR DU BASSIN DE LONDRES.

### BASSIN DE LONDRES, SES LIMITES, SON ÉTENDUE.—HISTORIQUE.

**Bassin de Londres** : Les couches crétacées étudiées dans ce chapitre affleurent d'une façon continue autour du bassin tertiaire de Londres; les sondages ont appris qu'elles formaient le fond aussi bien que la bordure de ce bassin. M. Whitaker dit que dans ce bassin de Londres « the chalk is present everywhere in considerable though varying thickness » ([1]); cette épaisseur d'après le Geological Survey, varie de 183 à 333 mètres.

Au Sud du bassin, du Wiltshire à l'île de Thanet, le crétacé supérieur n'occupe qu'un espace assez restreint, il forme les *North downs*; la craie des *North downs* plonge sous le tertiaire de Londres, l'inclinaison est en général assez forte, elle est due au soulèvement des Wealds et de Kingsclere. A l'Ouest et au Nord du bassin, l'inclinaison des couches est moindre, et leur extension superficielle est par conséquent plus grande. La craie, dans cette partie de l'Angleterre, s'étend du Wiltshire au Norfolk, elle forme les *Chiltern Hills*. La chaîne des *Chiltern Hills* est parallèle à la chaîne jurassique des *Cotswolds*; l'escarpement de la craie vers les Cotswolds indique que là n'était pas le rivage de la mer crétacée, des dépôts de cet âge se sont avancés plus loin vers l'Ouest, puis ont été enlevés postérieurement par des dénudations.

La carte (pl. 2) où j'ai distingué le Terrain crétacé supérieur par des hachures permettra de reconnaître cette disposition. Je n'ai pu consacrer autant de temps à l'étude du bassin de Londres qu'à l'étude du bassin du Hampshire; aussi ne m'est-il pas possible de dresser la carte géologique de la craie du bassin de Londres, comme je l'ai fait pour la craie du Hampshire. Je ne prétends donc pas donner dans ce chapitre une description plus ou moins complète du bassin crétacé de Londres, mon intention est seulement de présenter les coupes que j'ai relevées de distance en distance dans la craie qui

([1]) W. Whitaker. Mem. Geol. Survey of great Britain. Vol. IV, p. 14.

constitue le sol de l'Est de l'Angleterre. Je montrerai ainsi que les divisions que j'ai établies dans le Crétacé du Sud de ce pays se reconnaissent avec netteté dans le bassin crétacé de Londres tout entier.

## HISTORIQUE (¹).

Mon travail a été bien facilité par les études antérieures de nombreux géologues ; je dois citer en première ligne parmi les travaux anciens sur la craie, les remarquables mémoires de Phillips sur le Kent, de S. Woodward sur le Norfolk ; plus récemment, M. Whitaker a publié un grand nombre d'observations sur la craie du bassin de Londres. Ces matériaux ont été recueillis en partie par M. Whitaker lui-même et par ses collègues du Geological Survey, MM. H. Bristow (Hampshire), Aveline (Chiltern hills, Surrey), Drew (Kent, Surrey), T. Mck. Hughes (vallée de la Medway), Topley (Kent).

J'exposerai successivement les résultats de ces recherches en décrivant les différentes régions ; je reviendrai en même temps sur les autres travaux dont les couches crétacées du bassin de Londres ont été l'objet, et dont voici la liste :


1605 Richard Verstegan : Restitution of decayed intelligence, 4° Anvers. — Le chapitre IV est consacré au Pas-de-Calais.

1702 Dr J. Wallis : Letter relating to that Isthmus.... where now is the Passage between Dover and Calais Phil. Trans Vol. XXII, p. 967.

1816 Rev. J Hailstone : Outlines of the Geol. of Cambridge. Trans. Geol. Soc. Vol. 3, p. 243.

1818 F. Lunn : On the strata of the Northern division of Cambridgeshire. Trans. Geol. Soc. Ser 1. Vol V, p. 114.

1819 W. Phillips : Remarks of the chalk Cliffs in the Neighbourhood of Dover. Trans. Geol. Soc. Ser. 1. Vol. 5. p. 16.

W. Smith : Geol. maps of Berkshire, Kent, Surrey, and Wiltshire.

1820 E. Hammer : Letter describing the Totternhoe stone. Ann. of Phil. Vol. XVI, p. 59.

W Smith : Geol. maps of Bedfordshire, Buckinghamshire, Essex and Oxfordshire.

1823 R. C. Taylor : Geol. of East Norfolk. Phil. mag Vol. LXI, p. 81.

1827 B. de Basterot : On the strata near Folkestone ; Trans. Geol. Soc. — Ser. 2. Vol. 2, p. 334.

Dr W. H Fitton : Additionnal notes on part of the opposite coasts of France and England. — Proc. Geol. Soc. Vol. 1, p. 6.

1829 Rev. W. D. Conybeare : On the Hydrographical Basin of the Thames, Proceed. Geol. Soc. Vol. 1, p. 145.

1833 S. Woodward : Geology of Norfolk, Norwich in 8°.

1835 C. B. Rose : A sketch of the Geology of Norfolk. London and Edin. phil. mag. Vol. VII, p. 74.

Lunn : On the strata of the N. of Cambridge London and Edin. phil. mag. Vol. VI, p. 74.

Sedgwick : Géologie de Cambridge, chronique de Cambridge, 10 avril 1835.

Muggridge : Falaise d'Hunstanton. Lond. and. Edin. phil. mag Vol. VI, VII.

1836 Dr W. H. Fitton : Observations on some of the strata between the chalk and the Oxford oolite in the S. E. of England Trans. Geol. Soc. London. 2e ser. Vol. IV, p. 103.

1837 Rev. B. W. Clarke : Mem. on the Geol. structure of the county of Suffolk. Trans. Geol. Soc. Vol. V, p. 359.

1838 Prof. J. Morris : On the coast section .. in Pegwell Bay. Proceed. Geol Soc. Vol. II, p. 595.

1839 Rev. J. B. Reade : On some new organic remains in the flint of chalk. Ann. and. mag. nat. Hist. — Ser. 1. Vol. II p. 191.


(¹) Je ne rappellerai pas ici les ouvrages d'un caractère plus ou moins général, cités dans l'historique du Chapitre premier.

1840 J. Taylor : Observations on a well at Diss, Trans. Geol. Soc. 2e ser. Vol. V, p. 187.
1841 Dr W. Buckland : Anniv. Address to the geol. Soc. — Proceed. geol. Soc. Vol. III, p. 476.
1842 D. Allport : Maidstone, its geology, history, etc 8e Maidstone.
1843 R. A. C. Godwin-Austen : On the geol. of the S. E. of Surrey. Proceed. Geol. Soc. Vol. IV, p. 167.
J. Trimmer : On pipes or Sandgalls in Chalk. — Proceed. Geol. Soc. Vol. IV, p. 6.
1844 Prof Phillips : Memoirs of W. Smith, 8o London.
1845 Sedgwick : Craie du Cambridgeshire; Rept. 15 th Brit. assoc. at Cambridge p. 40 ; et the Athenœum. p. 642.
1850 R. A. C. Godwin-Austen : On the valley of the English channel, Quart. Journ. Geol. Soc. Vol. VI, p. 69.
id. : sur les couches de Farringdon. Quart. Journ. Geol. Soc. Vol. VI, p. 453.
W. Cunnington : sur les couches de Farringdon : Quart. Journ. Geol. Soc. Vol. VI, p. 458.
1851 Sir R. I. Murchison : On the distribution of the Flint drift of the S. E. of England. — Quart. Journ. Geol. Soc. Vol. VII, p. 349.
R. A. C. Godwin-Austen : On the superficial accumulations of the coast of the English Channel. Quart. Journ. Geol. Soc. Vol. VII, p. 118.
id. : On the gravel beds of the valley of the Wey, ibid. p. 278.
Sir C Lyell : Remarks on Wealden and cretaceous beds.—Anniv. address.—Quart. Journ. Geol. Soc. Vol. VII.
1853 Sharpe : Sur les couches de Farringdon. Quart. Journ. Geol. Soc. Vol. X, p. 176.
1856 J. Prestwich : On the boring through the chalk at Kentish Town, Quart. Journ. Geol. Soc. Vol. XII, p. 6. — Les grands travaux du Prof. Prestwich sur le Tertiaire sont cités dans l'historique de la première partie.
Ami Boué : On the probable origin of the English Channel by means of a fissure. Quart. Jour. Geol. Soc. Vol. XII, p. 325.
1857 A. Thomé de Gamond : Etude pour l'avant-projet d'un tunnel sous-marin entre l'Angleterre et la France, 4e Paris.
Col. G. Greenwood : Rain and Rivers, or Hutton and Playfair against Lyell and all Comers. 8o London, 2me édition, 1866.
1858 R. A. C. Godwin-Austen : On a Boulder of granite found in the White chalk near Croydon ; and on the extraneous rocks from that formation, Quart. Journ. Geol. Soc. Vol. XIV, p. 252.
id. : on the conditions which determine the probability of finding Coal beneath the S. E. part of England. Proc. Roy. inst. Vol. II, p. 511.
H. B. Mackeson : A short account of the Cliff-section between Folkestone and Dover, Geologist. Vol. I, p. 438.
J. Prestwich : On the age of some sands and iron-sandstones on the north downs. Quart. Journ. Geol. Soc. Vol. XIV, p. 322.
1859 S. J. Mackie : On the geol. of the S. E. of England. Proc. geol. assoc. Vol. I, p. 11.
Rev. T. Wiltshire : On the red chalk of England, Geol. assoc. April.
1860 R. A. C. Godwin-Austen : On the occurrence of a mass of coal in the chalk of Kent. Quart. Journ. Geol. Soc. Vol. XVI, p. 326.
R. A. C. Godwin-Austen : On some fossils from the grey chalk near Guildford. Quart. Journ. Geol. Soc. Vol. XVI, p. 324.
1861 H. Seeley : Notice of opinions on the stratigraphical position of the red limestone. Ann. and mag. nat. Hist. Vol. VII, p. 240.
W. Whitaker : On the chalk rock, in Berkshire, Oxfordshire, Buckinghamshire, etc. — Quart. Journ. Geol. Soc. Vol. XVII, p. 166.
1862 W. H. Bensted : Notes on the geol. of Maidstone, Geglogist. Vol. V, p. 294.
S. J. Mackie : Subdivisions of the chalk formation. Geologist. Vol. V, p. 39.
C. B. Rose : On the cretaceous group in Norfolk. — Proc. Geol. assoc. Vol. I, p. 226.
1863 C. J. A. Meyer : Age of the Blackdown greensand. Geologist. Vol. VI, p. 50.
1864 C. J. A. Meyer : Three days at Farringdon ; Geologist. Vol. VII, p. 5.
A. Gunther : Description of a new fossil fish from the Lower chalk. — Geol. mag. Vol. I, p. 114.
W. Whitaker : On the cliffs at Folkestone : Geol. mag. Vol. I. p. 212.
H. Seeley : On a section of the Lower chalk near Ely. Geol. mag. Vol. I, p. 150.
Rev. J. Gunn : A sketch of the geol. of Norfolk. — Sheffield. 8e.
H. Seeley : On the Hunstanton red rock, Quart. Journ. Geol. Soc. Vol. XX, p. 329.
S. V. Searles Wood, jun. : On the formation of River and other valleys in the East of England. — Phil. mag. Ser. 4. Vol. XXVII, p. 180.

1865 C. de Rance ; Letter on the Phosphate bed at Folkestone. — Geol. mag. Vol. II, p. 527.
H. Seeley ; On a section discovering the cretaceous beds at Ely. Geol. mag. Vol. II, p. 529.
Dr C. Le Neve Foster, et W. Topley : On the superficial deposits of the valley of the Medway. — Quart. Journ. Geol. Soc. Vol. XXI, p 443.
A. W Morant ; On the formation of flint in chalk. Geol. mag. Vol. II, p. 132.
Col. G. Greenwood ; Remarks on the denudation of the Weald, Athenœum n° 1971.
T. Codrington ; The geol. of the Berks. and Hants Extension and Marlborough Railways. Mag. Wilts. Archœol. and nat. Hist. Soc.
Rev. J. Gunn ; On the dip of the chalk in Norfolk. Geol. mag. Vol. II, p. 370.
W. Whitaker ; On the chalk of the I. of Thanet. Quart. Journ. Geol. Soc. Vol. XXI, p. 395.
»; On the chalk of Buckinghamshire, and on the Totternhoe stone. — ibid. p. 398.
R. A. C. Godwin-Austen ; On the classification of the cretaceous beds. — Geol. mag. Vol. II, p. 197.
1866 H. W. Bristow ; Note on supposed Remains of Crag on the North downs near Folkestone. Quart. Journ. Geol. Soc. Vol. XXII, p. 553.
Taylor ; Disturbances of chalk near Norwich. — Geol. mag. Vol. 3, p. 44.
G. Dowker ; On the junction of the chalk with the Tertiary Beds in East Kent. — Geol. mag. Vol. III, p. 210.
H. Seeley ; The rock of the Cambridge greensand Geol. mag. Vol. III, p. 302.
J. Holdsworth ; On the Extension of the English coalfields beneath the secondary formations of the midland counties. 8° London.
T. Mck. Hughes ; Note on the junction of the Thanet sand and the chalk. — Quart. Journ. Geol. Soc. Vol. XXII, p. 402.
J. Saunders ; Fossils of the grey chalk of Charlton. — Geol. and nat. Hist. Repertory. Vol. I, p. 214.
G. Dowker ; On the junction of the chalk with the Tertiary beds in East Kent. Geol. Mag. Vol. III, p. 210.
S. V. Wood. jun ; On the structure of the Thames valley and its contained deposits. Geol. mag. Vol. III, p. 57.
D. Mackintosh ; The sea against Rain and Frost, or the origin of Escarpments. Geol. mag. Vol. III, p. 63, 155.
1867 W. Whitaker ; On subaërial Denudation, and on cliffs and Escarpments of the chalk and the lower Tertiary beds. Geol mag. Vol IV, p. 483.
J. Saunders ; Notes on the geology of South Bedfordshire. Geol. mag. Vol. IV, p. 154, 545.
C. B. Rose ; On the cretaceous groups of Norfolk and Kent Geol mag. Vol. IV, p. 29.
1868 Rev. O Fischer ; On Roselyn Hill clay pit. near Ely. Geol. mag. Vol. V, p. 407.
H Seeley ; On the collocation of the strata at Roslyn hole. Geol. mag. Vol. V, p. 347.
C E. de Rance ; On the albian or gault of Folkestone. Geol. mag. Vol. V, p. 163.
Col. G. Greenwood ; Remarks on the denudation of the Weald. Geol. mag. Vol. V, p. 37.
1869 Rev. T. Wiltshire ; On the red chalk of Hunstanton. Quart. Journ. Geol. Soc. Vol XXV, p. 185.
Prof. J. Morris ; Excursion to Hunstanton. Geol. mag. Vol. VI, p. 427.
1870 G. Dowker ; On the chalk of Thanet, Kent. Geol. mag. Vol. VII, p. 466.
Caleb Evans ; On some sections of the chalk between Croydon and Oxtead, with observations on the classification of the chalk. Geol. assoc. 8° Lewes.
A. Thomé de Gamond ; Account of the plans for a new Project of a submarine Tunnel between France and England. — (Traduction). — Paris 1867.
1871 D Forbes ; Analysis of grey chalk Folkestone. — Quart. Journ. Geol. Soc. Vol. XXVII, p. 49.
Prof. T. Rupert-Jones ; On the geol. of the Kingsclere Valley. Geol. mag. Vol. VIII, p. 511.
id. et W. K. Parker ; On the Foraminifera of the chalk of Gravesend. Geol. mag. Vol. VIII, p. 511.
Report of the commissionners appointed to inquire into the several matters relating to coal in the united Kingdom, 3 vols. fol. (Prestwich, Godwin-Austen.)
Prof. E. Hull ; On the extension of the coal fields beneath the newer formations of England. — Proc. Roy. Soc. Vol. XIX, p. 222.
J. W. Judd ; On the age of the Wealden. — Brit. assoc. Report. — Trans. Sect. p. 77.
Prof. Phillips ; Geology of Oxford, p. 432.
1872 Rev. O. Fischer ; On the phosphatic nodules of Cambridgeshire. Geol. mag. Vol. IX, p. 331.
W.-Austin ; Projet du tunnel entre la France et l'Angleterre. 8° Paris.
Prof. Prestwich ; Anniversary address to the geol. Soc. — Quart. Journ. Geol. Soc. Vol. XXVIII, p. 51.

Rev. T. G. Bonney : On the Chloritic marl or upper green sand of the neighbourhood of Cambridge. — Geol. mag. Vol IX, p. 143.
W. Topley ; Tho geology of the straits of Dover. — Quart. Journ. of Science. Vol. IX, p. 208.
W. Whitaker : Mem. of the geol. Survey of great Britain, Vol. IV. Geol of the London Basin.
Rev. J. Gunn : On the dip of the chalk in Norfolk. — Geol. mag. Vol. IX, p. 430 ; et Proc. geol. assoc. Vol. III, p. 117.
J. Sollas and A. Jukes-Browne : On the included rock fragments of the Cambridge upper greensand. Geol. mag. Vol. IX, p. 571.
1873 Prof. T. Rupert-Jones : Report of the Excursion of the geol. assoc. to Guildford. — Proc. geol. assoc. Vol. III, p. 93.
W. Topley : The Sub-Wealden exploration — Brit. assoc. Report for 1872 ; — Trans. sect. p. 122.
id. ; Geological model of the S. E. of England and part of France. — Londres.
J. R. Mortimer : Notes on structure in the chalk of the Yorkshire Wolds. Quart. Journ. Geol. Soc. Vol. XXIX, p. 417.
J. W. Wetherell : On the chalk of Thanet. Geol. mag. Vol. X, p. 237.
T. Davidson : Supp. Pal. Soc. Vol. XXVII, p. 18.
1874 W. Hawes : On the channel Tunnel. — Journ. Soc. arts. Vol. XXII, p 397.
Prof. J. Prestwich : On the geological conditions affecting the construction of a Tunnel between England and France. Proc. Inst. civ. Eng. Vol. XXXVII, p. 110.
F. G. H. Price : On the gault of Folkestone. — Quart. Journ. Geol. Soc. Vol. XXX, p. 342.
W. Topley : The channel Tunnel. — Pop. sc. Rev. ; vol. XIII, p. 394.
H. Willet et W. Topley : Sixth and seventh Quarterly Reports on the sub-Wealden Exploration. — 8° Brighton.
F. A. Bedwell ; Ammonites in Thanet cliffs. Geol mag. Decade 2. Vol. 1, p. 16.
Hébert : Comparaison de la craie d'Angleterre et de France. Bull. Soc. géol. France. 3e sér. Vol. 2, p. 416.
1875 W. Topley : Memoirs of the geol. Survey of England and Wales ; Geol. of the Weald.
Potier et de Lapparent : Rapport sur les sondages exécutés dans le Pas-de-Calais en 1875. Paris.
W. Whitaker : Guide to the Geol. of London. Mem. Geol. Survey.
F. G. H. Price : On the Lower greensand of Folkestone. Geol. assoc. Vol. IV.
A. J. Jukes-Browne : On the Cambridge gault ond greensand. Quart. Journ. Geol. Soc. Vol. XXXI, p. 256.

# PREMIÈRE PARTIE

## DESCRIPTION GÉOLOGIQUE DES COUCHES.

---

### 1. — Kent, île de Thanet, Essex.

**Falaises du Kent :** Les falaises du Kent montrent d'une manière très-nette la composition du terrain crétacé supérieur de ce comté. La coupe de ces falaises est certainement la mieux connue de la craie d'Angleterre ; je ne la donnerai donc pas ici. Mes études dans le Kent remontent à 1872, et je n'ai rien à ajouter à ce qui a été publié depuis sur ce sujet. Je vais résumer les travaux qui ont établi la superposition des couches dans ces falaises, notamment ceux de Phillips et de M. Hébert.

1. Lower green sand [1].
2. Sable et grès verts avec fossiles en phosphate de chaux. . . . . . . . . . . . . . . 1,50

Ils appartiennent à la zone du Gault à *Am. mammillaris* du bassin de Paris [2], M. Price [3] a étudié d'une manière très-complète le Gault de Folkestone, il y établit deux grandes divisions (3 et 4) :

3. Argile bleu noirâtre à Am. interruptus, etc. . . . . . . . . . . . . . . . . . . . . 10,00
4. Argile marneuse à Am. inflatus, etc. . . . . . . . . . . . . . . . . . . . . . . . 23,00
5. Marne sableuse vert foncé . . . . . . . . . . . . . . . . . . . . . . . . . . . . 3,00
6. Marne calcaire à grains verts . . . . . . . . . . . . . . . . . . . . . . . . . . 3,00

Le nº 5 est habituellement appelé upper green sand [4] ; les fossiles y sont très-rares, M. de Rancé seul en cite un certain nombre. De l'autre côté du détroit, à Wissant, cette couche est très-riche en fossiles ; elle ne contient pas la faune de l'upper green sand.

---

(1) *W. Topley.* Geol. Survey. The Weald, 1875 ; *F. Price,* Geol. assoc. Vol. IV. p 1.

(2) Annal. Soc. Géol. Lille, T. 3, p. 23.

(3) *F. Price.* On the Gault of Folkestone. Quart. journ. Geol. Soc. Vol. XXX, p. 342 ; — *C. de Rance.* Geol. mag. Vol. 2, p. 527. — *C. Barrois.* Annal. Soc. Géol. Lille, 2ᵉ vol., p. 1. 1875.

(4) *W. Whitaker.* Geol. mag. Dec. 1. Vol. I, p. 212. — *C. J. A. Meyer.* Geol. mag. Dec. 1. Vol. III, p. 13. — *C. de Rance.* Geol. mag. Dec. 1. Vol. V. p. 169. — *F. G. H. Price.* Quart. Journ. Geol. Soc. Vol. XXX, p. 342. — *H. W. Fitton.* Trans. Geol. Soc. 2ᵉ ser. Vol. IV. — *de Basterot.* Trans. Geol. Soc. 2ᵉ ser. Vol. II, p. 334. — *A. J. Jukes-Browne.* Quart. Journ. Geol. Soc. 1875. p. 269.

Voici la coupe de Wissant, d'après les relevés récents de MM. Potier et de Lapparent ; les numéros correspondent à ceux de Folkestone :

2. Sable vert argileux avec nodules de phosphate de chaux à la partie supérieure.
3. Argile bleu très-foncé . . . . . . . . . . . . . . . . . . . . . . . . . . . . 5,00
4. Argile grise . . . . . . . . . . . . . . . . . . . . . . . . . . . . 7,00
5. Marne noire glauconieuse. phosphates . . . . . . . . . . . . . . . . . . . . 1,00
6. Craie et marne glauconieuse . . . . . . . . . . . . . . . . . . . . . . . . 1,50

Les fossiles en phosphate de chaux du n° 5 proviennent en partie de l'argile sous-jacente (*Solarium ornatum*, *Pleurotomaria Rhodani*) et sont alors remaniés ; mais la faune propre de ce niveau est très-riche. J'y ai recueilli :

*Otodus appendiculatus*, Ag.
*Ammonites laticlavius*, Sharpe.
» *varians*, Sow.
» *Coupei*, Sow.
» *Mantelli*, Sow.
» *navicularis*, Mant.
*Turrulites tuberculatus*, Bosc.
*Anisoceras*.
*Baculites baculoides* d'Orb.
*Nautilus elegans*, Sow.
» *expansus*, Sow.
*Pleurotomaria perspectiva*, Sow.
*Avellana cassis*, d'Orb.
*Cyprina quadrata*, d'Orb.
*Arca Galliennei*, d'Orb.
*Inoceramus striatus*, Mant., etc.
*Pecten laminosus*, Mant.
*Pecten elongatus*, Lamk.
*Spondylus striatus*, Gold.
*Lima semiornata*, d'Orb.
*Avicula gryphœoides*, Sow.
*Plicatula pectinoïdes*, Lamk.
*Janira quinquecostata*, Sow.
*Ostrea undata*, Sow.
» *lateralis*, Lamk.
» *vesicularis*, Lamk.
» *Lesueurii*, d'Orb.
» *pectinata*, Lamk.
*Kingena lima*, d'Orb.
*Terebratula Dutempleana*, d'Orb.
» *semiglobosa*, Sow.
» *squammosa*, Mant.
*Terebratulina striata*, Mant.
» *rigida*, Sow.
*Rhynchonella Martini*, Mant.
» *grasiana*, d'Orb.
*Serpula lombricus*, Defr.
*Vermicularia umbonata*, Sow.
*Pollicipes rigidus*, Sow.
*Discoïdea subuculus*, Klein.
*Epiaster crassissimus*, d'Orb.
*Pseudodiadema*.

C'est la faune de la zone à *Pecten asper* (1), des *Warminster beds* d'Angleterre. Le n° 6 a été généralement assimilé et avec raison je crois, au chloritic marl. Au dessus de ce chloritic marl, l'assise à *Holaster subglobosus* est très-bien développée à Folkestone :

7. Marne blanc grisâtre, épaisse, d'après M. Whitaker (2). de . . . . . . . . . . . . . . . 83,00

(1) C. Barrois. Annal. Soc Geol Lille, 2e Vol. p. 153.
(2) W. Whitaker. Geol. Survey. Vol. IV, p. 33.

MM. Potier et de Lapparent ([1]) ont donné une coupe très-détaillée de cette assise ; j'ai été heureux de voir que les divisions paléontologiques que j'avais établies à ce niveau dans le Boulonnais ([2]) concordent aussi bien avec les zones lithologiques distinguées par ces ingénieurs.

VII. de MM. Potier et de Lapparent, correspond à mon niveau 2 à *Am. varians* avec le banc 1 à *Plocoscyphia meandrina* à la base.
VI. de MM. Potier et de Lapparent, correspond à mon niveau 3 à *Am. Rotomagensis.*
V. de MM. Potier et de Lapparent, correspond à mon niveau 4 à *Belemnites plenus.*

Les couches supérieures ont été étudiées par M. Hébert ([3]), je ne saurais rien ajouter à sa description :

| | |
|---|---|
| 8. Craie marneuse noduleuse à *Inoceramus labiatus* | 25,00 |
| 9. Craie marneuse à *Terebratulina gracilis* | 30,00 |
| 10. Le nº 17 de la coupe de M. Hébert représente le chalk rock de M. Whitaker | 6,00 |
| 11. Craie noduleuse à silex, à *Holaster planus* | 10,00 |
| 12. Craie à silex à *Micraster cortestudinarium* | 15,00 |
| 13. Craie à silex à *Micraster coranguinum*, plus de | 60,00 |

M. Hébert ne s'est pas occupé dans son travail des couches situées au N. de Saint-Margaret ; je m'étendrai donc davantage sur les falaises de cette région. De Saint-Margaret à Walmer la falaise est formée par l'assise à *M. coranguinum*; les couches continuent à plonger très-légèrement au N. un peu E. — Avant Walmer la falaise haute de 30 mètres est formée par une craie blanche avec bancs de silex espacés de 0,50 à 1m. Ces *silex* sont *zonés* pour la plupart, il en est cependant aussi de cariés, et d'autres qui sont noirs jusqu'au bord.

14. Craie de Walmer à silex zonés . . . . . . 30,00

| | |
|---|---|
| Inocérames (fragments). | *Echinocorys gibbus*, Lk. |
| *Lima Hoperi*, Defr. | *Epiaster gibbus*, Schlü. |
| *Rhynchonella subplicata*, Mant. | *Micraster coranguinum*, Forb. |
| *Terebratula semiglobosa*, Sow. | *Cidaris sceptrifera*, Mant. |
| *Terebratulina striata*, Wahl. | *Bourgueticrinus ellipticus*, Mil. |

Les nos 13, 14, correspondent à la *craie à silex zonés* de M. Hébert, à ma zone à *Micraster coranguinum* ; j'évalue l'épaisseur de cette zone à 70 mètres.

A Walmer's Castle il y a une carrière de craie avec *silex zonés*, nombreux Inocerames plats; de Walmer's Castle à Deal, il n'y a plus d'affleurements crétacés, mais les silex de cette région sont zonés. M. Whitaker a signalé l'existence de la craie de Margate au haut des falaises, entre Douvres et Deal ; on ne peut l'étudier facilement que dans l'île de Thanet, où elle arrive au niveau de l'eau.

(1) Potier et de Lapparent. Rapport sur les sondages du Pas-de-Calais, — 1875 Paris.
(2) C. Barrois. Annal. Soc. Geol. Lille. 2e Vol. p. 155.
(3) Hébert. Bull. Soc. Geol. France. 3e Sér. T. 2, p. 416. 1874.

**Ile de Thanet :** La craie de l'île de Thanet a été l'objet des travaux de MM. Conybeare et Phillips ([1]), W. Whitaker ([2]), G. Dowker ([3]), F. A Bedwell ([4]), J. W. Wetherell ([5]), et l'âge de ces couches a été bien discuté.

M. Whitaker reconnut le premier la véritable constitution de cette île, il fit voir qu'elle était formée par un bombement de la craie ; et que cette craie était divisible en deux zones : *craie de Broadstairs, craie de Margate.* La coupe (Pl. III, Fig. 9) que je donne ne diffère en rien d'essentiel de celle de MM. Whitaker et Bedwell.

Je dois d'abord faire remarquer que le bombement général ne me semble pas dirigé exactement de E. à O., les couches plongeant au N. et au S ; ce bombement est dirigé du N -E. au S.-O., l'inclinaison des couches étant N.-O. et S.-E.—M. Whitaker dit ([6]) : « In a chalk-pit on the southern side of the » high road to Ramsgate, and just east of the 69 th milestone a yellowish irregular nodular bed » shows a northern dip of 2° ; whilst in another chalk-pit abount a quarter of a mile to the south » the same bed shows an opposite dip of 8° », ces inclinaisons anticlinales sont nettes en effet dans les carrières citées par M. Whitaker, mais l'inclinaison 8° est dirigé vers le S E., comme cela est du reste indiqué sur la carte du geological Survey. J'appelle l'attention sur ce point, car il montre que le bombement de Thanet est perpendiculaire à l'axe du Weald dirigé ici du N.-O au S.-E. ; la rivière Stour qui passe au Sud de l'île de Thanet, coule dans un pli synclinal perpendiculaire à l'axe du Weald.

La coupe montre que la craie inférieure de l'île de Thanet (craie de Broadstairs et de St Margaret, de M. Whitaker, craie de Ramsgate de M. Dowker) s'étend de la baie de Pegwell jusqu'à White Ness. Les géologues qui ont étudié précédemment l'île de Thanet, ont reconnu l'identité de cette zone de Broadstairs et de celle de Walmer et de St Margaret, je l'assimile par conséquent à la zone à *M. coranguinum* (zone à silex zonés de M. Hébert). L'étude de la faune de cette craie de Broadstairs m'a conduit à la même conclusion. J'y ai recueilli :

*Serpula granulata*, Sow.
» *lombricus*, Defr.
Inocérames (nombreux fragments).
*Ostrea hippopodium*, Nilss.
*Spondylus latus*, Sow.
» *Dutempleanus*, d'Orb.
*Lima Hoperi*, Mant.
» *aspera*, Gold.
*Caprotina.*
*Terebratulina striata*, Wahl.
*Terebratula semiglobosa*, Sow.
*Rhynchonella subplicata*, M .nt.
» *plicatilis*, Sow.
*Terebratula sexradiata*, Desl.
*Thecidea Wetherelli*, Morris.
*Cyphosoma Koenigi*, Ag.
» *radiatum*, Sorig.
» *corollare*, Ag.
*Cidaris hirudo*, Sorig.
» *sceptrifera*, Mant.
» *clavigera*. Kœnig.
*Echinocorys gibbus*, Lamk.
*Echinoconus conicus*, d'Orb.
*Micraster coranguinum*, Klein.
*Bourgueticrinus ellipticus*, Mill.
Asteries.
*Caryophyllia cylindracea*, Reuss.
*Amorphospongia globosa*, v. Hag.

(1) Conybeare et Philipps. Outlines of the Geo., of England. 8vo London 1822.
(2) W. Whitaker. Quart. journ. Geo. Soc. Vol. XXI, p. 395.
(3) G. Dowker. Geol. Mag. Vol. VII, p 467 1870.
(4) F. A. Bedwell. Ammonites in Thanet Cliffs. Geol. Mag. Dec. 2 Vol. 1, p. 16.
(5) J. W. Wetherell Geol. Mag. Vol. X, 1873 p. 237.
(6). W. Whitaker. Mem. Geol. Survey. Vol. IV, p. 35.

J'ai relevé en détail la coupe de la falaise à Ramsgate, à Dompton stairs, à South Cliff et à North Foreland, je ne donnerai pas ici ces coupes, la faune m'ayant semblé la même dans toute cette masse de la craie de Broadstairs. Ces falaises ont de plus été souvent décrites dans ces derniers temps.

L'épaisseur de la craie à *M. coranguinum* (silex zonés) et de la craie à *M. cortestudinarium*, dans l'île de Thanet, a été donnée exactement par le forage de la brasserie de M. Cobb à Margate [1].

| | |
|---|---|
| Craie sans silex (craie de Margate) . . . . . . . . . . . . . . . . . . . . . . . | 10,00 |
| Craie à silex (zones à *M. coranguinum* et *cortestudinarium*). . . . . . . . . . . . . | 88,00 |
| Craie dure de la zone à *Holaster planus*. | |

La craie à *M. cortestudinarium* ayant 15 mètres d'après M. Hébert, la craie à *M. coranguinum* (et à silex zonés de M. Hébert) aurait 73 mètres dans l'île de Thanet. Vers la partie supérieure de cette zone se trouve le gros banc de silex, décrit par les géologues anglais sous le nom du « *Three inch band* » ; il est bien exposé dans la baie de Pegwell et à Kingsgate.

Voici la coupe que j'ai relevée à Kings gate de bas en haut :

| | |
|---|---|
| 1. « *Three inch band.* » — Gros banc de silex tabulaire formé de gros silex aplatis, soudés entre eux et formant souvent des plaques de plusieurs mètres carrés . . . . . . . . . . . . | 0,06 |

La craie est jaunie au contact de ce banc ; au-dessus j'ai recueilli une grande quantité de *Cyphosoma*, plaquettes et radioles, ils semblent y former un banc. Je croirais volontiers qu'il y a eu ici une première émersion ayant précédé celle du banc jaune corrodé.

| | | |
|---|---|---|
| 2. Craie un peu jaunie, nombreux fossiles. . . . . . . . . . . . . . . . . . . . . . | | 1,50 |
| *Spondylus latus*, Sow. | *Echinocorys gibbus*, Lk. | |
| *Ostrea hippopodium*, Nilss. | *Cyphosoma Koënigi*, Ag. | |
| *Inoceramus.* | » *radiatum*, Ag. | |
| *Rhynchonella plicatilis*, Sow. | *Echinoconus conicus*, Breyn. | |
| *Thecidea Wetherelli*, Mor. | *Bourgueticrinus ellipticus*, Mill. | |
| *Serpula granulata.* Sow. | Astéries | |
| *Cidaris sceptrifera*, Mant. | *Amorphospongia globosa*, v. Hag. | |
| » *clavigera*, Kœnig. | | |
| 3. Silex. | | |
| 4. Craie avec quelques silex disséminés . . . . . . . . . . . . . . . . . . . . | | 1,00 |
| 5. Silex noirs jusqu'au bord. | | |
| 6. Craie. . . . . . . . . . . . . . . . . . . . . . . . . . . . . . . . . . | | 1,00 |
| 7. Silex. | | |
| 8. Craie, silex peu nombreux . . . . . . . . . . . . . . . . . . . . . . . . | | 2,00 |

[1] Forage donné par M. G. Dowker. Geol. Mag. Vol. VII, p. 467. — 1870.

C'est dans ce banc, d'après M. Bedwell, qu'apparaissent les ammonites dans la craie de l'île de Thanet. L'Ammonite la plus commune, et que l'on trouve facilement dans la craie de Margate est *Am. Leptophyllus*, Sharpe) ; il y a en outre une autre ammonite lisse qui a de grands rapports avec *Am. obscurus*, Schlüter.

| | |
|---|---|
| 9. Silex assez gros, noirs. . . . . . . . . . . . . . . . . . . . . . . . . | 0,05 |
| 10. Craie sans silex . . . . . . . . . . . . . . . . . . . . . . . . . . | 1,00 |
| 11. Banc jaune durci, corrodé et percé de tubulures . . . . . . . . . . . . . | |
| 12. Craie blanche sans silex . . . . . . . . . . . . . . . . . . . . . . . | |

Le banc durci 11 est le banc limite entre la craie de Margate 12 et la craie de Broadstairs ; il y a une lacune dans la sédimentation entre ces deux dépôts. En décrivant la coupe de Beachy-Head (p. 22), j'ai déjà attiré l'attention sur les rapports du « Three inch band » du Sussex et de celui de Thanet, ainsi que sur l'identité des deux coupes à cette hauteur. Je n'y reviendrai plus ici.

L'épaisseur de la craie sans silex de Margate est de 25 à 30 m. ; MM. Whitaker, Bedwell, Dowker, Wetherell, ont donné d'intéressants détails sur sa composition et sa faune. Je me bornerai donc à citer les fossiles que j'y ai recueillis :

*Beryx microcephalus*, Ag.
*Serpula lombricus*, Defr.
*Ammonites obscurus ?*, Schl.
» *leptophyllus*, Sharp.
*Belemnites Merceyi*, May.
» *verus*, Miller.
*Inoceramus lingua*, Gold.
» (plusieurs espèces).
*Ostrea hippopodium*, Nilss.
» *vesicularis*, Lamk.
*Pecten cretosus*, Defr.
» *undulatus*, Nilss.
*Spondylus Dutempleanus*, d'Orb.
*Plicatula sigillina*, Wood.
*Terebratulina striata*, Wahl.
*Rhynchonella plicatilis*, Sow.
*Terebratula sexradiata*, Desl.
» *semiglobosa*, Sow.
*Thecidea Wetherelli*, Morris.
*Cyphosoma radiatum*, Sorig.
*Cidaris sceptrifera*, Mant.
» *clavigera*, Koenig.
*Echinocorys gibbus*, Lamk.
*Echinononus conicus*, d'Orb.
» *sp.*
*Micraster coranguinum*, Klein.
*Marsupites Milleri*, Mant.
» *ornatus*, Mant.
*Bourgueticrinus ellipticus*, Mill.
*Amorphospongia globosa*, v. Hag.

Cette faune est très nettement celle de la zone à Marsupites, (zone à *coranguinum* typique et silex cariés de M. Hébert). Les Marsupites sont très-abondants ; ils forment un banc continu, que j'ai reconnu au bas de la falaise à Foreness et à Rockney stairs (pl. III, fig. 9). Je n'ai pas étudié les falaises à l'Ouest de Margate, aussi ne les ai-je pas fait entrer dans ma coupe ; peut-être trouve-t-on de ce côté des fossiles tels que *Belemnitella mucronata*, *Magas pumilus*, précédemment cités dans la craie de Margate ? La coupe de M. Bedwell figure cependant de ce côté des couches horizontales, et la craie supérieure de l'île serait d'après lui à Foreness. Ces fossiles ne se trouvent pas parmi ceux que j'ai recueillis ; M. Hébert a bien voulu revoir mes belemnites, toutes celles que j'ai trouvées doivent se rapporter à B. vera et B. Merceyi (Mayer). M. Munier-Chalmas m'a déterminé comme *Kingena sexradiata*, Desl. sp., un brachiopode assez abondant dans la craie de Margate et à peu près de la taille du *Magas pumilus*.

Je n'ai donc pas reconnu la craie à Belemnitelles (craie de Norwich) dans l'île de Thanet, la craie de Margate doit se rapporter à la zone à Marsupites.

**Intérieur du Kent-Essex :** Dans l'intérieur du comté de Kent, on peut reconnaître les divisions établies dans les falaises. M. Jukes-Browne [1] a montré que le sable vert (n° 5, coupe de Folkestone) manque de Aylesford à Westerham, et que le chloritic marl repose par conséquent sur l'argile à *Am. inflatus*. Le Prof. T. Mck Hughes [2] s'est occupé en détail de la vallée de la Medway, la craie à *Holaster subglobosus* y est bien développée. On exploite dans cette vallée une craie blanche, en bancs épais, avec lits d'argile jaunâtre, *soap*, c'est la zone à T$^{ina}$ *gracilis* ; c'est le niveau le plus activement exploité en Angleterre, de Folkestone au Yorkshire (Hessle, etc.). A la partie supérieure se trouvent des couches noduleuses (Chalk rock) recouvertes par d'autres couches noduleuses à micrasters.

Je crois que la craie à Belemnitelles fait entièrement défaut dans le Kent. Je n'ai pas parcouru suffisamment ce comté pour me prononcer bien positivement sur ce sujet, mais les observations détaillées que M. Whitaker a publiées sur cette région, rendent ce fait bien probable. Il dit en effet [3] : « From Bekesbourne to Silbertswold (Sheperd's well) the London Chatham and Dover » Railway gives many sections of the *Highest chalk of Kent* (the « Margate chalk ») characterised in » this neighbourhood by the comparative scarcity of flints and the constancy of its parallel joints.... « the following fossils were found in these cuttings : *Inoceramus*,.... *Marsupites*, etc » La partie la plus élevée de la craie du Kent appartient donc à la zone à Marsupites.

La craie qui affleure au milieu du bassin tertiaire de Londres, dans le Kent et l'Essex sur les bords de la Tamise y est amenée par un relèvement des couches : elle appartient à la zone à Marsupites. M. Davidson [4] dans le supplément de son grand travail sur les Brachiopodes crétacés rapproche la craie de Charlton près Woolwich de la craie de Norwich ; je n'ai pu étudier ce gisement, mais d'après les renseignements que M. Davidson lui-même a bien voulu me donner, les brachiopodes de Charlton ne seraient pas ceux de la zone à Belemnitelles, mais bien ceux de Margate.

M. Hébert [5] a fixé en 1858 l'âge de la craie de Gravesend (Kent). Elle appartient à la craie à *Micraster coranguinum* (zone supérieure). Les grandes carrières de Grays (Essex) souvent visitées par la Geologits'Association [6], sont ouvertes dans une craie très-blanche, tendre, avec silex tabulaires, et appartiennent également à l'assise à *Micraster coranguinum*, (zone à Marsupites).

---

[1] A. J. Jukes-Browne. On the relations, Quart. journ. Geol. Soc., vol. XXXI, p. 270, 1875.
[2] W. Whitaker. Mem. Geol. Survey. vol. IV, p. 26.
[3] M. Whitaker. Mem. Geol Survey. Vol. IV, p. 29.
[4] T. Davidson. Supp. Palæont. Soc. Vol. XXVII, 1873, p. 18.
[5] Hébert. Bull Soc Géol. France, 2e sér, T. XVI, p. 143.
[6] Geologists' Association. Vol. II, p. 29, 245.

On y trouve en effet :

*Micraster coranguinum*, Forb.
*Echinoconus conicus*, Breyn.

A Gray's Thurrock, M. Whitaker [1] signale 27 m. de craie sans silex, qu'il faut sans doute aussi rapporter à la craie de Margate. La craie à Belemnitelles manque donc au centre même du bassin de Londres.

Différents sondages ont donné l'épaisseur de la craie aux environs de Londres, c'est-à-dire au centre même du bassin [2] :

| | |
|---|---|
| à Kentish Town [3] . . . . . . . . . . . | 215m |
| à la brasserie Meux . . . . . . . . . . . | 213m |
| à Loughton. . . . . . . . . . . . . . . | 217m |
| à Cross Ness près Erith. . . . . . . . . . | 215m |

L'épaisseur de la craie, dans les North downs, au Sud de ce bassin, est plus considérable qu'au centre :

| | |
|---|---|
| Falaises du Kent . . . . . . . . . . . . | 272m |

Cette dernière mesure a été donnée bien des fois ; il est difficile de mettre d'accord les différentes évaluations. On connaît encore l'épaisseur de ces couches d'après les sondages ; le sondage de Sir John Hawkshaw à St-Margaret donne une épaisseur de 124 m. aux couches comprises entre les silex rosés (craie noduleuse à micrasters) et la glauconie ; le sondage de la brasserie Cobb à Margate a donné 88 m. pour la craie à silex, supérieure aux bancs noduleux à micrasters ; si on évalue enfin la craie de Margate à 30 m. on aura pour épaisseur :

| | |
|---|---|
| Craie des falaises du Kent . . . . . . . . | 242m |

La mesure exacte est sans doute comprise entre ces deux extrêmes. La craie au Sud du bassin de Londres est donc plus épaisse qu'au centre même de ce bassin.

Les affleurements crétacés des bords de la Tamise entre Londres et la mer, sont dûs à un relèvement des couches. Cet accident a été étudié par M. S. V. Searles Wood [4] et M. Whitaker [5] ; la vallée suit une ligne de failles dont l'amplitude atteint parfois plus de 100 mètres [6]. La lèvre sud relevée montre la craie, la lèvre nord est abaissée, elle présente à Sea Reach le London clay au contact de la craie. « Si on pose sur la carte, dit M. Searles Wood, une règle passant par les failles

(1) W. Whitaker. Mem. Geol. Survey. Vol. IV, p. 36.
(2) Whitaker. Guide to the Geology of London. Geol. Survey 1875.
(3) J. Prestwich. Quart. journ. Geol. Soc. Vol. XII, p. 6.
(4) S. V. Searles Wood. Geological mag. 1er Dec. Vol. III, p. 57, 99.
(5) W. Whitaker, Mem. Geol. Survey. Vol. IV.
(6) Searles Wood (l. c.) dit p. 101 : « The fault which at Sea Reach opened the Thames river to the Sea indicates a « throw of between three and four hundred feet ».

» de Cliffe et de Plumstead, cette règle passera rigoureusement par les failles de Cliffe, Little-» Thurrock, Purfleet, Erith, Plumstead et Lower-Charlton ». [1] Cette faille par conséquent suit la direction générale du cours de la Tamise; la craie se trouve au sud de la rivière à Greenhithe, Gravesend, Cliffe, au Nord à Purfleet, Grays, East-Tilbury. Cette vallée de la Tamise au-delà de Londres présente donc une analogie singulière avec la vallée de la Seine au-delà de Paris [2]; ces deux fleuves serpentent entre les bords toujours réunis d'une faille, entamant tantôt l'un, tantôt l'autre, et coulant seulement parfois dans la cassure elle-même.

Cette concordance des érosions actuelles de la Tamise avec les accidents qui ont dérangé les couches, porte à faire admettre par analogie l'influence de ces accidents sur les érosions, fait reconnu si général dans le bassin du Hampshire. Je crois donc que ces failles ont dû précéder la vallée et qu'elles se sont formées vers la fin de la période Tertiaire.

Les dénivellations, et les dislocations du Boulder clay, du Lower Brickearth, des Thames gravel, et du upper Brickearth ont fait rapporter à la fin de cette dernière période par M. Searles Wood, l'époque de la production des fractures. Il n'y aurait eu ici à mes yeux qu'une réouverture de faille ancienne. Du reste M. Ramsay [3] a prouvé que le cours supérieur de la Tamise (dans les Cotswolds), était tracé avant le Boulder clay; je le montrerai en étudiant cette région.

## RÉSUMÉ.

La craie du S.-E. du bassin de Londres varie donc de 215 à 270 mètres d'épaisseur. Elle présente les mêmes divisions que la craie du bassin du Hampshire.

M. Hébert [4] a donné un tableau des divisions paléontologiques de la craie des falaises du Kent, ainsi que leur comparaison avec les divisions des géologues anglais. C'est dans cette région que les zones à *Holaster subglobosus* et *Belemnites plenus* acquièrent leur plus complet développement. La zone à Belemnitelles n'est pas connue dans cette partie de l'Angleterre.

Le cours inférieur de la Tamise, comme celui de la Seine, est en relation avec une ligne de failles.

---

(1) Searles Wood (l. c.) p. 104; M. Whitaker, qui a également étudié ces failles, a suivi la faille de Plumstead à Greenwich et à Londres (entre New-Cross et Lewisham). Mem. Geol. Survey. Vol. IV, p. 64, et Guide to the Geol. of London 1875, p. 9.

(2) Hébert. Bull. Soc. Géol. France, 2e sér. Vol. XXIX, p. 459.

(3) Physical Geography. Londres 1874, p. 238.

(4) Hébert. Bull. Soc. Géol. France, 3e série. Vol. II, p. 416, 1874.

## 2. — Surrey.

La craie de ce Comté était mieux connue que celle du reste de l'Angleterre, grâce à un récent travail de M. Caleb Evans sur les tranchées du chemin de fer entre Croydon et Oxtead [1]. Le tableau suivant montre la corrélation entre les divisions de M. Caleb Evans et mes zones.

| (Base du Cenomanien) CH. BARROIS. | CLASSIFICATION DE M. CALEB EVANS. DIVISIONS. | ÉPAISSEURS | CLASSIFICATION GÉNÉRALE. |
|---|---|---|---|
| | | | Assise à Belemnitelles. |
| | Purley beds. | $22^m$ | Zone à Marsupites. |
| | Upper Kenley beds. | $35^m$ | Zone à M. coranguinum. |
| | | | Zone à M. cortestudinarium. |
| | Lower Kenley beds. | $27^m$ | Zone à Holaster planus. |
| | Whiteleaf beds. | $25^m$ | Zone à Terebratulina gracilis. |
| | Upper Marden Park beds. | $63^m$ ? | Zone à Inoceramus labiatus. |
| | Lower Marden Park beds. | | Zone à Belemnites plenus. |
| | | | Zone à Holaster subglobosus. |
| Marne glauconieuse. | | $1^m$ ? | Chloritic marl. |
| Sable vert et flints. | | $3^m$ | Zone à Pecten asper. |
| Grès tendre, gris verdatre. | | $6^m$ | Zone à Ammonites inflatus. |

La craie des North downs forme dans le Surrey une chaine de collines étroite et assez élevée ; l'inclinaison générale est vers le Nord, elle passe cependant parfois au Sud ; il y a en outre un assez grand nombre de petites failles dans ce massif.

L'inclinaison de la craie est généralement faible à l'Est du Comté jusqu'à Guildford, mais de Guildford à l'Ouest jusqu'à environ 3 kilomètres de Farnham elle est beaucoup plus forte. Cette partie connue sous le nom de « Hog's back » est une crête élevée, l'inclinaison Nord atteint souvent 30° et 40°.

Le Nord du Hog's back, et de toute la chaine crétacée du Surrey au contact du tertiaire, est formé

(1) *Caleb Evans* : On some sections of chalk between Croydon and Oxtead. Geol. association. June 1870.
Consulter en outre : *Webster* : Geol. Transactions. - 1re ser. Vol. V, p. 355.
*H. W. Fitton* : Trans. Geol. Soc Londres. 2e ser. Vol. IV.
*Whitaker* : Mem. geol. Survey. Vol. IV. 1873. (Notes de M. Drew).

par une craie tendre avec peu de silex, et avec silex tabulaires ; c'est le caractère minéralogique de la zone à Marsupites, elle contient de plus :

> *Micraster coranguinum*, Forbes.
> *Echinoconus conicus*, Breyn.
> *Offaster corculum*, Gold.

C'est je crois à ce niveau qu'a été rencontré le bloc de granite étudié par M. Godwin-Austen (1). Sous cette zone la craie contient des nodules de silex beaucoup plus nombreux et en bancs rapprochés; elle appartient à la zone à *M. coranguinum* et à silex zonés. La limite exacte entre les deux zones a été observée je crois par M. Caleb Evans (2) ; le banc jaune dur avec nombreux *M. coranguinum* qu'il signale vers la base des Purley beds doit correspondre au n° 11 (*Banc jauni durci*) de ma coupe de l'île de Thanet, qui est le banc limite entre les zones à *M. coranguinum* et à Marsupites. Je n'ai pu toutefois voir le banc cité par M. Caleb Evans, puisque c'est dans une tranchée de chemin de fer qu'il était exposé.

J'ai observé la zone à *M. coranguinum* aux environs de Guildford à l'Est du château ; la craie tendre, contient des silex noirs, irréguliers, en bancs espacés d'environ 1 mètre ; l'inclinaison est de 5° à 6° vers le Nord un peu Ouest. On a du reste à Guildford une très-belle coupe de la craie ; en suivant vers l'Est, Quarry street, on arrive bientôt à trois grandes carrières superposées. Sous la zone à *M. coranguinum*, avec nombreux *Inoceramus*, *Echinocorys gibbus*, se montre la craie à *M. cortestudinarium*, noduleuse à la base. Elle repose sur une craie dure sans silex, avec nodules de craie jaunes, verdis, en lits, et dont l'épaisseur est de près de 10 mètres. J'y ai recueilli : *Terebratula semiglobosa*, *Holaster planus*. M. Drew a suivi ce niveau dans toute l'étendue du Surrey, il le cite à Rose-and Crown au Sud de Croydon, etc., et l'assimile au Chalk rock de M. Whitaker.

Le Chalk rock repose à Guildford sur la zone à *Tina gracilis*, craie blanche, homogène, compacte, activement exploitée pour chaux sur une épaisseur de 25 mètres; elle contient quelques silex vers sa partie supérieure.

J'y ai recueilli :

> *Echinoconus subrotundus*, Mant.
> *Spondylus spinosus*, Sow.
> *Inoceramus Brongniarti*, Sow.

La zone à *Inoceramus labiatus* est blanc grisâtre et noduleuse à la base ; je n'ai pas observé la zone à *Bel. plenus* reconnue par M. Caleb Evans (craie jaune de Marden). La zone à *Hol. subglobosus* est fossilifère sous Warren farm (3) : Ammonites, Nautiles, *Pecten Beaveri*. Je n'ai pas observé la base de

---

(1) *R. A. C. Godwin-Austen* : Quart. Journ. Geol. Soc. Vol. XIV. 1858. p. 252.
(2) Caleb Evans. On some sections. Geol. association. June 1870. p. 6.
(3) C. J. A. Meyer. Excursion to Guildford. Geol. association. Vol. III, p. 25.

ce niveau, mais M. Jukes-Browne m'a appris qu'elle était chargée de grains de glauconie ; le chloritic marl est donc représenté aussi dans le Surrey. Sous le chloritic marl on trouve successivement :

1. Sable vert, grès avec flints (Firestone). . . . . . 3m
2. Grès gris verdâtre, tendre (Burry stone). . . . . 6m

Ces couches sont bien développées vers Merstham (1) ; 1 est pauvre en fossiles, j'y vois cependant le représentant de la zone à *Pecten asper*, 2 appartient à la zone à *Am. inflatus*.

### 3. — Hampshire

L'axe de Kingsclere passant par les vallons de Kingsclere et de Ham, où le Cénomanien se montre tout entier, sépare le bassin de Londres de celui du Hampshire (2). Les couches crétacées situées au Nord de cet axe anticlinal constituent le bord Sud du bassin crétacé de Londres' Je ne décrirai pas ces couches, car elles ne diffèrent en rien d'essentiel de celles qui sont situées au Sud de l'axe anticlinal, et dont je me suis occupé en étudiant le bord septentrional du bassin du Hampshire. Leur épaisseur varie de 160 à 200 mètres.

L'altitude des collines crétacées qui limitent au Sud le bassin crétacé de Londres est en général très-grande ; Inkpen Hill, l'une d'elles, située au N. de Ham a 337m ; c'est le niveau le plus élevé, atteint par la craie au Sud de l'Angleterre. La grande altitude de cette région est due au relèvement des couches; c'est aux environs de Ham et de Kingsclere, de Newton à Ewhurst où l'altitude est maxima, que l'inclinaison est la plus considérable, elle varie de 10° à 35° vers le Nord.

A Itchenswell, à l'Est de la route, se montre une source à la partie supérieure de la craie ; on doit expliquer son existence de la même façon que celle que j'ai décrite à Calbourn (I. de Wight) (3). Elle coule dans une fracture N.-S. de la craie perpendiculaire à l'axe de Kingsclere E.-O., cette fracture servant de drain aux eaux retenues par les couches argileuses fortement inclinées vers le Nord du Cénomanien du bombement de Kingsclere. — L'assise à Belemnitelles fait défaut dans cette région.

### 4. — Nord du Wiltshire.

J'ai décrit le terrain crétacé du Sud du Wiltshire en étudiant le bassin crétacé du Hampshire ; le vallon anticlinal de Pewsey forme ici la limite entre les bassins de Londres et du Hampshire (4) je ne m'occuperai donc que des couches de la partie septentrionale de ce Comté.

(1) Fitton. On the strata.... Trans. Geol. Soc. Sér. 2. Vol. IV, p. 140.
(2) Buckland. Trans. Geol. Soc. Ser. 2. Vol. II, p. 118.
W. Whitaker. Mem. Geol. Survey. Vol. IV.
(3) Ch. Barrois. I. de Wight. Annal. Sci. géol. n° 2. 1875.
(4) Lonsdale. Trans. Geol. Soc. London. 2e ser. Vol. III, p. 266.
Fitton. Trans. Geol. Soc. London. 2e ser. Vol. IV.

Les couches crétacées situées au Nord du bombement de Pewsey inclinent fortement vers le N., 20° près de Wooton Rivers, 30° à Wilton common ; l'inclinaison diminue rapidement à l'O., le long des affleurements jurassiques. Elle est vers l'E. aux environs de Calne, S.-E. à Swindon, mais est de ce côté très-peu prononcée.

Les zones à *Am. inflatus*, et à *Pecten asper*, se suivent d'une façon continue au pied des collines de craie, leur épaisseur diminue graduellement de 15m à 10m, en allant du S. au Nord. Le chloritic marl a été suivi d'une manière continue dans cette région par M. Aveline (1) ; il y est très-développé, son épaisseur est de 2m, il se rattache très-nettement à l'assise à *Holaster subglobosus* dont il forme la base. Le Cénomanien à *Holaster subglobosus*, et le Turonien constituent des collines basses, à contours arrondis, de Compton-Basset à Liddington, et à Little-Hinton. La zone à *T. gracilis* est recouverte par le chalk rock très-bien développé dans cette partie du Wiltshire. M. Codrington (2) l'a signalé dans la tranchée du chemin de fer à Crofton engine ; M. Whitaker (3) l'a également observé en différents points, à Lye hill, ainsi qu'au S.-O. de Marlborough ; son épaisseur est de 3 à 4 mètres.

Dans cette contrée le Chalk rock forme d'une manière évidente la partie supérieure du Turonien ; vers la partie supérieure de la *craie sans silex*, des lits épais de 0,05 à 0,07 de nodules jaunes, verdis en dehors se montrent dans une craie où *Spondylus spinosus* est le fossile dominant. Au dessus de ces bancs, qui font si bien voir les émersions et les inondations successives d'une région littorale, ainsi que le retrait graduel de la mer du Turonien qui finit, repose une craie dure noduleuse avec *M. cortestudinarium* et *Micrasters* à aires interporifères lisses.

Voici une coupe du Chalk rock prise par M. Whitaker (4) au S.-O. de Marlborough ; elle montre de haut en bas :

| | |
|---|---|
| Nodules, quelques silex à la partie supérieure<br>Craie dure | 1m07 |
| Nodules<br>Craie dure | 0,67 |
| Nodules<br>Craie dure<br>Lit mince de nodules<br>Craie dure | 0,70 |
| Nodules<br>Craie dure<br>Lit de marne<br>Craie dure | 1,10 |
| Nodules | 0,04 |

(1) Aveline Mem. geol. Survey. Vol. IV, p. 37.
(2) T Codrington. Mag. of the Wilts. archœol. and. nat. hist. Soc. 1865.
(3) W. Whitaker. Mem. geol. Survey. Vol IV, p. 47.
(4) W. Whitaker. Mem. Geol. Survey. Vol. IV.

Le Sénonien affleure régulièrement à l'Est des collines Turoniennes, il forme les hauteurs sèches et stériles de Hackpen Hill, Aldbourn chase, et Wanborough plain. Je décrirai plus en détail ces couches dans le Comté voisin le Berkshire, où leur composition est la même.

### 5. — Berkshire, Oxfordshire.

Les downs, ou collines crétacées, qui se suivent d'une manière continue du Berkshire au Norfolk, du S.-O. au N.-E. forment une chaîne connue sous le nom de *Chiltern Hills*. Les couches qui forment les *Chiltern Hills*, inclinent doucement de 1° à 2° vers le S.-E. d'une manière constante et régulière, elles s'abaissent donc sous le tertiaire de Londres. Le Cénomanien et le Turonien visibles seulement au pied des downs Sénoniennes au Sud de l'Angleterre, se présentent dans cette région avec un caractère orographique spécial ; ils forment une plaine ondulée comprise entre le Sénonien et le Gault. La largeur de cette plaine varie de 1 à 6 kilomètres, du Berkshire au Bedfordshire, elle devient plus considérable encore dans le Cambridgeshire.

Je me suis limité dans ce mémoire à l'étude du crétacé supérieur, et me suis toujours arrêté jusqu'ici en arrivant au gault à *Am. interruptus* ; je devrai dans ce paragraphe m'étendre un peu plus, et dire au moins quelques mots du *Farringdon gravel*, ce dépôt ayant été rapporté à plusieurs reprises [1] au crétacé supérieur.

**A. Environs de Farringdon** : Au Sud de Farringdon, dans les Furze Hills, et notamment à Little-Coxwell, on exploite des sables ferrugineux avec bancs calcaires, lits de galets de différents âges, et contenant de très-nombreux fossiles : leur épaisseur est de 30 mètres. Ce gisement comme M. Godwin-Austen l'a remarqué rappelle le crag du Suffolk. mais il est identique au point de vue minéralogique et même au point de vue du faciès de sa faune au Tourtia cénomanien de Belgique et du nord de la France.

Cette ressemblance est si frappante que M. Davidson qui a étudié les deux gisements, les a toujours assimilés; en 1874 ayant eu entre les mains des fossiles de Farringdon, je n'hésitai pas à les rapporter à l'âge du Tourtia. J'ai visité depuis cette localité, et je dois reconnaître l'erreur où je suis tombé ; l'âge du *Farringdon gravel* avait été exactement reconnu par M. Godwin-Austen [1], Mëyer [2], et le Geological Survey, c'est du Lower green sand. La coupe suivante montre clairement ce fait.

---

[1] Sharpe. Quart. Journ. Geol Soc. Vol. X, p. 176. 1853.
Davidson. Palœontog. Soc. — Cret. Brach. — p. 108.
Ch. Barrois. Sur le gault. Annal. Soc. géol. Lille, 1874. Vol. II, p. 49.

Fig. 14. — COUPE DE FARRINGDON.

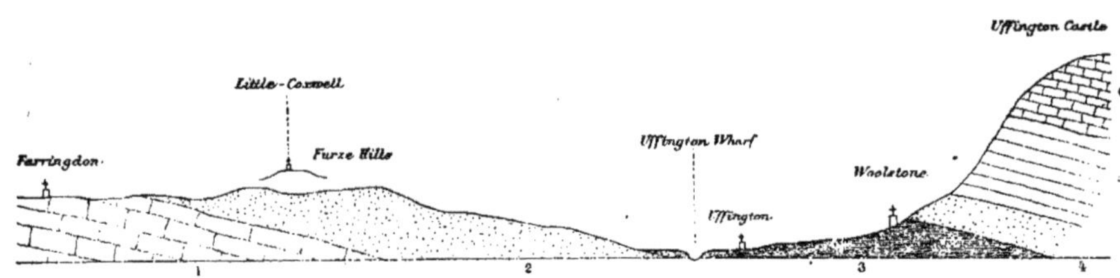


Echelle des longueurs, 1/64000. Echelle des hauteurs, 1/5000

1. Terrain jurassique.
2. Farringdon gravel. — Aptien.
3. Gault.
4. Gaize à *Am. inflatus*.
5. Cénomanien à *Holaster subglobosus*.
6. Turonien.

Si du haut de Furze Hill, on regarde vers le S.-E. on voit les couches plonger vers le bassin de Londres, et des couches de plus en plus récentes se montrer de ce côté; la craie forme dans cette direction une longue chaîne assez élevée, la rangée de collines de sables ferrugineux sur laquelle on se trouve, lui est parallèle, la dépression entre ces deux lignes de hauteurs est creusée dans l'argile du gault. Les graviers ferrugineux de Farringdon reposent tantôt sur le Kimmeridje clay, tantôt sur le coral rag; leur faune crétacée et leur position inférieure à l'argile du gault les range d'une manière positive dans l'aptien.

Ce fait ne diminue en rien l'analogie si étonnante de la faune de Farringdon et de celle du Tourtia, notamment du Tourtia connu dans le Nord de la France sous le nom de Sarrasin. Il est remarquable de constater combien les conditions d'existence influent sur la faune, et combien cette influence l'emporte sur l'action du temps. Entre l'aptien le plus supérieur et le Tourtia, trois faunes se succèdent dans le bassin Anglo-Parisien, pendant cette même époque se produit la plus grande des évolutions végétales (³), enfin 200 mètres de sédiments s'accumulent dans ce bassin (⁴); en admettant d'après les théories transformistes que les espèces aptiennes aient continué leur évolution pendant ce temps, la résurrection des types de Farringdon dans le Tourtia me semble difficile à expliquer.

(¹) Godwin-Austen. Quart. Journ. Geol. Soc. Vol VI, p. 454.
W. Cunnington. Quart. Journ. Geol. Soc. Vol. VI, p. 453.

(²) C. J. A. Meyer. The Geologist Vol. VII, p. 5.

(³) Cte de Saporta. Pal. française. 2e ser. Cycadées, p. 838. 1875.

(⁴) Ch. Barrois. Sur le gault. Ann. Soc. géol. Nord. 1874 : Sables verts, 10m (Meuse); argile du gault, 35m (Aube); sables, grès et argile, 50m (Yonne); gaize de l'Argonne, 105m (Ardennes); la somme de ces différentes couches est bien 200 mètres.

L'analogie entre la faune du Sarrasin et celle de Farringdon est très-grande ; ce gisement a un faciès cénomanien, la plupart des fossiles sont cependant aptiens comme le montre cette liste des espèces recueillies par moi dans la carrière de Little-Coxwell. Il pourra être intéressant de comparer ces déterminations aux listes beaucoup plus complètes de MM. Mëyer, Godwin-Austen, Davidson, Sharpe, Phillips (1).

Reptiles.
*Turbo munitus*, Forbes.
*Arca Dupiniana* (2), d'Orb.
*Lima Cottaldina* (3), d'Orb.
» *dichotoma* (4), Reuss.
» *Orbignyana* (5), Math.
*Spondylus Rœmeri* (6), Desh.
*Plicatula asperrima* (7), d'Orb.
*Pecten Dutemplei*, d'Orb.
» *Robinaldinus*, d'Orb. ?
*Ostrea macroptera*, Sow.
» *Ricordeana*, d'Orb ?
» *Haliotoidea*, Sow.
*Ostrea conica*, Sow.
» *lateralis*, Nilss.
*Thecidium Faringdonense*, Meyer 6.
*Terebratella truncata*, Sow. 88.
*Terebratula Robertoni*, d'Arch. 3.
» *Tornacensis*, Dav. 148.
» » *var Rœmeri* (8).
» *prœlonga*, Sow. 1.
» *depressa*, Lamk. 95.
*Rhynchonella depressa*, Sow. 76.
» *nuciformis*, Sow. 8.
» *latissima*, Sow. 21.
» » *var. dichotoma*, Sharpe 7.

Je ne cite pas les nombreuses éponges, ni les Bryozoaires de Farringdon ; ils n'ont que peu d'intérêt pour la comparaison avec les autres gisements, dans l'état actuel de la science.

M. Cotteau a bien voulu examiner mes oursins, voici quel a été le résultat de son étude :

*Cidaris Farringdonensis*, Wright.
*Peltastes Wrighti*, Cotteau (Forbes).
*Gonyopigus* voisin du *Menardi* ; il ne parait guère possible de l'en séparer.

(1) Phillips. Geology of Oxford. 1871. p. 432.

(2) *Arca Dupiniana*, d'Orb. Espèce bien caractérisée par les grosses côtes du côté anal et sa forte carène saillante ; elle ne peut être confondue qu'avec la *securis*, d'Orb., du néocomien comme elle.

(3) *Lima Cottaldina*, d'Orb. Les échantillons que j'ai recueillis à Farringdon sont identiques à ceux de d'Orbigny ; les côtes, au nombre d'environ 20, sont aigues sur la région buccale ; elles s'éloignent et s'abaissent en s'approchant de la région anale où elles ont entre elles de petites stries longitudinales. Je ne crois pas que la *Lima Farringdonensis* de Sharpe, distinguée par les côtes de sa région buccale, puisse être séparée de cette espèce.

(4) *Lima dichotoma*, Reuss? Mes échantillons sont mauvais.

(5) *Lima Orbignyana*, Math. in d'Orb. Pl. 415, fig 14. Cette coquille du calcaire néocomien d'Orgon (Vaucluse) ne diffère de la *consobrina*, d'Orb., que parce qu'elle est un peu plus renflée et que les petits sillons ponctués qui séparent les côtes sont continus, droits ou ondulés, tandis que chez la *consobrina* ils sont interrompus. Toutes les *Lima* à sillons ponctués que j'ai recueillies à Farringdon me semblent plutôt se rapporter à l'*Orbignyana* qu'à la *consobrina* du Cénomanien.

(6) *Spondylus Rœmeri*, Desh. Les spondyles de Farringdon (*striata* et *radiata*, Sharpe) ont tous les caractères du *Sp. Rœmeri* decrit dans d'Orbigny ; ces espèces diffèrent peu du reste. Rœmer citait aussi *Sp. striatus*, *radiatus*, dans le Néocomien du Hanovre.

(7) *Plicatula asperrima*, d'Orb. Les coquilles que je rapporte à cette espèce sont très-irrégulières, déprimées, ornées partout de petites côtes rayonnantes inégales , d'autres plus petites naissent entre les premières à mesure de l'accroissement. Ces côtes, à peu près égales en largeur aux sillons qui les séparent, sont couvertes de petits tubercules imbriqués, saillants, comme celles du type de d'Orbigny. Les fragments que Sharpe a décrits et figurés sous le nom de *Dianchora ? guttata* (Quart Journ. Geol. Soc. Vol. X. Pl. 6, fig. 4.) ne me semblent pas pouvoir être séparés de cette espèce.

(8) *T. Tornacensis*, d'Arch. var. *Rœmeri*, et toutes les variétés de la Pl. XVIII, de d'Archiac. — Les chiffres de cette liste indiquent ici le nombre des échantillons que j'ai recueillis.

*Cidaris vesiculosa*, Gold. (?) Avec les nombreuses radioles de *C. Farringdonensis*, caractérisées par leur collerette très-longue et parfaitement limitée par une ligne oblique, il y en a d'autres à collerette presque nulle, qui rappellent à s'y méprendre le *C. vesiculosa* du Cénomanien.

La faune de Farringdon n'est donc pas une faune de passage, elle ne contient pas un mélange d'espèces du néocomien et d'espèces du gault, elle présente des formes cénomaniennes dans un gisement aptien. M. Davidson (1) disait encore en 1873, que ce qui l'avait induit en erreur dans la détermination de l'âge du Farringdon gravel, c'était d'y avoir trouvé tant de formes du Tourtia : « so many of the Tourtia forms. »

Je reviens à la description du crétacé supérieur et de ma coupe (F. 14), le Farringdon gravel est recouvert par l'argile du gault dans le Berkshire. Phillips (2) a montré qu'il en était de même dans l'Oxfordshire à Culham ; c'est aussi parfaitement indiqué sur les feuilles 34, 13, du geological Survey par M. E. Hull.

Au-dessus de l'argile du gault visible à Uffington, on arrive au sortir de Woolstone sur un grès tendre, gris-verdâtre, micacé et un peu argileux. Il affleure dans les tranchées de la route qui monte la colline d'Uffington Castle, son épaisseur est d'environ 15 mètres ; je n'y ai pas recueilli de fossiles, mais sa composition lithologique et sa position indiquent clairement qu'il appartient à la zone à *Am. inflatus*.

Je n'ai pas observé les affleurements des zones à *Pecten asper*, ni du chloritic marl ; leur épaisseur doit être assez faible, quelques mètres plus haut, au point de rencontre de la route de Compton-Beauchamp, j'ai reconnu la partie inférieure de la zone à *Holaster subglobosus* ; elle m'a fourni :

| | |
|---|---|
| *Ammonites varians*, Sow. | *Pleurotomaria perspectiva*, d'Orb. |
| *Avellana cassis*, d'Orb. | *Discoïdea cylindrica*, Ag. |

J'ai recueilli de plus dans une carrière vers sa partie supérieure :

| | |
|---|---|
| *Ammonites Rotomagensis*, Defr. | *Pecten laminosus*, Mant. |
| » *Austeni*, Sharpe. | *Terebratula semiglobosa*, Sow. |
| *Inoceramus striatus*, Mant. | *Holaster Trecensis*, Leym. |

J'ai évalué à 50 mètres l'épaisseur de l'assise à *Hol. subglobosus* ; elle est surmontée dans cette colline d'Uffington Castle par une craie dure se délitant en petites plaquettes schistoïdes couvertes de nombreux *Inoceramus labiatus*, 20 m.

La craie à *Tina gracilis* a environ 30 mètres, elle est compacte et contient à sa partie supérieure des petits silex noirs digitiformes. La grande quantité de silex disséminés au haut de cette colline me porte à croire qu'elle est couronnée par un lambeau de craie à Micrasters ; la plupart des élévations de cette chaîne montrent cependant le Chalk rock à leur partie supérieure. Le Chalk rock

(1) Davidson. Pal. Soc. Brit. Cret. Brach. p. 21. — Ce fait rappelle la colonie Zippe de M. Barrande. (Bull. Soc. Géol. France. 2e ser. T. 17 Juin 1860.)

(2) Phillips. Geology of Oxford. 1871. p. 427.

est très-développé dans cette région, il y est exploité pour l'entretien des routes ; il affleure d'une façon continue au haut des downs de Kingstone Warren à celles d'Ickleton Sircet. Il incline 3° au S.-O. à Cuckhamsley Knob ; M. Whitaker l'a déjà signalé en ce point, ainsi qu'à l'O. de West-Ilsley. Les couches supérieures peuvent être étudiées plus facilement dans la vallée de la Tamise.

**B. Vallée de la Tamise** : L'upper green sand occupe une vaste surface de East-Hagborne à Wallingford ; la zone à *Am. inflatus* est une argile sableuse verdâtre, la zone à *Pecten asper* est plus sableuse, j'y ai recueilli des nodules de phosphate de chaux à Wallingford. Je n'ai pas observé le chloritic marl ; la marne à *Hol. subglobosus* se montre dans la tranchée du chemin de fer de Wallingford road.

J'y ai recueilli :

| | |
|---|---|
| *Ammonites Rotomagensis*, Defr. | *Terebratula semiglobosa*, Sow. |
| *Plicatula inflata*, Sow. | *Holaster subglobosus*, Ag. |
| *Inoceramus striatus*, Mant. | |

M. Whitaker [1] a déjà signalé cette tranchée, il croit que le « *Totternhoe stone* » pourrait bien être représenté à la partie supérieure. La tranchée est ouverte en entier dans l'assise à *Hol. subglobosus* ; je cite la remarque de M. Whitaker pour montrer que le *Totternhoe stone* des géologues anglais, dont je n'ai pu étudier le type, occupe dans la série crétacée la place de ma zone à *I. labiatus*.

En continuant à descendre le cours de la Tamise, jusqu'à Reading, on passe graduellement sur des couches de plus en plus récentes ; il me semble donc inutile de figurer une coupe.

Au Nord de Streatley, une carrière est ouverte dans la zone suivante à *T<sup>na</sup> gracilis* ; c'est une craie blanche tendre, sans silex, exploitée sur une hauteur de $10^m$ :

| | |
|---|---|
| *Ostrea vesicularis*, Lk. | *Inoceramus* voisin du *Labiatus*. |
| *Spondylus spinosus*, Sow. | |

Dans les éboulements, on trouve au fond de la carrière de nombreux fragments de Chalk rock, à la partie supérieure la craie est fendillée et contient quelques silex noirs à patine blanche.

Le contact de la zone à *T<sup>na</sup> gracilis* et du Chalk rock est visible un peu plus loin à l'O. de Bassildon sur la rive droite de la Tamise ; on voit de bas en haut à la rencontre de deux chemins, près du n° 8 de la carte du Survey :

| | | |
|---|---|---|
| 1. Craie blanche dure sans silex . . . . . . . . . . . . . . . . . . . . . . . . . . | | 1,50 |
| *Inoceramus Brongniarti*, Sow. | *Terebratula semiglobosa*, Sow. | |
| *Spondylus spinosus*, Sow. | *Terebratulina gracilis*, Schlt. | |
| *Ostrea vesicularis*, Lk. | | |
| 2. Nodules de craie jaune, roulés, verdis (chalk rock). . . . . . . . . . . . . . . . . | | 0,05 |
| 3. Craie à silex, ravinée par les T. récents qui la recouvrent . . . . . . . . . . . . . . | | 0,50 |
| *Micraster breviporus*, Ag. | | |

(1) W. Whitaker. Mém. Geol. Survey. Vol. IV, p. 39.

M. Whitaker (1) a signalé le Chalk rock sur l'autre rive de la Tamise, près Hart's old Lock ; son épaisseur y est de $2^m$. On passe au Sud sur la craie à silex et à *Micraster cortestudinarium* ; elle est très-bien exposée aux environs de Pangbourn et de Whitchurch.

Une carrière au N. de Pangbourn montre environ 15 $^m$ de craie :

| | |
|---|---|
| 1. Craie avec silex noirs, cachée en grande partie par les éboulements. . . . . . . . . . . | 10,00 |
| *Inoceramus Cuvieri*, Sow. *Micraster cortestudinarium*, Gold | |
| 2. Craie noduleuse, jaunie, formant un banc dur très-nettement corrodé. . . . . . . . . . . | 0,10 |
| 3. Craie avec silex à la base. . . . . . . . . . . . . . . . . . . . . . . . | 1,00 |
| 4. Banc de silex tabulaire . . . . . . . . . . . . . . . . . . . . . . . | 0,02 |
| 5. Craie sans silex . . . . . . . . . . . . . . . . . . . . . . . . . . | 1,00 |
| 6. Banc de silex tabulaire . . . . . . . . . . . . . . . . . . . . . . . | 0,02 |
| 7. Craie à gros silex noirs et à patine épaisse. . . . . . . . . . . . . . . . . . | 4,00 |

Le banc durci 2 témoigne d'une émersion ; ces bancs sont fréquents dans la zone à *M. cortestudinarium*, je ne crois pas qu'ils correspondent à des séparations de zones paléontologiques. Sur la rive gauche à 1 kil. Est de Whitchurch près d'une ferme, est une autre carrière dans la craie. Les silex y sont abondants, ce sont de gros nodules juxtaposés formant des bancs épais de 0,10 et espacés de 0,50 à $1^m$ ; leur couleur est gris-noirâtre, ils sont revêtus d'une patine blanche assez épaisse, quelques-uns sont cariés.

J'y ai recueilli :

| | |
|---|---|
| *Inoceramus involutus*, Sow. | *Micraster cortestudinarium*, Gold. |
| » *Cuvieri*, Sow. | *Echinocorys gibbus*, Lk. |
| *Rhynchonella plicatilis*, Sow. | Astéries. |
| *Cidaris clavigera*, Kœnig. | *Amorphospongia globosa*, v. Hag. |

Cette craie appartient encore à la zone à *M. cortestudinarium* ; à Hardwick house apparaît la zone à *M. coranguinum*, il m'a été impossible de trouver aucun fossile dans cette carrière, aussi je continue de suite vers Mapledurham où elle est très-bien caractérisée.

A Mapledurham, les fossiles ne sont pas encore bien nombreux, mais on y trouve en grand nombre les fragments de gros Inocérames habituels à ce niveau ; les silex sont de plus zonés, il y a aussi quelques bancs tabulaires. Cette même zone se voit encore à Chase farm dans une grande carrière au niveau de la rivière ; les silex y sont en bancs distants de 0,50 à $1^m$, il y en a de zonés, ainsi que de cariés, et quelques rares bancs tabulaires. Les silex cariés m'ont fourni des Bryozoaires, les fragments de gros Inocérames forment ici des lits continus. On ne peut hésiter à reconnaître la zone à *M. coranguinum* (niveau à silex zonés de M. Hébert).

Le niveau supérieur de l'assise à *M. coranguinum*, ma zone à Marsupites, affleure au delà d'une manière continue jusqu'au contact du tertiaire à Reading. C'est surtout dans les grandes carrières de Caversham qu'on peut bien l'étudier. A Caversham, la zone à Marsupites est une craie blanche,

(1) W. Whitaker. Mem. Geol. Survey. Vol. IV, p. 47.

tendre, avec bancs de silex espacés de 1m à 2m ; ces silex sont noirs, à mince patine blanche, quelques-uns sont cariés, d'autres en bancs tabulaires, leurs formes sont irrégulières, généralement aplaties dans le sens de la stratification.

| | |
|---|---|
| *Inoceramus* (rares). | *Micraster coranguinum*. Forbes. |
| *Lima Hoperi*, Defr. | *Cidaris clavigera*, Kœnig. |
| *Spondylus*. | » *hirudo*. Sorig. |
| *Rhynchonella plicatilis*. Sow. | *Bourgueticrinus ellipticus*, Mil. |
| *Terebratulina striata*, Wahl. | Astéries. |
| *Serpula granulata*, Sow. | *Amorphospongia globosa*, v. Hag. |

L'épaisseur de la craie est importante dans cette contrée, un sondage (1) à Soundes Farm, près Nettlebed a traversé 8m de craie avec silex, et Nettlebed n'est pas situé à la partie supérieure de la craie ; à Wallingford, d'après M. Prestwich (2) la craie à 333m. — L'assise à Belemnitelles fait défaut dans les comtés de Berks et d'Oxford.

La Tamise à Reading au contact du tertiaire ne continue pas sa route vers le S.-E., pour entrer dans la région tertiaire ; son cours remonte au contraire vers le N.-E. et ses eaux coulent vers des couches crétacées de plus en plus anciennes. Elle traverse les zones inférieures du Sénonien, arrive à Henley-upon-Thames, Lower-Assenton, Middle-Assenton, sur le Chalk rock, passe sur les zones turoniennes inférieures entre Henley-upon-Thames et Medmenham jusqu'au S.-E. de Great Marlow (3), elle revient au delà dans les couches plus récentes pour entrer dans le tertiaire à Windsor. Le château royal de Windsor est bâti sur un pli anticlinal de craie (4).

Je n'ai pu étudier la vallée de la Tamise aux environs de Henley-upon-Thames et de Windsor ; les détails qui précèdent sont donnés par M. Whitaker. Ce géologue fait encore remarquer que les inclinaisons des couches vers Assenton sont très-variables, et il dit enfin : « It... gives evidence of some disturbance » (5). Le cours de la Tamise dans la craie du Berkshire est donc influencé par les accidents qui ont dérangé les couches crétacées. Je crois que ce fleuve coule dans un pli synclinal de Wallingford à Reading, dans un pli anticlinal de Henley à Great-Marlow vers Windsor ; et que ces plis sont dirigés du N.-O au S.-E., les inclinaisons étant du N.-E au S.-O. Mais cette manière de voir a besoin de confirmation, il faudrait refaire la coupe de cette région en notant avec soin les différences d'altitude des différents niveaux.

Ces accidents restent donc à étudier ; mais quels qu'ils soient, le rapport du cours actuel de la Tamise avec des accidents géologiques anciens demeure positivement établi. Ce rapport est parfaitement d'accord avec tout ce que j'ai dit sur les rivières du Hampshire, des Wealds, et sur le cours inférieur de la Tamise de Londres à la mer. La partie de la Tamise, à l'Est du Berkshire étant en

(1) W. Whitaker. Mem. Geol. Survey. Vol. IV, p. 48.
(2) J. Prestwich. Quart. Journ. Geol. Soc. Vol. XXVIII, p. 63. 1872.
(3) W. Whitaker. Mem. Geol. Surv. Vol. IV, p. 45.
(4) id. Fig. 1 Mem. on sheet 7 of the Geol. Surv. Map. 1864.
(5) id. Mem. Geol. Surv. Vol. IV, p. 48, ligne 12.

relation avec des plissements du sol, il est rationnel de penser que ces accidents ont été une des causes déterminantes du cours de la rivière, et par conséquent antérieurs à ce cours. Ces plissements étant antérieurs au cours de la Tamise, datent de l'époque tertiaire, M. Ramsay [1] ayant prouvé que cette partie du cours lui-même était antérieure au Boulder clay.

### 6. — Buckinghamshire, Bedfordshire, Hertfordshire.

A l'Est de la Tamise, la craie du Nord du bassin de Londres prend une extension superficielle beaucoup plus vaste; dans l'Hertfordshire il n'y a pas moins de 28 kilomètres du gault au tertiaire. Ce changement est en grande partie dû à l'augmentation d'épaisseur de la craie.

La direction des affleurements crétacés varie également, elle se rapproche davantage du Nord ; la mer tertiaire a dû s'avancer assez loin de ce côté comme le prouvent les témoins de cet âge que l'on rencontre sur la craie. Le temps m'a manqué jusqu'ici pour étudier sérieusement cette région. La zone à *Am. inflatus* a dans ces Comtés une composition toute spéciale, c'est une marne argilo-sableuse blanchâtre.

J'y ai recueilli :

*Ammonites inflatus*, Sow.
*Avicula gryphæoides*, Sow.
*Plicatula pectinoides*, Sow.
*Pecten luminosus*, Mant.

Elle contient quelques nodules de phosphate de chaux, à sa base et reposant sur l'argile noire du gault est un lit de nodules de phosphate de chaux exploité à Puttenham, où j'ai recueilli :

Reptiles, poissons.
*Belemnites minimus*, List.
*Nautilus Clementinus*, d'Orb.
*Ammonites inflatus*, Sow.
» *Mayorianus*?, d'Orb.
» *splendens*, Sow.
» *auritus*, Sow.
» *Raulinianus*, d'Orb.
» *Studeri*? Pict.
» *interruptus*, Brug.
» *Candolleanus*, Pict.
*Hamites intermedius*, Sow.
» *Desorianus*, Pict.
*Solarium ornatum*, Sow.
*Pleurotomaria Rhodani*, Brongn.
*Dentalium decussatum*, Sow.
*Ostrea pectinata*, Lamk.
» *Rauliniana*, Sow.
*Plicatula pectinoides*, Sow.
» *sigillina*, Wood.
*Spondylus gibbosus*, d'Orb.
*Avicula gryphæoides*, Sow.
*Terebratula biplicata*, Sow.
*Cidaris gaultina*, Forbes.
*Pentacrinus Fittoni*, Aust.
*Trochocyathus angulatus*, Dunc.
» *Harveyanus*, Ed. et H.

(1) Ramsay-Physical geography, 1874, p. 288. Le Boulder clay recouvrant les Cotswolds, la craie des Chiltern Hills qui s'était étendue loin vers l'Ouest avait donc déjà été dénudée lors de la formation de ce Boulder clay. Le cours de la Tamise devait être tracé avant cette dénudation, c'est-à-dire avant la formation de l'escarpement crétacé des Chiltern Hills, sans quoi on ne pourrait comprendre que cette rivière ait traversé cette barrière.

A Buckland près l'église, M. Jukes-Browne a signalé des sables et grès verts marneux, épais d'environ 1,50 ; quoique je n'aie pas trouvé de fossiles dans cette couche, je ne puis hésiter à la rapporter à ma zone à *Pecten asper*. Elle est recouverte par l'assise à *H. subglobosus*. J'ai visité cette contrée avec les notes de mon ami Jukes-Browne ; je partage entièrement les vues qu'il a émises en 1875 à la Société géologique de Londres (1), et n'ai rien à y ajouter. Voici la coupe qu'il avait donnée des environs de Buckland :

*a*. Argile compacte du gault.
*x*. Marne argileuse, coprolithes.
*b*. Argile blanche marneuse.
*c*. Argile bleuâtre sableuse.
*d*. Grès calcaire avec lits de marne.
*e*. Sables verts.
*f*. Marne blanchâtre.

*a*, représente le gault, l'albien de l'Aube ; *x*, *b*, *c*, la zone à *Am. inflatus* ; *d*, *e*, la zone à *Pecten asper* ; *f* l'assise à *Holaster subglobosus*, avec le chloritic marl à l'état de marne à la base. Les sables verts (*d*, *e*) de la zone à *Pecten asper* de Buckland, sont un des derniers affleurements de cette zone à *P. asper* au N.-E. de l'Angleterre ; au-delà le chloritic marl et la zone à *Am. inflatus* sont en contact. L'affleurement le plus oriental reconnu par Jukes-Browne est à West End Hill près Cheddington où son épaisseur est encore réduite.

La base de l'assise à *Hol. subglobosus* à West End Hill est une marne très-argileuse, riche en fossiles, contenant quelques nodules de silex gris-bleuâtre fondus dans la roche ; je la rapporte au niveau à *Plocoscyphia meandrina* :

*Ammonites varians*, Sow.
» *Coupei*, Brg.
*Baculites baculoides*, d'Orb.
*Inoceramus striatus*, Mant.
» *sp*
*Ostrea Lesueurii*, d'Orb.
» *lateralis*, Nilss.
*Lima elongata*, Sow.
*Cardita dubia*, Sow.
*Nucula* voisine de *Renauxiana*, d'Orb.
*Pecten elongatus*, Gold.
» *laminosus*, Mant
*Janira quadricostata*, Sow.
*Rhynchonella grasiana*, d'Orb
*Terebratulina striata*, Wahl.
*Rhynchonella Martini*, Mant.
*Hemiaster bufo*, Des.
*Discoidea minima*, Ag.
*Epiaster*.
*Plocoscyphia meandrina*, Rœm.

Ce niveau rappelle d'une façon étonnante par sa composition et sa faune, la couche du même âge que j'ai décrite dans les ocrières de l'Yonne (2). Dans ces régions le chloritic marl ne se présente plus avec le même aspect que sur les côtes de la Manche, il est à l'état de marne, et il est souvent impossible de le distinguer du niveau à *Plocoscyphia meandrina* ; il y a passage insensible entre eux.

(1) A. J. Jukes-Browne. Quart. journ. Geol. Soc. Vol XXXI, p. 256
(2) Ch. Barrois. Annal. Soc. Géol. Nord. Vol. II, p. 157.

Au-dessus de ce niveau, une carrière est ouverte à West-End dans la marne compacte (zone à *H. subglobosus*);

J'y ai recueilli :

*Ammonites varians*, Sow.
» *Coupei*, Brg.
*Plicatula inflata*, Sow.
*Inoceramus striatus*, Mant.
*Rhynchonella grasiana*, d'Orb.

L'épaisseur de cette assise à *H. subglobosus* est de 25 m.; M. Whitaker [1] cite le Totternhoe stone au haut de cette colline, je n'ai pas constaté sa présence. J'ai regretté vivement de n'avoir pu aller jusqu'à Totternhoe.

Le *Totternhoe stone* décrit par Hammer [2], Fitton [3], Saunders [4], Whitaker [5], est un calcaire sableux, dur, contenant des grains verts, et quelques nodules phosphatés. Il est formé de deux lits épais de 3 à 4 pieds, séparés par 10 à 15 pieds de marne. L'affleurement du *Totternhoe stone* a été indiqué sur la carte du geological Survey depuis Henton (Oxfordshire) à Hitchin (Hertfordshire); il forme d'après M. Whitaker la partie supérieure du chalk marl. Je suppose par conséquent qu'il correspond à ma zone à *I. labiatus*, dont la base est ordinairement dure et noduleuse; je dois faire remarquer toutefois que les listes qui ont été données des fossiles des *Totternhoe beds*, ne rappellent en rien la faune de la zone à *I. labiatus*.

Le Chalk rock est très-bien développé dans le Buckinghamshire; il a été décrit avec soin par M. Whitaker [6] qui l'a suivi d'une façon continue.

La craie de ce Comté a plus de 170 mètres d'épaisseur d'après Fitton [7] (à Wendover); elle forme les Chiltern Hills proprement dits, son inclinaison générale est vers le S.-E.; les vallées de ces Chiltern Hills, vallée de Loudwater, de Hampden bottom, de Misbourn de Chess, de Bulbourne, sont parallèles entre elles et perpendiculaires à l'inclinaison générale des couches : elles sont dues comme celles des Wealds à de petites ondulations transversales de la craie.

Il y a donc aussi dans le massif crétacé du N. du bassin de Londres deux systèmes d'inclinaisons perpendiculaires entre elles : le premier est vers le S.-E., il est indiqué par le plongement général des couches sous le tertiaire, et par la ligne d'élévation signalée par M. Whitaker [8] dans la région tertiaire de Windsor, à Pinner et Northaw, parallèle à l'escarpement des couches tertiaires. Le second

---

(1) W. Whitaker. Mem. Geol. Survey. Vol IV, p. 42.
(2) E. Hammer. On the Totternhoe stone, Annals of philosophy. Vol. XVI, p. 59.
(3) Fitton. On the strata,..., Trans. Geol. Soc., 2e ser. Vol. IV, p. 294.
(4) Saunders. Geol. mag. Dec 1. Vol. IV, p 154, 545.
(5) Whitaker Mem. Geol. Sur Vol. IV, p 33.
(6) Whitaker Mem. Geol. Survey Tome IV, p. 49.
(7) H. W. Fitton Trans. Geol Soc. London, 2e ser. Vol. IV, p. 318.
(8) W. Whitaker. Mem. Geol Survey. Tome IV. p. 331.
J. Prestwich. Water bearing strata around London, p. 40, 49.

système est un ridement transversal produisant des inclinaisons N.-E. et S.-O. peu sensibles il est vrai ; une des plus considérables a été signalée par M. Whitaker (1) au N. de la vallée de Bulbourne, dans la colline N. N.-E. du château de Berkhampstead, elle est de 5° N. N.-E.

## 7. — Cambridgeshire.

Le Comté de Cambridge a déjà été l'objet de nombreux et excellents travaux géologiques ; ces travaux m'ont appris plus que mes observations personnelles pendant mon trop court séjour à Cambridge. Je ne saurais donc ici que renvoyer aux mémoires de W. Smith, Sedgwick, Rev. J. Hailstone (2), Fitton (3), Lunn (4), Prof. Hughes, Seeley, Sollas, Walker, Keeping, Rev. O. Fisher, Jukes-Browne (5), et Rev. T. G. Bonney.

Je dois particulièrement remercier M Jukes-Browne du Geological Survey, des renseignements qu'il m'a fournis sur les environs de Cambridge qu'il connaît si bien, et dont il a relevé une carte géologique de la plus grande exactitude.

La zone à *Pecten asper* ne se prolonge pas je l'ai dit, au N.-E. de Buckland, et le chloritic marl arrive au contact de la zone à *Am. inflatus*. A Cambridge cette zone à *Am. inflatus* a été dénudée et entièrement enlevée par la mer du chloritic marl, qui contient à sa base ses fossiles remaniés. Ces faits ont été mis en pleine lumière par mon ami Jukes-Browne, il les a représentés par le diagramme suivant :

Fig. 15. — COUPE DU CÉNOMANIEN DU BEDFORDSHIRE.

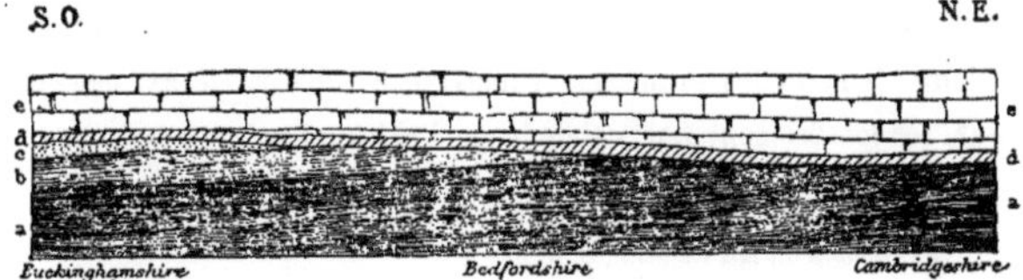


*a*. Gault.
*b*. Zone à *Am. inflatus*.
*c*. Zone à *Pecten asper*.
*d*. Chloritic marl.
*e*. Zone à *Holaster subglobosus*.

(1) W. Whitaker. Mem. Geol. Survey. Tome IV, p. 49.
(2) Rev. J. Hailstone. Outlines of the Geol. of Cambridge. Trans Geol. Soc. Vol. III, p. 243, 1816.
(3) H. W. Fitton. Trans. Geol. Soc., 2e ser. Vol. IV, p. 303.
(4) F. Lunn. On the strata of the N. of Cambridge. Trans Geol. Soc., 1re ser. Vol. V, p. 115.
(5) A. J. Jukes-Browne. Ord. Survey map., n° 51. Carte géologique publiée par l'auteur.
Id. Quart. journ. Geol. Soc. Vol. XXXI, p. 273.

Je change seulement ici la notation, pour conserver celle que j'ai employée dans le courant de ce mémoire. Le chloritic marl est une marne sableuse gris-blanchâtre, avec grains de glauconie, son épaisseur d'environ 3 m. est difficile à préciser car elle passe insensiblement à la zone à *Holaster subglobosus*, en devenant de moins en moins argilo-sableuse (¹).

J'y ai recueilli aux environs de Cambridge :

*Vermicularia* voisin de *umbonata*, Sow.
*Anomia*.
*Plicatula*.
*Inoceramus*.
*Ostrea Lesueurii*, d'Orb.
» *vesicularis*, Sow.
*Avicula gryphæoïdes* Sow.
*Terebratulina rigida*, Sow.
*Terebratula sulcifera*, Morris.
» *biplicata*, Sow.
*Rhynchonella Martini*, Mant.
» *lineolata*, Phill.
*Kingena lima*, Defr.
*Argiope megatrema*, Sow.
*Cidaris vesiculosa*, Gold.
» *dissimilis*, Forbes.

Jukes-Browne s'étant occupé d'une façon si complète des niveaux inférieurs au Chloritic marl, je passerai de suite aux couches qui reposent sur le chloritic marl. La marne à *Hol. subglobosus*, est appelée « *Clunch* » dans le Cambridgeshire, elle se présente avec ses caractères minéralogiques et sa faune habituelle dans les grandes carrières de Cherry-Hinton, où elle est exploitée pour faire de la chaux.

J'y ai recueilli les espèces suivantes :

*Ptychodus polygurus*, Ag.
*Lamna acuminata*, Ag.
*Otodus appendiculatus*, Ag.
*Enoploclytia*.
*Ammonites Mantelli*, Sow.
*Inoceramus striatus*, Mant.
*Pecten Beaveri*, Sow.
*Ostrea vesicularis*, Lk.
*Terebratula semiglobosa*, Sow.
*Rhynchonella Mantellana*, Sow.
*Discoïdea cylindrica*, Ag.
*Holaster subglobosus*, Ag.
» *Trecensis*, Leym.

Je n'ai pas observé les bancs inférieurs de la zone à *Hol. subglobosus*, riches en *Am. varians* et en *Turrulites*, dans les carrières de Cherry-Hinton; ils en forment la base d'après M. Jukes-Browne. Les fossiles précédents viennent des 15 mètres visibles au bas des carrières; dans les 10 mètres qui viennent au-dessus, les fossiles sont moins abondants. J'ai trouvé :

*Ammonites Rotomagensis*, variété.
*Inoceramus striatus*, Mant.
*Rhynchonella Mantellana*, Sow.

Je ne puis dire si cette partie appartient à la zone à *Belemnites plenus*, ou à la zone à *Hol. subglobosus*, n'ayant pas trouvé de banc limite entre elles, ni recueilli suffisamment de fossiles. J'évalue à 30 mètres l'épaisseur de cette assise.

A la partie supérieure de la plus haute des carrières de Cherry-Hinton est un banc de 0,05 à 0,10 de marne jaunâtre, très-argileuse, visible même du bas de la carrière; j'y ai trouvé en grande abondance : *Belemnites plenus*, ainsi que quelques *Ostrea Naumanni*, Reuss.

(¹) Les divisions *d*, *e*, de la coupe sont rigoureusement parallèles, c'est une erreur du graveur qui les a mises en stratification discordante.

C'est la zone à *Belemnites plenus* remaniée, identique au « *Soft bed of six feet* » signalé par M. Whitaker [1] à Folkestone, où elle recouvre la zone (N° V) en place. M. Seeley [2] a déjà étudié la carrière de Cherry-Hinton ; nos descriptions se complètent l'une l'autre. On remarque dans la liste de M. Seeley plusieurs espèces que je n'ai pas retrouvées :

| | |
|---|---|
| *Enoploclytia Imagei.* | *Terebratulina striata.* |
| *Glyphæa cretacea.* | *Terebratula biplicata.* |
| 2 *Brachyures.* | *Cidaris sulcata.* |
| *Turrulites Scheuchzerianus.* | » *Bowerbankii.* |
| *Lima globosa.* | |

Au dessus du banc jaune à *Belemnites plenus*, le haut de la carrière montre 1m de craie blanche, très-fendillée, où je n'ai vu que des fragments mal caractérisés d'Inocérames ; le chemin qui passe au-dessus des carrières montre très-nettement la zone Turonienne à *I. labiatus*. Il y a de bas en haut :

1. Craie noduleuse, nodules blancs peu durcis, et quelques petits nodules durs dans une pâte gris verdâtre. . . . . . . . . . . . . . . . 0,75
2. Craie blanche, en plaquettes . . . . . . . . . . . . . . . . 1,00

*Inoceramus labiatus*, Schlt. — *Rhynchonella Cuvieri*, d'Orb.

Cette même zone affleure encore près des Tumuli de Two penny-Loaves ; j'y ai recueilli aussi : *I. labiatus*, *Rh. Cuvieri*, et des éponges.

La zone à *T<sup>ina</sup> gracilis* est très-bien caractérisée sur un petit sentier, situé à l'Est de la voie Romaine, et qui mène à Fulbourn Lodge. La craie exposée dans les tranchées est blanche, marneuse, avec silex gris peu abondants ; elle m'a fourni :

| | |
|---|---|
| *Inoceramus Brongniarti*, Sow. | *Spondylus latus*, Sow. |
| » voisin de *Labiatus* | *Echinoconus subrotundus*, Mant |

Peut-être la craie de Worsted lodge appartient-elle déjà à la craie à *Holaster planus* ; au N. E. de l'Angleterre (comme à l'Est du bassin de Paris), les bancs durs du chalk rock perdent le caractère lithologique qu'ils avaient conservé dans les Comtés du Centre et du Sud, leur faune se trouve dans une zone plus épaisse de craie blanche, homogène, plus tendre et avec silex Il serait intéressant de suivre ce changement dans le Cambridgeshire. La constance des zones inférieures étant constatée dans ce Comté, il est bien probable que l'on y reconnaîtra de même les zones supérieures ; je n'ai pu faire cette étude. Fitton [3] décrit, au S. du Comté, entre Newsell's et Known's Folly un accident peut-être comparable à celui de Kingsclere ; d'après des renseignements que je dois à M. Jukes-Browne qui les tient de M. Penning du Geological Survey, il y aurait aussi dans cette région deux systèmes d'inclinaisons perpendiculaires entre elles. En effet l'inclinaison générale du massif crétacé est vers E. S. E., et les couches montrent des inclinaisons perpendiculaires à cette direction, c'est-à-dire N. N. E. et S. S. O. : à Heydon la craie est horizontale, à Chishall elle incline 25° N. N. E., à Barley 40° N. N. E., à Newsell's Bury 60° N N E., à trois kilomètres à l'Ouest de Tharfield 22° N, à Tharfield horizontale, de l'autre côté elle incline 5° S à Royston.

---

(1) W. Whitaker. Mem. Geol. Survey. Vol. IV, p. 33.
(2) H. Seeley. Geol. mag. Vol. I, p. 150.
(3) W. H. Fitton. Trans. Geol. Soc. 2e ser. Vol. IV, p. 305.

La craie du Cambridgeshire à Luton, d'après M. Prestwich [1], a 270 à 300m d'épaisseur; je passe de suite à la craie de Norfolk, que j'ai étudiée plus en détail.

**8. Norfolk.**

Le Norfolk, en réalité, ne forme plus partie du bassin de Londres; les couches crétacées de ce Comté ne plongent plus sous le tertiaire de Londres; ses rivières ne descendent pas vers la contrée tertiaire. La craie du Norfolk ressemble plus à celle des Comtés du Nord qu'à celle du bassin de Londres; elle plonge vers l'Est un peu Nord. M. Gunn [2] a calculé que la craie qui affleurait à Hunstanton au niveau de la mer était à Yarmouth à 560m sous ce niveau.

Les rivières du Norfolk se jettent directement dans la mer à l'Est et à l'Ouest de ce comté; la ligne de partage des eaux correspond actuellement à l'affleurement du Turonien, de Sheruborne à Swaffham et à Saham. Ce cours est dû à ce que le Turonien, *medial chalk* de S. Woodward [3], est la roche la plus dure et par suite la plus résistante du Norfolk, ce qui explique pourquoi elle forme les hauteurs du Norfolk et la ligne de partage des eaux.

Il est peu probable que le cours des rivières ait été influencé par des accidents anciens du sol; ce sol crétacé étant encore recouvert par une épaisse couche de dépôts récents et quaternaires. Ces dépôts forment la plus grande difficulté que le géologue qui étudie la craie du Norfolk ait à vaincre; ils recouvrent partout la craie d'un manteau épais; c'était pour moi un événement que la rencontre d'une carrière dans ces immenses plaines couvertes de moissons du Norfolk. Je n'ai donc aucune idée des ondulations de la craie dans cette région.

**Hunstanton:** La partie inférieure du crétacé du Norfolk est bien exposée dans la falaise de Hunstanton, falaise si souvent décrite depuis M. Taylor en 1823 jusqu'aux travaux récents du Rev. Wiltshire : A la base est un grès ferrugineux à *Am Deshayesi* (aptien), directement recouvert par la craie rouge. Cette craie rouge est un calcaire coloré par du sesquioxyde de fer; elle contient notamment à la base de nombreux petits galets de quartz, de grès ferrugineux et d'autres roches anciennes. J'y ai recueilli les espèces suivantes :

*Belemnites minimus*, List.
*Terebratulina rigida*, Sow.
*Terebratulina sulcifera* Morris (rare).
» *biplicata*, Sow.
» *Dutempleana*, d'Orb.
» *semiglobosa*, Sow. ?
*Kingena lima*, Defr.
*Spondylus striatus*, Gold.
*Inoceramus sulcatus*, Sow.
» *tenuis*, Mant. ?
*Inoceramus sp.*
*Ostrea conica*, Sow.
» *haliotoïdea*, Sow.
*Avicula gryphæoides*, Sow.
*Pollicipes unguis*, J. Sow.
*Serpula antiquata*, Sow.
*Vermicularia concava* [4], Sow.
*Cidaris gaultina*, Forbes.
» *sp.*
*Podoseris mammilliformis*, Dunc.

(1) J. Prestwich Quart Journ. Geol. Soc No 31. p. 256. 1852.
(2) Rev. J. Gunn. On the dip of Chalk in Norfolk. Geol. association. Vol. 3, p. 117. 1872.
(3) Sam. Woodward. Geol. of Norfolk. 1833.
(4) Il m'est difficile de distinguer les Vermicularia que j'ai recueillies à Hunstanton de celles des sables verts à *Am. inflatus* du S.-E. de l'Angleterre (*V. concava*, Sow.); elles diffèrent au contraire de la Vermicularia (*V. umbonata*, Sow.) si commune à la partie supérieure du Chalk marl, dans la zone à *Bel. plenus*. Le type de la *V. concava* de Sowerby provient de la zone à *Am. inflatus* (upper green sand), celui de la *V. umbonata* du Chalk marl de Hamsey près Lewes : c'est à des échantillons de ces localités que je me rapporte, et non aux descriptions de Sowerby que je crois imparfaites pour ces espèces.

A l'exception de la *Terebratula semiglobosa*, qui ne se montre pas ailleurs à ce niveau, la craie rouge d'Hunstanton contient la faune de la zone à *Am. inflatus*. Le Rev. T. Wiltshire [1], connu pour ses travaux sur la craie rouge d'Angleterre, a donné, ainsi que M. Seeley [2], des listes beaucoup plus complètes de ce niveau. On remarque dans ces listes entre autres types intéressants et caractéristiques :

| | |
|---|---|
| *Ammonites lautus.* | *Cerithium mosense.* |
| » *auritus.* | *Plicatula pectinoides.* |
| » *rostratus*, Sow. | *Rhynchonella sulcata*, Park. |

La craie rouge représente la zone à *Am. inflatus* dans le Norfolk. M. Judd [3] fait remarquer qu'elle est : « conformable with the upper cretaceous beds, but unconformable with the Neocomian » ; c'est la raison sur laquelle je me suis aussi basé pour considérer la zone à *Am. inflatus* comme formant la base du crétacé supérieur. La craie rouge de Hunstanton est parfaitement connue ; les couches supérieures de la craie le sont moins, malgré les descriptions de S. Woodward et de M. Rose. Voici la coupe du crétacé supérieur à Hunstanton telle que je l'ai relevée :

| | |
|---|---|
| *A.* Craie rouge (zone à *Am. inflatus*) . . . . . . . . . . . . . . . . . . . . . . | 1,80 |
| *B.* Argile rouge . . . . . . . . . . . . . . . . . . . . . . . . . . . . . . . . . | 0,02 |
| *C.* Craie très-dure, nodules en haut . . . . . . . . . . . . . . . . . . . . . . . | 0,40 |

| | |
|---|---|
| *Pollicipes unguis*, J. Sow. | *Terebratula sulcifera*, Morris. |
| *Serpula sp.* | *Rhynchonella* voisine de *sulcata*. |
| *Inoceramus sp.* | *Terebratulina striata*, Wahl. |
| *Avicula gryphæoides*, Sow. | *Holaster subglobosus*, Ag. |
| *Ostrea sp.* | *Holaster nodulosus*, Ag. |
| *Terebratula biplicata*, Sow. | *Cidaris vesiculosa*, Gold. |
| » *Dutempleana*, d'Orb. | *Spongia paradoxica*, Wood. |

Cette couche est le banc à *Spongia paradoxica*, observé et décrit par tous les géologues qui ont étudié Hunstanton. Si on en compare la faune à celle de la marne qui recouvre les nodules à Cambridge, et que j'ai rapportée au chloritic marl, on n'hésitera pas à admettre que ces couches sont du même âge. Le *Zoophytic bed* d'Hunstanton est donc le chloritic marl, et la zone à *Pecten asper* manque dans le Norfolk comme dans le Cambridgeshire.

| | |
|---|---|
| *D.* Craie grise sableuse, pétrie de fragments d'Inocérames . . . . . . . . . . . . . . . . | 1,00 |

| | |
|---|---|
| *Ammonites Rotomagensis*, Defr. | *Lima cenomanensis*, d'Orb. |
| *Nautilus.* | » *ovata*, Rœm. |
| *Vermicularia umbonata*, Sow. | *Kingena lima*, d'Orb. |
| » *sp* | *Rhynchonella grasiana*, d'Orb. |
| *Spondylus lineatus*, Gold. | *Terebratula semiglobosa*, Sow. |
| » *striatus*, Gold. | *Discoidea cylindrica*, Ag. |
| *Ostrea vesicularis*, Lk. | *Pseudodiadema variolare*, Cott. |
| » *pectinata*, Lamck. | *Cidaris dissimilis*, Forbes. |
| *Plicatula inflata*, Sow. | *Epiaster crassissimus*, d'Orb. |
| *Pecten Beaveri*, Sow. | *Holaster subglobosus*, Ag. |
| | *Plocoscyphia meandrina*, Rœm. |

(1) R. T. Wiltshire. Quart. journ. Geol Soc. Tome XXV, p. 188. Consulter de plus : Morris, Geol. mag. Vol. VI, p. [illegible]29 ; et Jukes-Browne, L. c. p. 2[illegible]3

(2) H. Seeley On the Hunstanton Red rock Quart. journ. Geol. Soc Vol XX, p. 329, — et, Ann. mag. nat. Hist. 1861. Vol. VII. p. 240.

(3) Judd. Lincolnshire Wolds. Quart. Journ. Geol. Soc. Vol. XXIII, p. 249.

*E.* Craie dure blanche, en feuillets, avec petites veines de marne grise entre les bancs . . . . . 4,00

| | |
|---|---|
| *Plicatula inflata*, Sow. | *Rhynchonella grasiana*, d'Orb. |
| *Ostrea.* | » *Mantelliana*, Sow. |
| *Inoceramus striatus*, Mant. | *Cidaris dissimilis ?* Forbes. |
| *Terebratula semiglobosa*, Sow. | *Holaster subglobosus*, Ag. |

*F.* Lit noduleux peu épais . . . . . . . . . . . . . . . . . . . . . . . . . . . . . . . .

*G.* Craie dure, nombreux Inocérames . . . . . . . . . . . . . . . . . . . . . . . . . . 0,75

| | |
|---|---|
| Baculites | *Lima globosa*, Sow. |
| Inocérames. | |

*H.* Banc de nodules roulés, colorés en jaune et en vert . . . . . . . . . . . . . . . . .

Marne grise contenant une grande quantité de petits Brachiopodes . . . . . . . . . . . . 4m à 5m

| | |
|---|---|
| *Belemnites plenus*, de Blainv | *Magas Geinitzi* Schlo. |
| *Scalpellum.* | *Kingena lima*, d'Orb. |
| *Serpula subtorquata*, Münst. | *Terebratula semiglobosa*, Sow. |
| » *sexangularis*, Münst. | » voisine de *squammosa*, Mant. |
| *Vermicularia umbonata*, Sow. | *Terebratulina rigida*, Sow. |
| *Inoceramus* (rares). | *Rhynchonella Martini*, Mant. |
| *Pecten laminosus*, Mant. | » *Mantellana*, Sow. |
| *Avicula Roxelana*, d'Orb. | » *Cuvieri ?* d'Orb. |
| *Lima cenomanensis*, d'Orb. | *Cyphosoma.* |
| » *elongata*, Sow. | *Cidaris uniformis*, Sorig. |
| *Plicatula inflata*, Sow. | *Salenia Austeni*, Forbes. |
| *Ostrea Lesueurii*, d'Orb. | *Onchotrochus serpentinus*, Dunc, |

Cette marne grise passe insensiblement à une marne blanche, pauvre en fossiles, qui forme le haut de la falaise : c'est la même craie altérée, c'est sous le phare qu'on voit ces couches supérieures. La falaise d'Hunstanton montre donc le Cénomanien tout entier, à l'exception de la zone à *Pecten asper*, qui fait défaut.

L'assise à *Holaster subglobosus*, très-fossilifère dans le Norfolk, y présente les mêmes divisions que dans tout le reste de l'Angleterre ; elles sont en résumé :

*C.* Chloritic marl . . . . . . . . . . . . . . . . . . . . . . . . . . . . . . 0,40
Banc limite net.
*D.* Zone à *Plocoscyphia meandrina* . . . . . . . . . . . . . . . . . . . . . . 1,00
*E F. G.* Zone à *Holaster subglobosus* . . . . . . . . . . . . . . . . . . . . . 4,75
*H.* Banc limite net.
*I.* Zone à *Belemnites plenus* . . . . . . . . . . . . . . . . . . . . . . . . 5,00

Les roches diffèrent assez minéralogiquement pour qu'il soit facile, au bout d'un certain temps de recherche, de les distinguer dans les éboulements et de rapporter ainsi les fossiles qu'on y trouve à leur niveau.

On peut voir dans Fitton (1) de très-bonnes figures des falaises d'Hunstanton ; je me suis abstenu de citer les travaux antérieurs en décrivant la coupe, pour la rendre plus courte et par suite plus claire ; le tableau suivant retracera nettement l'histoire de la falaise d'Hunstanton, il montrera que j'ai pu puiser des renseignements à de nombreuses sources.

(1) W. Fitton. Trans. Geol. Soc, 2e s. Vol. IV. Pl. Xb. Fig. 12a, 12b, 12c.

| Taylor (1)<br>1823 | Fitton (2)<br>1827<br>Murchison<br>1831 | S. Woodward<br>1833 (3) | Muggridge (4)<br>1835 | Rose (5)<br>1862 | Seeley (6)<br>1864 | Rev. Wiltshire (7)<br>1869 | Ch. Barrois<br>1876 |
|---|---|---|---|---|---|---|---|
| Soil and diluvium<br>4,0 | | | Soil and diluvium | | Earth,<br>Reconstructed chalk | | Quaternaire |
| Chalk with few organic remains<br>36,0 | | Lower or hard chalk | Lowest chalk<br>28,0 | Lower chalk | White chalk | Hard compact chalk | I. H. Zone à Bel. plenus<br>G. F. E. Zone à Hol. subglobosus |
| Chalk very hard<br>3,0 | N° 3<br>20,0 | Chalk marle | Chalk marl<br>3,0 | Chalk marl<br>2,6 à 3,0 | Grey Sandy chalk | Band a with Inocerami<br>2,6 | D. Zone à Plocoscyphia meandrina |
| White with a ramified zoophyte, like roots of trees<br>1,6 | N° 4<br>1,6 à 2,0 | 4,0 | White zoophytic bed<br>1,6 | Zoophytic bed<br>2,0 | Sponge layer | Band b with Sp. paradoxica<br>1,2 | C. Chloritic marl |
| Deep red matter<br>0,1 à 0,6 | | | Seam of red argillaceous matter<br>0,3 | | Soapy seam of red matter<br>0,1 | Red argillaceous clay | B. |
| Red chalk, 2,0<br>Red chalk, darker and more compact<br>2,0 | N° 5<br>4,0 | Red chalk<br>2,0 | Red zoophytic limestone in two beds<br>3,10 | Red chalk<br>4,0 | N° 1<br>N° 2<br>N° 3 | Red chalk with Inocerami<br>Red chalk with Belemnites<br>Red chalk with Terebratulæ | A. Zone à Am. inflatus. |
| Ferruginous sand | N° 6 | Carstone | Lower green sand | Carstone | Carstone | Carstone | Aptien |

Les chiffres indiquent les épaisseurs en pieds anglais.

(1) R.-C. Taylor : Geol. of East Norfolk. Phil. mag. 1823. Vol. LXI, p. 81.

(2) W.-H. Fitton : On the strata between..., Trans. Geol. Soc., 2e s. Vol. IV, p. 315. — 1836.

(3) S. Woodward : An outline of the Geol. of Norfolk. — Norwich, 1833.

(4) Muggridge (cité par C.-B. Rose) : Lond. and Edin. Phil. mag. Vol. VI et VII. — 1835-36.

(5) C.-B. Rose : On the cret group. in Norfolk. Proc. Geol. association. Vol. I, p. 227. — 1862.

(6) H. Seeley : On the Hunstanton red rock. Quart. journ. Geol. Soc. Vol. XX, p. 327. — 1864.

(7) Rev. T. Wiltshire : On the red chalk o Hunstanton. Quart. journ. Geol. Soc. Vol. XXV, p. 185. — 1869.

**Intérieur du Norfolk** : (Coupe. Pl. III. Fig. 10). Les divisions reconnues à la côte se suivent dans l'intérieur du pays, une grande carrière à l'Est de Dersingham montre encore la partie supérieure du Cénomanien.

Il y avait à la base :

1. Craie dure blanc grisâtre, un peu sableuse, correspondant à E. de Hunstanton ; elle contient un petit lit de nodules (F.) . . . . . . . . . . . . . . . . . . . . . . . . . . 8,00

*Inoceramus.* — *Rhynchonella grasiana* d'Orb.

2. Craie blanche dure (G.) . . . . . . . . . . . . . . . . . . . . . . . . . . 0,50

*Holaster subglobosus*, Ag.

3. Banc de nodules durcis et roulés (H.)
4. Craie compacte (I). . . . . . . . . . . . . . . . . . . . . . . . . . . . . 1,00

*Ostrea Lesueurii*, d'Orb. — *Holaster subglobosus*, Ag.

5. Craie blanche fendillée (I) . . . . . . . . . . . . . . . . . . . . . . . . 2,00
6. Craie grise compacte marneuse (I) . . . . . . . . . . . . . . . . . . . . . 1,00

*Ammonites planulatus*, Sow.
*Serpula subtorquata*, Münst.
*Lima cenomanensis*, d'Orb.
*Plicatula inflata*, Sow.
*Ostrea vesicularis*, Lk
*Terebratulina rigida*, Sow.
*Kingena lima*, Defr.
*Terebratula semiglobosa*, Sow.
*Cidaris dissimilis*, Forbes.
*Cyphosoma*.
*Onchotrochus serpentinus*, Dunc.

7. Craie blanche marneuse, fendillée (I.) . . . . . . . . . . . . . . . . . . 1,00

De Dersingham vers Shernborne (coupe, Pl. III, Fig. 10), la route qui passe au-dessus de la carrière précédemment décrite montre dans ses fossés des plaquettes de craie dure couvertes d'*Inoceramus labiatus* ; mais c'est surtout vers Shernborne que cette zone est bien développée. Les chemins creux du village sont ouverts dans le Cénomanien, au N. du village à la partie supérieure des carrières, on reconnaît le banc noduleux, congloméré, dur, qui se trouve dans toute l'Angleterre vers la base de la zone à *I. labiatus*.

J'ai recueilli à Shernborne :

*Ammonites nodosoides*, Schlt.
*Inoceramus labiatus*, Schlt.
*Ostrea vesicularis*, Lk.
*Rhynchonella Cuvieri*, d'Orb.
*Discoïdea minima*, Ag.

Cette zone est aussi distincte des précédentes par sa faune et ses caractères lithologiques, que dans tout le reste de l'Angleterre ; si M. Rose (1) cite *Ammonites peramplus*, *Inoceramus mytiloïdes*, avec *Ammonites Mantelli*, *Holaster Trecensis* dans sa *Lower chalk* ou *Hard chalk*, cela tient à ce qu'il réunit dans cette division comme S. Woodward lui-même, mes zones à *Holaster subglobosus*, *Belemnites plenus*, et *Inoceramus labiatus*.

(1) C. B. Rose. On the cret. group. in Norfolk. — Geol. Association. Vol. 1, p 237, 1862.

Le Chalk marl de MM. S. Woodward et C. B. Rose ne correspond pas au Chalk marl de Folkestone, et des comtés du Sud, mais seulement à sa partie inférieure à *Plocoscyphia meandrina*.

De Shernborne vers l'Est en ligne droite, je n'ai pu reconnaître la zone à *T$^{ina}$ gracilis* ; elle est bien représentée cependant dans ce Comté : On peut bien l'étudier aux environs de Sedgeford, ainsi qu'au Sud du Comté dans les carrières de Thetford où elle est fossilifère.

Sedgeford est au Nord de Shernborne ; si en suivant la craie à *Inoceramus labiatus* qui forme le haut des collines de Shernborne, on se dirige au Nord, on arrive sur des couches plus récentes. Au S.-E. de Sedgeford est une carrière, la craie y est blanche, marneuse, et se délite en plaquettes ; elle ne contient pas de silex.

J'y ai recueilli :

*Inoceramus Brongniarti*, Sow.
» *sp.*
*Terebratula semiglobosa*, Sow.
*Holaster coravium*, Lk.
*Echinoconus subrotundus*, Mant.

C'est la zone à *Terebratulina gracilis* avec ses caractères ordinaires : elle était rangée dans le *medial chalk* de S. Woodward et C. B. Rose.

De Sedgeford vers l'Est on passe sur des couches plus récentes, aux dernières maisons de Sedgeford vers Docking, il y a en place dans le chemin un banc de silex gris : ils caractérisent dans le Norfolk la zone à *Holaster planus*. Cette zone à *Holaster planus* affleure vers Docking, Bircham-Newton, et Great-Bircham.

J'ai recueilli à l'O. de Great-Bircham :

*Inoceramus* sp. voisin de *labiatus*.
*Holaster planus*, Mant.
*Rhynchonella Cuvieri*, d'Orb.

A l'O. de Bircham-Newton une belle carrière est ouverte au même niveau dans une craie blanche, dure, avec silex gris noduleux, et bancs tabulaires gris épais de 0,05 à 0,06, espacés de moins de 1$^{m}$. Entre les bancs, il y a de gros silex isolés, semblables à ceux qui sont si fréquents dans la craie de Norwich, où ils ont été désignés sous le nom de *Paramoudras*. Il y a dans cette carrière des bancs de craie noduleuse.

J'y ai recueilli :

*Ammonites Prosperianus*, d'Orb.
*Echinocorys gibbus*, Lk.
*Holaster planus*, Mant.

A ces espèces si caractéristiques de la zone à *H. planus*, on peut ajouter *Infulaster excentricus* signalé à Swaffham par M. Rose (1) et qui est considéré par Schlüter (2) comme une des espèces de

(1) C. B. Rose. On the Cret. groupe in Norfolk. Proc. Geol. Assoc. Vol. 1, p. 227. 1862.
(2) Dr. C. Schlüter. Die Schichten des Teutoburgerwaldes. Zeits. Deut. Geol. ges. 18°. Bd. p. 35. 1866.

ce niveau dans le Teutoburgerwald. La zone à *Holaster planus* du Norfolk rappelle d'une manière frappante, la couche du même âge telle qu'elle se montre en France dans l'Aisne et les Ardennes. Des deux côtés les silex gris sont abondants, ainsi que les gros *Paramoudras* ; des deux cotés cette zone acquiert une épaisseur assez considérable, tandis que le Chalk rock qui lui correspond sur les côtes de la Manche ne dépasse pas quelques mètres.

Il faudrait se garder de ranger dans la zone à *Holaster planus*, toutes les carrières du Norfolk où se trouvent des silex gris. On exploite en de nombreux points de ce Comté pour faire de la chaux, des formations crayeuses (Chalky clay, reconstructed chalk) (1) appartenant à l'époque glaciaire, où il y a des silex gris ou noirs, et parfois même disposés en bancs. Cette craie est remaniée ; on en a de nombreux exemples dans les falaises de Cromer, à North Walsham, Thorpe-Market, Docking, etc. Cette formation recouvre les affleurements crétacés aux environs de Docking, où elle est assez développée.

J'ai pu toutefois recueillir dans la craie de Docking.

| | |
|---|---|
| *Belemnites.* | *Holaster planus*, Mant. |
| *Rhynchonella plicatilis*, Sow. | *Echinocorys gibbus*, Lk. |
| *Ostrea vesicularis*, Lk. | |

La présence d'une Belemnite à ce niveau est intéressante ; c'est un fragment dont la détermination exacte est malheureusement impossible : elle est comparable à Belemnites Strehlensis (2) Fritsch.

Je n'ai pas observé d'une façon bien positive la zone à *Micraster cortestudinarium*. Je rapporte à cet âge une craie avec nombreux silex noirs, visible dans la tranchée à l'Est de la station de Stanhoe ; je n'y ai pas cependant reconnu les fossiles caractéristiques. Elle pourrait aussi être représentée à l'Est de Swaffham.

La zone à *M. coranguinum* se montre dans les carrières de Burnham-Overy ; c'est une craie blanche assez dure, en bancs de 1 à 1,50, séparés par d'assez gros silex noirs. Les fossiles y sont peu abondants :

| | |
|---|---|
| Inocérames à test épais. | *Echinocorys gibbus*, Lk. |
| *Spondylus latus*, Sow. ? | *Amorphospongia globosa*, V. Hag. |

Cette même zone est encore exploitée au Sud de South Creake. La craie contient des bancs de silex peu serrés, noirs, zonés, espacés de 1 à 2m ; des infiltrations ferrugineuses ont coloré sur plusieurs points cette craie, en pénétrant suivant les lits de silex :

| | |
|---|---|
| *Plicatula sigillina*, Wood. | *Echinoconus conicus*, Breyn. |
| *Ostrea hippopodium*, Nilss. | *Echinocorys gibbus*, Lk. |
| *Inoceramus.* | *Micraster coranguinum*, Forbes. |

(1) S. V. Searles Wood. Palœontog. Soc.

(2) A. Fritsch. Ceph. der Bohm. Kreid. — Prag 1872. Pl. 16 fig. 10, 12.

Les couches sont horizontales. A la base de l'une des carrières, il y avait des fragments d'Inocérames, comme il s'en trouve si souvent à ce niveau ; à la partie supérieure il y a de petits lits de marne argileuse. — S. Woodward comprenait encore cette zone à *M. coranguinum* dans sa *Medial-chalk ; L'upper chalk* de ce géologue correspond à nos divisions à Marsupites et à Belemnitelles.

La craie à Marsupites est très-bien caractérisée dans le Norfolk ; elle contient généralement peu de silex, mais montre comme S. Woodward (1) l'avait déjà remarqué les mêmes petits lits de silex tabulaires signalés par Buckland (2) à Brighton et à Hurly Bottom (Oxfordshire). Cette craie est très tendre, il y a assez souvent entre les bancs de petits lits de marne grise.

J'ai ramassé à ce niveau dans les carrières de Wells :

| | |
|---|---|
| *Belemnitella quadrata*, Defr. | *Echinocorys gibbus*, Lk. |
| *Avicula* voisine de *cœrulescens*, Gold (3). | *Bourgueticrinus ellipticus*, Mil. |
| *Inoceramus lingua*, Gold. | *Terebratula semiglobosa*, Sow. |
| *Terebratula semiglobosa* Sow. | *Scyphia cribrosa*, Roem. |
| | Eponges diverses. |

La carrière de Holkham station est encore à ce niveau.

L'assise de la craie à Belemnitelles dans le Norfolk, est connue sous le nom de craie de Norwich, elle est célèbre pour les paléontologistes. M. Hébert (4) a reconnu son âge en 1848. Il l'a dès cette époque assimilée à la craie de Meudon. Elle est bien exposée aux environs de Holt, à Horstead vallée de la Bure, et surtout aux environs de Norwich vallée de la Yare.

C'est une craie blanche, très-tendre, avec nodules de silex noirs, en bancs espacés de 0,50 à 2m ; les gros silex isolés (Paramoudras) y sont fréquents. Lyell (5) a figuré une des carrières de Horstead avec les Paramoudras.

J'ai visité les carrières des environs de Norwich ainsi que celles de Trowse Newton, Witlingham, etc ; à part quelques cassures et variations d'inclinaisons qui me semblent purement locales, je n'y ai rien remarqué qui mérite d'être rapporté. Les carrières les plus riches en fossiles et les plus activement exploitées sont situées au Nord de la ville près de la caserne de cavalerie.

J'y ai recueilli :

| | |
|---|---|
| *Enchodus Lewesiensis*, Mant. | *Terebratulina striata*, Wahl. |
| *Corax pristodontus*, Ag. | *Crania Parisiensis*, Defr. |
| *Lamna subulata*, Ag. | *Magas pumilus*, Sow. |
| *Otodus appendiculatus*, Ag. | *Trigonosemus elegans*, Kœnig. |
| *Odontaspis* | *Rhynchonella octoplicata*, Sow. |
| *Scalpellum maximum*, J. Sow. | » *Woodwardi*, Dav. |
| *Belemnitella mucronata*, Schlt. | » *limbata*, Schlt. |
| *Ostrea vesicularis*, grosse var., Lk. | *Echinocorys ovatus*, Lk. |
| *Pecten cretosus*, Defr. | » *gibbus* ? Lk. |
| *Spondylus œqualis*, Heb. | *Serpula lombricus*, Defr. |
| *Terebratula carnea*, Sow. | » *lituitis*, Defr. |
| » *obesa*, Sow. | » *macropus*, Sow. |

(1) S Woodward. Geol. of Norfolk 1833, p. 27.
(2) Rev. Buckland. Trans. Geol. Soc. Vol. IV, p. 418.
(3) Sans doute l'espèce appelée *nitida*, mais non décrite par C. B. Rose.
(4) Hebert. Bull. Géol. Soc. France, 2e sér. T. XVI, p. 143. 1858.
(5) Sir C. Lyell. Students elements of Geol. 1871, fig. 237, p. 266.

On peut ajouter à cette liste les espèces suivantes, citées dans les mémoires de la Palœontographical Society :

Sharpe : *Aptychus insignis*, Hébert [1] = *A. rugosus*, Sharpe.
» *obtusus*, Hébert = *A. Portlocki*, Sharpe.
» *crassus*, Hébert = *A, peramplus*, Sharpe.
» *Gollevillensis*, Sharpe.
» *Icenicus*, Sharpe.
*Ammonites Velledæ*, Mich.
» *Icenicus*, Sharpe.
Wright : *Cyphosoma magnificum*, Agas.
*Salenia magnifica*, Wright.
» *geometrica*, Ag.
*Discoïdea cylindrica*, Lamk [2].
Darwin : *Scalpellum fossula*, Darw.
*Pollicipes Angelini*, Darw.
» *striatus*, Darw.
» *fallax*, Darwn.
Duncan : *Trochosmilia laxa*, Edw. et H.
» *Wiltshiri*, Dunc.
» *granulata*, Dunc.
» *cylindrica*, Dunc.
*Parasmilia centralis*, Mant.
» *cylindrica*, Edw. et H.
» *Fittoni*, Edw. et H.

M. Davidson a donné déjà la liste complète des *Brachiopodes*.

On pourrait encore compléter cette liste, en y joignant les espèces citées par S. Woodward ; ses listes des fossiles du Norfolk sont beaucoup plus complètes que les miennes, mais elles auraient besoin d'être revues actuellement.

Le lambeau le plus supérieur de la craie du Norfolk, est je crois l'affleurement qui se montre dans les falaises de la partie orientale de ce comté à Trimingham près Cromer. La craie de Trimingham a déjà été décrite par S. Woodward, C. B. Rose, Searles-Wood ; elle ne présente pas de relations stratigraphiques immédiates avec les autres couches de la craie. C'est une falaise isolée de craie avec bancs de silex noirs, haute de 12 m., recouverte et entourée par des couches beaucoup plus récentes.

D'après l'inclinaison générale de la craie du Norfolk, la craie de Trimingham vient reposer sur la craie de Norwich, c'est ce que montre également la faune de cette localité.

---

(1) Hébert. Mém. Soc. Géol. France, 2e sér. Vol. 5, 1855; et Bull. Soc. Géol. France, 2e série. Vol. XVI, p. 143, 1858.

(2) La présence de *D. cylindrica*, Lamk., dans la craie à Belemnitelles est étonnante ; M Wright (ibid. p. 210) dit encore en étudiant ce même genre que le *D. minima* est très-rare en Angleterre, qu'on n'en connait qu'un spécimen J'ai trouvé cette espèce partout où je l'ai cherchée en Angleterre, à la surface des blocs de craie noduleuse à *I. labiatus* lavés et désagrégés dans les falaises.

J'y ai recueilli en effet :

*Belemnitella mucronata*, Schlt.
*Ostrea lunata*, Nills (in Gold.)
» *voisine de Wegmanniana*, d'Orb.
*Serpula Heptagona* ? Von Hag.
» *lombricus*, Defr.
*Rhynchonella limbata*, Dav.
*Magas pumilus*, Sow.
*Terebratulina striata*, Wahl.
*Terebratula carnea*, Sow.
*Crania Parisiensis*, Defr.
*Echinoconus Rœmeri*, d'Orb.
*Echinocorys ovatus*, Lk.
*Cyphosoma elongatum*, Cott.
*Cidaris serrata*, Desor.
*Trochosmilia cornucopiæ*, Dunc.

Cette faune n'est certainement pas plus ancienne que celle de Norwich, et cette craie semble donc en place ; je ne vois pas de raisons pour la supposer relevée par des failles ou par d'autres accidents du sol.

La craie supérieure, le Danien de d'Orbigny ne paraît donc pas représenté en Angleterre ; je ne l'ai pas reconnu dans le Norfolk où l'assise à Belemnitelles se montre si bien développée. Il serait cependant bien intéressant de connaître d'une façon complète la faune de la partie supérieure du Sénonien de ce comté, elle contient en effet des espèces habituellement Daniennes : *Trochosmilia* (Cœlosmilia) *Cornucopiæ*, Dunc., *Ostrea Lunata*, Nilss. ; M le Prof. Rupert-Jones m'a dit, connaître une carrière dans cette région où la craie était remplie de Baculites.

Le *Trochosmilia* (Cœlosmilia) *cornucopiæ*, Dunc, est très-voisin du *Cœlosmilia excavata*, v. Hag. de Rügen ; l'*Ostrea lunata*, Nilss. (Gold. Pet Germ., pl. 75, fig. 2) qui forme des bancs entiers à Trimingham et avait été rapportée par S. Woodward et C B. Rose à l'*Ostrea canaliculata* est une espèce de Maëstricht. Je ne puis distinguer mes échantillons de Trimingham, d'*Ostrea lunata* identiques au type figuré par Goldfuss, et que j'ai recueillies dans la craie supérieure de Ciply.

La craie du Norfolk présente donc absolument les mêmes divisions que celle du Sud de l'Angleterre. Les faits les plus saillants sont l'absence de la zone à *Pecten asper*, le développement de la zone à *Belemnites plenus*, ainsi que celui de la zone à *Hol. planus*, enfin la grande extension de l'assise à Belemnitelles.

Je n'ai pu évaluer séparément l'épaisseur des différentes zones, mais plusieurs puits permettent de connaître exactement l'épaisseur de leur somme Un puits à Mildenhall (Suffolk) (¹) a traversé 58 m. de craie ; un puits à Diss (²) sur les confins du Norfolk et du Suffolk a atteint la base de la craie à 510 pieds (= 170 m.) ; voici le détail des couches traversées.

| | |
|---|---|
| Craie sans silex. . . . . . . . . . . . | 33m |
| Craie à silex. . . . . . . . . . . . . | 110m |
| Grey chalk without flints . . . . . . . . | 20m |
| Argile bleue crayeuse. . . . . . . . . | 7m |
| Sable . . . . . . . . . . . . . . | |

(¹) Sir H Bunbury. Trans Geol Soc. 2e ser. Vol. I, p. 379.
(²) John Taylor. Proced of the Geol Soc, 1833-34. Vol II. p. 93.
W. Fitton. On the strata between.... Trans Geol. Soc., 2e ser. Vol. IV, p. 311.

Diss est bâti sur la craie à Marsupites. Craie sans silex. — Le puits de M. Colman à Norwich [1] a donné les renseignements suivants :

| | |
|---|---|
| Craie à silex. . . . . . . . . . . . . | 350m |
| Craie sans silex. . . . . . . . . . . | 34m |
| Upper green sand . . . . . . . . . . | 2m |
| Gault . . . . . . . . . . . . . . . | 8m |

A Mousehold sur l'autre rive de la Yare, il y a encore 13 mètres de craie au-dessus du niveau de ce puits; on doit donc évaluer l'épaisseur de la craie à Norwich à 397 m. Avec ces documents on peut se faire une idée approximative des épaisseurs des différentes zones :

| | |
|---|---|
| Zone à *Am. inflatus* . . . . . . . . . . . . | 1,30 à Hunstanton |
| Zone à *Pecten asper* . . . . . . . . . . . | 2,00 au puits de Norwich. |

Cette zone est présente au fond du détroit crétacé du Norfolk, elle ne s'était pas étendue jusqu'à Hunstanton, vers le rivage.

| | |
|---|---|
| Assise à *Holaster subglobosus*, | 11m15 à Hunstanton. |
| Zone à *Inoceramus labiatus* | 23,00 |
| Zone à *Terebratulina gracilis* | |

L'épaisseur de ces deux dernières zones me semble trop faible; on l'obtient ainsi en retranchant 11 m. de la craie à *H. subglobosus*, des 34 m. de la craie sans silex du puits de Norwich; la craie à *T$^{ina}$ gracilis* est représentée dans le puits de Norwich par de la craie à silex.

| | |
|---|---|
| Zone à *Holaster planus*, | 110m |
| » à *Micraster cortestudinarium* | |
| » à *Micraster coranguinum* | |

Si des 240 mètres qui restent à diviser à Norwich on enlève les 33 m. de la craie de Diss à Marsupites, il reste 207 m. pour l'assise à Belemnitelles. Cette dernière mesure est exagérée, le sondage de Diss n'étant pas ouvert à la partie supérieure de la zone à Marsupites; cette zone à Marsupites est donc plus épaisse, et l'assise à Belemnitelles ne l'est pas autant.

(1) C. B. Rose. Proc. Geol. Assoc. Vol. I, p. 227, 1862.

La craie du Norfolk peut donc se diviser de la façon suivante :

| CLASSIFICATION GÉNÉRALE. | DIVISIONS DU NORFOLK. | S. WOODWARD, 1833 C. B. ROSE 1862. |
|---|---|---|
| Zone à Am. inflatus. | Craie rouge d'Hunstanton. | Red chalk. |
| Zone à Pecten asper. | Manque (dans les affleurements). | |
| Chloritic marl. | Banc à éponges. | Chalk marle. |
| Zone à Holaster subglobosus. | Craie feuilletée d'Hunstanton. | |
| Zone à Belemnites plenus. | Marne grise d'Hunstanton. | Hard chalk. |
| Zone à Inoceramus labiatus. | Craie de Shernborne. | |
| Zone à Tina gracilis. | Craie de Sedgeford. | Medial chalk. |
| Zone à Holaster planus. | Craie à silex de Bircham-Newton. | |
| Zone à M. cortestudinarium. | Craie de Stanhoe. | |
| Zone à M. coranguinum. | Craie de Burnham-Overy. | |
| Zone à Marsupites. | Craie de Wells. | Upper chalk. |
| Assise à Belemnitelles. | Craie de Norwich. | |

On pourrait reconnaître les divisions supérieures dans le Suffolk ; je n'ai pu étudier la craie de ce comté. Son épaisseur est assez considérable ; d'après des sondages donnés par M. Prestwich [1], elle a 334 m. à Saffron Walden, elle diminue vers le Sud, à Harwich [2] (Essex) elle a 296 m.

## 9. — RÉSUMÉ.

Le terrain crétacé supérieur du bassin de Londres, comme celui du bassin du Hampshire, peut se subdiviser en zones paléontologiques, facilement reconnaissables. Ces zones présentent des variations d'épaisseur d'un comté à l'autre ; la zone à *Pecten asper* présente au centre du bassin (sondages), est parfois absente sur les bords de ce bassin. Le Chalk rock de l'Ouest est remplacé au Nord par un dépôt plus important. La craie à *Belemnitella mucronata* fait défaut dans les trois-quarts du bassin.

J'ai de plus décrit en leur place les accidents du sol, et ai montré leurs rapports avec l'orographie actuelle.

Le tableau suivant résumera les divisions indiquées dans la craie du bassin de Londres ; je m'abstiendrai dans ce Résumé de tout commentaire, devant donner dans la seconde partie de ce chapitre les résultats et les conclusions de cette étude.

## TERRAIN CRÉTACÉ SUPÉRIEUR DU BASSIN DE LONDRES.

| Classification générale | | | Kent | Surrey | Essex | Hampshire | Berkshire | Buckinghamshire | Cambridgeshire | Norfolk | Suffolk |
|---|---|---|---|---|---|---|---|---|---|---|---|
| CÉNOMANIEN | A. à O. conica | Zone à Am. inflatus | Marne de Folkestone | Barry Stone de Merstham | | | Grès de Woolstone | Marne de Puttenham | Cambridge | Craie rouge d'Hunstanton | |
| | | Zone à Pecten asper | Glauconie de Folkestone | Firestone de Merstham | | | Sable de Wallingford | Sable de Buckland | Manque | Manque | |
| | A. à H. subglobosus | Chloritic marl | Marne glauconifère de Folkestone | Chloritic marl | Craie | Craie | Marne ? | Marne grise | Marne de Cambridge | Banc à éponges | Craie |
| | | Zone à Hol. subglobosus | Grey chalk N° 7 de Whitaker | Craie grise de Marden | | | Craie de Compton-Beauchamp | Marne de West End | Marne grise de Cherry-Hinton | Craie feuilletée d'Hunstanton | |
| | | Zone à Bel. plenus | Chalk marl N° 6 de Whitaker | Craie jaune de Marden | | | Marne ? | Marne ? | Marne jaune de Cherry-Hinton | Marne grise d'Hunstanton | |
| TURONIEN | | Zone à Inoc. labiatus | Craie conglomérée de Shakespeare cliff | Upper Marden Park beds | | | Craie d'Uffington castle | Totternhoe stone? | Craie conglomérée de Cherry-Hinton | Craie de Sherbourne | |
| | | Zone à Terebratulina gracilis | Craie sans silex de Douvres | Whiteleaf beds | Craie | Craie | Craie de Streatley | Craie | Craie de Fulbourn-Lodge | Craie de Sedgeford | Craie |
| | | Zone à Hol. planus | Craie noduleuse de Douvres | Lower Kenley beds (en partie) | | | Craie de Bassildon | Chalk rock | Craie | Craie de Bircham-Newton | |
| SÉNONIEN | A. à Micraster | Zone à M. cortestudinarium | Craie à silex de Douvres | Lower Kenley (en partie) Upper Kenley (en partie) | Craie | Craie | Craie de Pangbourn | | | Craie de Stanhoe | |
| | | Zone à M. coranguinum | Craie de Broadstairs | Upper Kenley (en partie) | | | Craie de Chase farm | Craie | Craie | Craie de Burnham-Overy | Craie |
| | A. à Marsupites | Zone à Marsupites | Craie de Margate | Purley beds | Craie des bords de la Tamise | | Craie de Reading | | | Craie de Wells | |
| | A. à Belemnitelles | Zone à Belemnitelles | Manque | Manque | Manque | Manque | Manque | Manque | ? | Craie de Norwich | |
| Épaisseur en mètres | | | 240 à 270 | 180 | 215 | 160 à 200 | 360 | Plus de 170 | 300 | 391 | 334 |

# DEUXIÈME PARTIE.

## CONSTITUTION DU BASSIN CRÉTACÉ DE LONDRES.

### DES CAUSES QUI ONT AMENÉ DES VARIATIONS DANS LA CRAIE DE CETTE RÉGION.

Les couches de craie qui forment le bassin crétacé de Londres doivent leurs variations d'épaisseur, la diversité de leur répartition géographique, et les lacunes qui se trouvent entre elles à plusieurs causes ; ces causes peuvent se résumer ainsi :

| | |
|---|---|
| A. Mouvements du sol | 1. Causes préparatoires (§ 1).<br>2. Causes contemporaines (§ 2).<br>3. Causes postérieures (§ 3). |
| B. Dénudations | 1. Formation des bassins (§ 4).<br>2. Formation des vallées (§ 4). |

Il convient d'examiner successivement ces causes ; je rechercherai ensuite si elles donnent une explication suffisante des effets que je leur rapporte.

### § 1. — Causes préparatoires.

Une première cause de l'inégalité d'épaisseur de la craie du bassin de Londres, est que cette mer crétacée ne trouva pas un sol nivelé par les eaux des mers antérieures ; il y avait au contraire des îles et des hauts fonds.

**1. Haut fond du Weald :** Les Wealds faisaient partie d'un continent pendant le Néocomien, ils recevaient alors les dépôts estuaires d'un vaste cours d'eau ; vers la fin de cette époque ils s'abaissent sous les eaux, mais d'un mouvement lent. Dès le commencement du Lower green sand (Atherfield), la région des Wealds ne reçoit plus de sédiments d'eau douce, la mer néocomienne s'étend du Berkshire au Wiltshire et le Weald devient une presqu'île rattachée à l'Ardenne. Cet état de choses dura pendant le dépôt des couches d'Atherfield et de Hythe ; les couches de Sandgate sont les premières que l'on trouve d'une façon continue autour du Weald, du Surrey au Boulonnais, le Weald est alors une île.

A partir de cette époque l'affaissement du Weald s'est continué jusqu'à la fin du dépôt de la zone à Marsupites ; toutefois il y eut des temps d'arrêt, des oscillations ascendantes, et des émersions secondaires qui séparèrent les différentes zones paléontologiques. J'ai montré que l'axe de l'Artois avait entièrement disparu sous les eaux lors du dépôt de la zone à *Am. inflatus* [1], la différence lithologique de la zone à *Am. inflatus* au Nord et au Sud des Wealds, prouve que l'île Wealdienne était encore en partie exondée à cette époque ; ce fut probablement pendant le cénomanien à *Holaster subglobosus* que le Weald fut entièrement noyé sous les eaux.

Cette assise épaisse de 80m au Nord, et de 30m au Sud des Wealds, prouve que les conditions de dépôt étaient cependant encore bien différentes des deux côtés de ce bombement ; il constituait évidemment un haut fond. J'ai été heureux de voir que ces idées que j'avais émises [1] en 1874, sont pleinement d'accord avec celles de M. Hébert dans son travail sur le bombement du Boulonnais [2].

2. **Haut fond primaire** : Une seconde cause de la différence d'épaisseur des couches crétacées du bassin de Londres, et notamment entre celles du Nord et celles du centre est le haut fond de roches primaires reconnu sous la craie du centre de ce bassin par M. Prestwich. Ce haut fond a été révélé par les sondages suivants décrits par M. Prestwich :

KENTISH TOWN (N. DE LONDRES) [3].

| | |
|---|---|
| Tertiaire | 108m |
| Chalk with flints | 81 |
| Lower chalk without flints | 98 |
| Chalk marl | 35 |
| Sable vert | 4.50 |
| Gault | 43 |
| Grès et argiles, rouge et vert. | 62 |

HARWICH [4].

| | |
|---|---|
| Drift | 8m |
| Tertiaire | 17 |
| Chalk with flints | 230 |
| Lower chalk without flints | 53 |
| Chalk, rocky, in thin layers | 13 |
| Green sand and gault | 7 |
| Gault without sand | 18 |
| Black slaty rock with Posidonomya | 15 |

**Rapport de ce haut fond avec le massif primaire du Brabant** : En étudiant le bassin du Hampshire j'ai rappelé [5] les rapports signalés par M. Godwin-Austen [6] entre l'axe des Wealds et l'axe de l'Artois ; j'ai montré que la structure géologique de la région située au Sud de l'axe des Wealds, était comparable à celle de la région située au Sud de l'axe de l'Artois ; on est donc aussi porté à comparer entre elles les régions situées au N. de ces axes.

---

(1) Ch. Barrois. Annal. Soc. Geol. Nord. Tome 2, p. 42. Novembre 1874.
(2) Hébert. Bull. Soc. Geol. France. 3e Sér. Vol. 3, p. 532. — 1875.
(3) Prof. J. Prestwich. Quart. journ. Geol. Soc. 1855. Vol. XII, p. 6.
» On the probability of finding Coal in the south of England-Coal commmission. Vol. 1, p. 149.
(4) » Quart. jour. Geol. Soc. 1857. Vol. XIV, p. 249.
(5) Voir p. 116 de ce mémoire.
(6) R. A. C. Godwin Austen. Quart. journ. Geol. Soc. Vol. XII. 1856, p. 61.

**Inégalités de la surface de ces terrains primaires** : Dans la région crétacée située en France au N. de l'axe de l'Artois, le terrain crétacé repose partout directement sur le T. houiller ; de nombreuses fosses ouvertes pour exploiter la houille ont appris que la première zone crétacée qu'on retrouve dans tous les sondages d'une façon continue est le Tourtia (zone à *Pecten asper*). Les dépôts formés antérieurement ont nivelé le sous-sol accidenté de cette mer crétacée, en remplissant les dépressions, et on ne les retrouve plus que dans les anciennes dépressions. La zone à *Am. inflatus* a été reconnue dans ces dépressions dans un nombre suffisant de sondages pour qu'on puisse admettre que les eaux à cette époque recouvraient toute cette région d'une façon complète.

On a la preuve de l'inégalité du sol où se formaient les premiers dépôts crétacés en faisant une coupe quelconque à travers le bassin houiller du Nord de la France ; la coupe suivante faite à l'échelle montre combien est irrégulière la ligne de jonction de la craie et du houiller.

Fig. 9. — CONTACT DU TERRAIN CRÉTACÉ ET DES TERRAINS PRIMAIRES DE LILLE A CAMBRAI (1).

Echelle des longueurs 1/400000, des hauteurs 1/10000

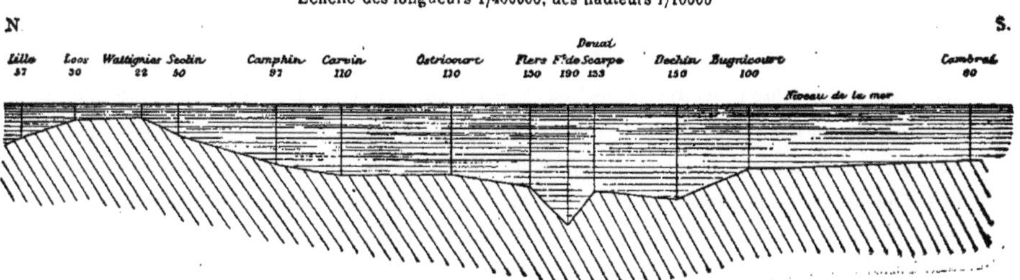


Les sondages profonds ne sont pas assez multipliés dans la région crétacée anglaise pour pouvoir établir une coupe semblable ; M. Prestwich (2) cependant a pu montrer que la surface des terrains primaires y était irrégulière. La conclusion générale est que la craie de ces contrées ne s'est pas déposée sur des couches primaires nivelées par une dénudation marine.

Ces inégalités du fond de la mer crétacée étaient des accidents de détail ; les terrains primaires présentaient de plus alors de vastes ondulations.

**Plissements des terrains primaires** : Le terrain houiller est disposé en bassins ; ces bassins exploités souterrainement dans le Nord et le Pas-de-Calais, affleurent on le sait à l'Ouest dans le Boulonnais, à l'Est dans le Hainaut, les couches se relèvent donc à l'Est et à l'Ouest.

(1) Je dois à M. Gosselet les documents qui m'ont permis de dresser cette coupe.
(2) Prof. J. Prestwich. Quart. journ. Geol. Soc. (Anniv. address.) Vol. XXVIII, p. 87.

Ces plissements à inclinaisons Est et Ouest des terrains primaires se reconnaissent encore en Belgique, M. Prestwich les signale en Angleterre ([1]). Ces plissements sont perpendiculaires aux ridements plus importants qui ont formé les bassins de Namur, de Dinant, de Bristol, dont j'ai parlé en détail (chap. I. Part. 2, p. 116).

*a.* **Plissements des bassins**: En Belgique le bord septentrional de l'ancien bassin de Namur est formé par des couches de plus en plus anciennes à mesure que l'on s'avance au Nord ; le carbonifère affleure à Soignies et à Tournay, le Dévonien à Rhisnes, à Bovesse, le Silurien à Gembloux, à Fosses, où il forme le massif du Brabant célèbre depuis les travaux de M. Gosselet. Au Nord de ce massif le Silurien s'abaisse de nouveau, les terrains primaires ont été rencontrés à 200$^{m}$ à Bruxelles et à 300$^{m}$ à Ostende. Le terrain primaire au N. de la Belgique forme donc des ondulations parallèles aux bassins de Dinant et de Namur, mais on ne sait absolument pas, si ces dépressions sont oui ou non remplies par des dépôts houillers.

Dans le Nord de la France, comme en Belgique, on passe sur des couches de plus en plus anciennes au N. du bassin houiller ; ainsi au N. des houillères de Douai, le calcaire carbonifère a été rencontré sous le crétacé à Orchies, Templeuve, Lille, etc., plus au Nord les sondages ont indiqué le dévonien sous le terrain crétacé ([2]) à Menin à 166$^{m}$.

On voit donc qu'en Belgique et au N. de la France, il se trouve au N. du bassin de Namur, un vaste plateau de roches primaires (massif du Brabant) que les terrains Triasique, Jurassique, et Crétacé inférieur n'ont pas recouvert, et qui est ondulé parallèlement aux bassins houillers. M. Godwin-Austen ([4]) a déjà rattaché le sous-sol paléozoïque du bassin de Londres, aux terrains primaires de la Belgique ; c'est je crois le massif du Brabant qui passe en Angleterre sous le bassin de Londres, des deux côtés sa position est la même par rapport au bassin houiller de Namur, les roches semblent être les mêmes, et la craie repose également sur les couches primaires.

Ces plissements des bassins ramènent à Londres des grès et argiles rouges et verts que je rattache au dévonien inférieur, le dévonien inférieur du N. de la Belgique étant caractérisé par cette couleur ([5]). Il est probable que ces couches plongent au Nord, formant ainsi le bord Sud d'un bassin, car le Silurien ayant été rencontré à Caffiers (Boulonnais) au Nord du bassin houiller, il est naturel de supposer que ce bassin houiller de Namur est de même très resserré au N. du Weald, et que le Silurien affleure aussi sous la craie entre le Weald et Londres ([6]).

---

([1]) Prof J. Prestwich. Quart jour. Geol. Soc. — Anniv Addres Vol. XXVIII, p. 84.
Meugy. Géologie de la Flandre française. Lille 1852, p. 71.

([2]) Meugy. Bulletin. Soc. Géol. France. 2e Sér. Vol. 13, p. 461.
Gosselet. Mém. Terr. prim. Paris 1860, p. 136.

([3]) R A. C Godwin-Austen. Coal commission, Vol. 2, p. 432.

([4]) Gosselet. Poudingue de Burnot, Ann. Scienc. géol Paris.

([5]) Le Calcaire carbonifère signale à Calais pourrait être Dévonien ; du reste cet échantillon est inconnu de tous les géologues et doit être considéré comme douteux.

A Harwich les schistes à Posydonomyes (on les rapporte également au Carbonifère) semblent plonger vers le Sud [1], ces couches primaires formeraient donc le bord Nord du bassin dont le Sud est à Londres ; au centre de ce bassin primaire il a pu se former des dépôts houillers, fait possible, mais dont on ne peut trouver aucune confirmation dans les massifs primaires de la Belgique [2].

Au Nord d'Harwich les couches primaires s'abaissent de nouveau vers le Nord; le sondage de Norwich a prouvé qu'elles étaient à un niveau inférieur de plus de 33 m. à celui d'Harwich [3].

*b.* **Plissements perpendiculaires aux bassins** : Les plissements perpendiculaires signalés en Belgique et en France, se sont produits également en Angleterre ; ils sont au nombre de 8 de l'Angleterre à l'Allemagne d'après M. Prestwich [4], sur la ligne de Namur-Bristol. Un pli concave de cette nature sépare le haut fond primaire de Londres Harwich du Warwickshire et du Leicestershire ; dans ce grand synclinal, les eaux Triasiques et Jurassiques ont coulé comme dans un détroit.

Ce détroit jurassique qui amenait les eaux dans le bassin de Paris s'élargit pendant le Crétacé supérieur grâce à la submersion du Weald. Je partage ici la manière de voir de M. Hébert [5], et crois que la mer du Nord pénétrait largement dans le bassin de Paris entre le Somersetshire et l'Ardenne à l'époque de la craie.

**3. Préexistence du bassin de Londres à ses dépôts** : Les détails qui précèdent montrent que le bassin crétacé de Londres était creusé avant le dépôt de la craie, et que de même une dépression antérieure avait déterminé la formation du bassin jurassique. Lors de ces dépôts secondaires, le plissement des couches primaires s'était produit ; tous les documents positifs que l'on possède montrent que ces ondulations n'ont pas été nivelées, mais qu'au contraire les dépôts secondaires ont atteint leur plus grande épaisseur dans les dépressions et leur minimum sur les saillies.

## § 2. — Causes contemporaines du dépot du terrain crétacé supérieur.

**1. Oscillations des bords** : Dès le commencement du Cénomanien, la mer recouvre tout le bassin actuel de Londres, elle s'étend de plus bien au-delà vers l'Ouest : on en a la preuve dans les escarpements que forme l'upper green sand à *Am. inflatus* vers les collines jurassiques des Cotswolds.

Que les Cotswolds jurassiques aient porté des dépôts cénomaniens inférieurs, cela est probable : mais il semble peu vraisemblable que ces dépôts aient eu une bien grande extension de ce côté,

---

(1) J. Prestwich. Quart. journ. Geol. Soc. Vol. XIV.
(2) Gunn. Proc. Geol. Assoc., 1875, p. 35.
(3) Gunn. Brit. Association Nottingham 1866, Brighton, Bradford.
(4) J. Prestwich. Quart. journ. Geol. Soc. Anniv. address. Vol. XXVIII, p. 84.
(5) Hebert. Bull. Soc. Geol. France, 3e ser. Vol. III, p. 513, 1875.

quand on songe que la zone suivante à *Pecten asper* ne s'est pas étendue au N.-O de ce bassin de Londres jusqu'à la ligne passant par Hunstanton, Cambridge, Buckland.

Lorsque la mer de l'*Holaster subglobosus* envahit ces régions, et que le chloritic marl se forma, il y eut dans le Cambridgeshire un remaniement très-important des couches sous-jacentes, comme les travaux de Jukes-Browne l'ont mis en évidence. L'absence de la faune de la zone à *Pecten asper* (Tourtia) dans le niveau remanié de Cambridge, indique nettement que cette zone ne s'est pas déposée en cette région, et que son absence n'est pas dûe à une dénudation.

Une oscillation du sol a donc émergé le bord N. et N.-O. du bassin de Londres pendant le dépôt de la zone à *Pecten asper*, il en a été de même à l'O. du Kent d'après Jukes-Browne. Des émersions du même genre se sont produites pendant les zones suivantes du Crétacé. M. Hébert a multiplié les exemples d'oscillations de ce genre dans le bassin de Paris ; j'en ai signalé plusieurs à l'Est de ce bassin, comme l'absence de la zone à *Holaster subglobosus* dans l'Aisne, la Marne, les Ardennes, de la zone à *I. labiatus* dans les Ardennes, etc. — En Angleterre leur constatation est plus difficile; on n'est plus aidé par les différences lithologiques des différents niveaux, leur faune est moins riche et moins distincte de celle des niveaux voisins que la faune de la zone à *Pecten asper*. Dans un travail relativement rapide comme celui que j'ai fait dans le bassin de Londres, les bancs durcis, corrodés, noduleux, sont les seules preuves, mais preuves bien convaincantes, des émersions réitérées qui se sont répétées pendant le dépôt de la craie du bassin de Londres.

**2. Oscillations générales** : Des bancs corrodés semblables à ceux dont M. Hébert a fait ressortir l'importance dans le bassin de Paris, se trouvent entre toutes ces zones paléontologiques de la craie du bassin de Londres qu'elles séparent. Ces zones présentent en outre dans leur épaisseur d'autres bancs durcis, mais ces bancs sont locaux, et correspondent sans doute à des courants ou à des oscillations partielles.

On trouve un banc noduleux, remanié, au milieu de l'assise à *Holaster subglobosus* (1), il correspond à l'émersion qui sépare la zone à *Hol. subglobosus* de la faune à *Belemnites plenus*. L'émersion qui sépare le Turonien à *I. labiatus* de la zone à *Bel. plenus* semble avoir été plus importante et plus générale, la partie supérieure de cette dernière zone ayant été dénudée. Il y a à Cambridge et à Folkestone à la base de la zone à *I. labiatus* quelques centimètres d'argile marneuse grise ou jaunâtre résultat de cette dénudation et qui contiennent un grand nombre de *Belemnites plenus* (2).

---

(1) Voir la coupe de Hunstanton, p. 158.

(2) Griffith, le marchand de fossiles de Folkestone, m'a indiqué cette marne grisâtre en m'assurant qu'il y avait recueilli de nombreuses dents de *Ptychodus*, ainsi que des *Hippurites*; il m'a en effet montré un fragment de Rudiste. Cette accumulation de fossiles solides (dents, Belemnites, Rudistes) vient à l'appui du remaniement de ce niveau.

Ces émersions ont-elles eu lieu seulement sur les bords du bassin comme celles de la zone à *Pecten asper*, ou se sont-elles étendues à tout le bassin? c'est difficile à fixer d'une façon absolue Le bassin de Londres n'était à l'époque crétacée qu'un large golfe de la mer du Nord, rien ne permet de tracer la courbe de niveau au-dessous de laquelle les eaux crétacées de cette mer sont descendues après chaque émersion des bords. Quand on envisage cependant la concordance parfaite qui existe entre les différentes zones de la craie d'Angleterre, de Belgique, du Nord de l'Allemagne, et du bassin de Paris, ainsi que la concordance entre les émersions qui les séparent, il faut reconnaître qu'elles sont générales et qu'elles se sont probablement étendues à ces golfes tout entiers. Les sondages pratiqués dans les parties profondes et centrales des bassins ont permis de reconnaître les différentes divisions ([1]). Les émersions qui séparent mes zones actuelles se sont étendues à tous les bords du bassin, ainsi que loin à son intérieur : on peut donc les appeler des *oscillations générales.*

L'émersion entre les zones à *I. labiatus* et *T. gracilis* est moins nette que les précédentes; peut-être ce banc limite échappe-t-il à l'observation à cause des nombreux niveaux noduleux répandus dans le Turonien, et dont il est difficile de le distinguer. Peut-être cette émersion a-t-elle été moins vaste que les précédentes; j'en ai cependant montré des preuves certaines sur les bords du crétacé du Hampshire (dans le comté de Devon) ainsi que sur les bords du crétacé du bassin de Paris (Aisne, Ardennes, Marne).

Les bancs noduleux à nodules verdis roulés, qui se présentent à plusieurs reprises à la partie supérieure de la zone à *T^ina^ gracilis* (zone à *Hol. planus*), donnent des preuves d'oscillations fréquentes, produisant des émersions et des remaniements répétés et à courts intervalles. C'est presque un dépôt de rivage.

Au-dessus de ces bancs la craie noduleuse à *M. cortestudinarium*, et les autres zones du Sénonien sont séparées par des émersions du même genre; je les ai décrites précédemment, il est donc inutile d'y revenir ici.

L'oscillation descendante qui amena la mer de la craie à Belemnitelles sur la craie à Marsupites émergée, fut moins importante que celles qui précédaient : La craie à Belemnitelles dans le bassin de Londres comme dans celui du Hampshire, celui de Paris, et celui de Münster, occupe une surface beaucoup moindre que les zones précédentes. Dès la fin de la craie à Marsupites par conséquent, la grande oscillation ascendante qui éleva tout le Sud de l'Angleterre hors des eaux pendant que les dépôts Daniens se formaient, commence à se faire sentir.

Certains géologues préféreront sans doute voir dans l'absence de ces niveaux, un résultat de dénudations; je ne crois pas devoir me rallier à cette manière de voir sur laquelle je vais revenir bientôt en détail.

---

([1]) Hébert, puits de Passy; Gosselet, puits de Guesnain ; Barrois, puits de Macou, de Liévin (Soc. Géol. du Nord).

## § 3. — Causes postérieures aux dépots crétacés.

**1. Envahissement des eaux tertiaires** : Un affaissement du sol de toute la région peut seul expliquer l'envahissement des couches tertiaires de Thanet. Avant d'étudier ce mouvement et ceux qui le suivirent il convient de rechercher l'état dans lequel se trouvait l'ancien bassin crétacé de Londres quand les eaux tertiaires y firent irruption.

La craie qui se déposa dans le bassin de Londres laissa des sédiments sur toute l'étendue de ce bassin, sur les hauts fonds comme dans les dépressions. Lorsque des dépôts se forment rapidement, lorsqu'ils consistent de gros éléments, comme les poudingues, les conglomérats, ces éléments se tassent en s'accumulant, s'étalent, tendent ainsi à combler les dépressions et à laisser à nu les saillies préexistantes du sol. Ce fait explique la grande irrégularité des bancs de poudingue que l'on observe dans les différentes couches : très épais en un point, les bancs de poudingue ont disparu à quelque distance, et il devient difficile de reconnaître la limite entre deux terrains séparés non loin de là par un épais banc de poudingue (On en a de fréquents exemples dans le Dévonien de l'Ardenne).

Lorsqu'au contraire les sédiments sont très-fins ils ne comblent plus, ils s'accumulent encore dans les dépressions, mais recouvrent cependant les endroits saillants ; on peut s'en assurer en mettant en suspension dans une cuvette remplie d'eau et à parois inclinées une matière suffisamment divisée, on verra que le dépôt plus épais au fond, se formera néanmoins aussi sur les parois. La même chose se produit dans la nature ; il est établi aujourd'hui par les draguages des savants anglais que les dépôts de l'Atlantique sont fins, or le fond de cette mer est aussi irrégulier que la surface de la terre ferme. Il y a un grand plateau montagneux sous le N. de l'Atlantique ; sa surface régulière doit être due à des accumulations superficielles de sable. Sur les pentes O. et N.-O. de ce massif. la profondeur descend rapidement à 200 m., au Sud à 300 mètres la pente est abrupte ; en outre de ces montagnes il y a de profondes vallées N.-S. dans l'Atlantique (¹).

Par conséquent, à la fin de la période crétacée, quand la mer abandonna le bassin de Londres, on doit croire que cette région n'était pas une plaine comparable à une plage actuelle ; c'était encore une dépression qui devait rappeler les principaux traits bien adoucis, il est vrai, de l'orographie de cette même région avant le dépôt crétacé. Les dénudations atmosphériques qui agirent sur ces terres émergées pendant l'époque de la craie supérieure, durent exagérer l'état de choses existant, c'est-à-dire augmenter les dépressions. — Arrive l'envahissement de la mer tertiaire de Thanet, mer froide communiquant largement au Nord comme l'a montré M Prestwich (²), se continuant dans les Flandres et pénétrant dans le bassin de Paris (sables de Bracheux) par le

---

(¹) Article *Sea* dans Penny cyclopœdia, et coupe du lit de l'Atlantique dans la Géographie physique de la mer de Maury.

(²) Prof. J. Prestwich. Quart. journ. Geol. Soc. Vol. VIII, p. 261.

détroit de Tournay, Valenciennes, Clary, Saint-Quentin, Chauny, comme l'a montré M. Gosselet [1]. Cette mer ne s'est pas élevée au-dessus des Wealds qui formaient à cette époque une île d'après M. Prestwich, elle a seulement occupé les dépressions.

**2 Affaissement plus considérable au Sud qu'au Nord du bassin.** — En Angleterre, cette mer de Thanet couvre la région au milieu de laquelle Londres est bâtie, et qui était par conséquent alors une dépression ; elle ne laisse pas de traces dans le Norfolk au Nord du bassin de Londres où était la plus grande profondeur de la mer crétacée. Le centre du *bassin tertiaire* de Londres (sa profondeur maxima) ne correspond pas au centre du *bassin crétacé* de Londres. Le Norfolk, point profond de la mer crétacée, eut été encore une région basse après le crétacé si un soulèvement de cette partie ou un abaissement plus considérable du Sud du bassin n'étaient venus modifier cet état de choses avant le dépôt des couches de Thanet.

Cette oscillation suffirait pour expliquer la différence de lit des mers crétacées et tertiaires ; les inclinaisons des couches ne m'ayant nullement donné des preuves de ce mouvement, je dois me borner à présenter sa possibilité ; peut-être le relèvement exact des altitudes des différents niveaux de la craie prouvera-t-il l'abaissement du Sud du bassin de Londres au-dessous du niveau qu'il conserve dans le Nord. Quoiqu'il en soit de ce mouvement, on peut encore comprendre facilement le creusement du bassin tertiaire de Londres, si on admet avec moi, le retrait de la mer à Belemnitelles du bassin de la Tamise vers le Nord (*a*), ainsi que la conservation des principaux traits de l'ancienne orographie lors de l'émersion du terrain crétacé (*b*).

(*a*). — La craie à Belemnitelles qui continue à se déposer dans la région profonde du Nord du bassin de Londres (Norfolk, Suffolk), alors qu'elle a abandonné le bassin de la Tamise, accumule ses dépôts dans cette dépression et tend par conséquent à la combler. Pendant que cette partie profonde du bassin crétacé se remplit ainsi, les parties émergées se creusent au contraire grâce aux dénudations ; et leurs débris contribuent encore à combler la dépression du Norfolk.

(*b*). — La dénudation fut générale à la surface du bassin crétacé de Londres pendant le Danien, comme l'a déjà montré M. Prestwich ; mais elle est inégale dans les différentes parties de ce bassin. Dans toute la partie occidentale ou Chiltern Hills, les agents atmosphériques forment l'escarpement crétacé parallèlement aux affleurements jurassiques, l'inclinaison générale des couches vers le centre du bassin dirigeait à l'Est les cours d'eaux ; dans la partie méridionale, le Weald émergé envoie vers le Nord les eaux qui tombent sur son versant septentrional ; il y a donc une partie du bassin crétacé de Londres où les cours d'eaux du Weald et ceux du Sud des Chiltern Hills se rencontrent, leur réunion donne lieu à un cours d'eau considérable, ses érosions plus importantes que celles des rivières du Nord des Chiltern Hills dont le bassin hydrographique était moins étendu, ont dû contribuer d'une manière sensible au creusement du bassin tertiaire de la Tamise.

---

[1] Gosselet. Bull. Soc. Géol France, 3e sér. T. II, p. 51.

3. **Oscillations tertiaires** : M. Prestwich [1] a fait connaître l'histoire du bassin de Londres pendant l'époque tertiaire. Les couches marines de Thanet ne sont pas représentées en Angleterre au Sud du bombement Wealdien ; les couches de Woolwich et de Reading marines dans le Kent, sont plus étendues que les précédentes, mais ces dépôts au Sud du Weald sont des dépôts saumâtres ou d'eau douce. La mer du London clay était largement ouverte au Sud, et a laissé des dépôts marins dans le Hampshire comme dans le bassin de Londres. Tous ces dépôts plus ou moins locaux et indépendants les uns des autres comblent les dépressions du sol, et le calcaire grossier (Bracklesham beds) semble s'être déposé sur une surface plus horizontale, en Angleterre, dans le bassin de Paris et dans les Flandres.

Ces différents mouvements au moyen desquels M. Prestwich a expliqué la succession des formations Eocènes n'ont guère laissé de traces dans les couches crétacées; c'étaient des mouvements lents, et d'ensemble, comme ceux que l'on constate depuis les temps historiques sur la côte des Flandres [2], du Sussex, dans le Cotentin [3], dans les vallées de Clyde et de Forth, etc. ; on pourrait seulement s'en rendre compte avec des cartes topographiques complètes, indiquant les altitudes. Mais à la fin de l'Eocène, et avant l'Oligocène, il y a eu dans ce coin de l'Europe un mouvement important, qui a laissé plus de traces dans les dépôts antérieurs que celui qui sépara le crétacé du Tertiaire dans cette région.

**Soulèvement de la fin de l'Eocène** : Je rapporte à ce mouvement, le soulèvement et les fractures du Weald, de l'Artois, et de la Tamise ; il s'est produit après la formation du calcaire grossier inférieur mais s'est continué jusqu'à la fin de l'Eocène.

M. Potier [4] a fixé la production des fractures de l'Artois à la fin de l'époque Laekenienne, pour M. Hébert [5] elle a eu lieu immédiatement après le calcaire grossier inférieur ; MM. Potier et Ortlieb pensent que les argiles glauconifères de la partie supérieure du Laekenien sont un représentant marin des caillasses des environs de Paris, mais la différence de ces dépôts montre cependant qu'une barrière était déjà soulevée entre eux Ce mouvement de soulèvement n'atteint sa plus grande importance qu'à la fin de l'Eocène, avant l'Oligocène ; il y a en effet une discordance stratigraphique énorme dans le bassin Anglo-Flamand entre l'Eocène et l'Oligocène. Je dois entrer ici dans quelques détails sur l'Eocène supérieur de ce bassin, pour montrer qu'il a la distribution géographique de l'Eocène moyen, plutôt que celle de l'Oligocène.

Le Barton clay se déposait dans le bassin du Hampshire, tandis que les sables de Beauchamp se formaient dans le bassin parisien ; M. Prestwich a fait ressortir, il est vrai, la grande différence qui

(1) J. Prestwich. Quart Journ. Geol. Soc. Vol.
(2) H. Debray. Soc. Sciences Lille.
H Rigaux. id.
(3) Quénaut. Soc. Sci. Cherbourg.
(4) Potier. Assoc. Franc. av. Sciences, Lille 1874.
(5) Hébert. Bull. Soc. Geol. France, 3e Sér. Vol. 3. 1875, p. 544.

sépare à tous les points de vue ces couches des formations précédentes. Dans le bassin de Londres au-dessus des couches de Bracklesham (Middle Bagshot), M. Prestwich [1] a décrit des sables jaunes, couleur d'ocre, ou d'un rouge verdâtre qu'il a assimilés aux *upper Bagshot beds*, qui recouvrent le Barton clay dans l'île de Wight. Les fossiles sont rares dans ces sables, cependant M. Whitaker et les géologues du Geological Survey ont admis la détermination de M. Prestwich ; or ces sables Eocène supérieur se retrouvent dans les Flandres. MM. Ortlieb et Chellonneix [2] ont étudié dans les collines Flamandes des sables qu'ils ont appelé *Sables chamois* à cause de leur couleur, et qui occupent la même position au-dessus du Laékenien que les sables chamois qui recouvrent les Bracklesham beds dans le bassin de Londres.

On n'a pas encore recueilli de fossiles dans ces *sables chamois* ; ils ont été rapportés d'abord au Miocène par MM Ortlieb et Chellonneix, mais récemment M Ortlieb [3] se basant sur des motifs théoriques les rapporte avec doute à l'Eocène supérieur. Si on envisage la ressemblance du tertiaire des Flandres avec celui du bassin de Londres, sur laquelle M. Hébert [4] appelait encore récemment l'attention, on n'hésitera pas à identifier les *sables chamois* aux upper Bagshot beds de M. Prestwich, puisqu'ils ont la même position stratigraphique et la même composition lithologique. Pendant l'Eocène supérieur il ne se formait donc de dépôts marins (Barton), ni dans les Flandres, ni dans le bassin de Londres, mais cette époque est représentée dans ces régions par des sables probablement littoraux.

Au-dessus de ces sables de l'Eocène supérieur, le Diestien (crag) repose directement dans les Flandres ; les seuls dépôts tertiaires du bassin de Londres, qui aient été considérés comme postérieurs aux *upper Bagshot beds* sont des sables et grès ferrugineux avec silex roulés rapportés par M Prestwich [5] au Crag, et qui sont réellement identiques au Diestien des Flandres : Je place pour cette raison à la fin de l'Eocène, le grand relèvement du Weald, et le moment de la production des grandes fractures ; j'ai dit en parlant des couches si fortement inclinées du Dorsetshire que les fractures transversales étaient postérieures à ces grandes fractures.

Ce soulèvement de la fin de l'Eocène supérieur fut considérable. M. Potier [6] a été le premier à le signaler pour l'Artois, M Hébert [7] a reconnu que le relèvement de cette région avait été de 200$^{m}$ par rapport à Paris, 100$^{m}$ par rapport à Bruxelles ; MM. Ortlieb et Dollfuss [8] ont fait ressortir la discordance stratigraphique énorme entre les couches du Limbourg et le Laekenien en Belgique.

---

(1) J. Prestwich. Quart journ. Geol. Soc. Vol 8, p. 384.
(2) Ortlieb et Chellonneix. Mém Soc. Sci. Lille.
(3) Ortlieb Annal. Soc. Géol. Nord. Tome 2, p. 208.
(4) Hebert Bull. Soc Geol. France. 3e sér. Vol. 3. 1875., p. 512.
(5) J. Prestwich Quart. journ. Geol. Soc. Vol. XIV, p 322
(6) Potier. Assoc. Franc. av. Sc. euc. Lille.
(7) Hébert. Bull. Soc. Geol. France. 3e Sér Vol 3, p 514.
(8) Ortlieb et Dollfuss, Soc. Malac. Belg. T. VIII. 1873.

L'oligocène et le miocène furent pour le sol crétacé de ce bassin de Londres des périodes de dénudation ; l'abaissement et les oscillations successives qui se produisirent ensuite pendant le Pliocène, le quaternaire et l'époque récente, ne semblent pas avoir produit de grands changements dans la craie de ces régions : Les plus grands effets sont dus aux dénudations, leur étude se rattache plus naturellement à celle des dénudations.

## § 4. — Dénudations.

Dans les pages précédentes je me suis efforcé de tracer l'histoire du bassin crétacé de Londres en m'appuyant sur les faits connus, et cherchant à les rattacher ensemble. Cette marche toutefois m'a éloigné des idées généralement reçues en Angleterre, idées émises et défendues dans de nombreux travaux par des géologues du plus grand mérite.

Les phénomènes qui ont déterminé les variations de diverses natures que l'on observe dans le terrain crétacé d'Angleterre, sont multiples ; mais on s'accorde à attribuer les plus grands effets aux oscillations du sol, et aux dénudations.

Les dénudations ont eu une immense influence sur la configuration de notre planète ; on voit tous les jours la gelée, la pluie, faire courir nos continents vers les océans ; on ne doit pas oublier non plus cependant que malgré la fixité apparente du sol on ne peut citer avec certitude un point où le niveau relatif de la terre et de la mer n'est pas changé depuis une époque peu éloignée.

Beaucoup de géologues anglais accordent une action prépondérante aux dénudations, agissant pendant des temps infinis ; j'ai cru devoir ajouter plus d'importance au rôle des oscillations, pour comprendre la disposition des bassins et de la craie d'Angleterre. Le désaccord de nos conclusions tient à la difficulté matérielle de reconnaître le rôle de chacun de ces agents dans une région qui a été soumise à leur action complexe, et qui en est par conséquent la résultante.

Voici du reste la théorie des *Dénudationistes*, telle qu'elle est exposée dans un livre récent et célèbre déjà à juste titre de M. Ramsay (1874, 4e édition) (1). «Quand des couches ont été plissées en » anticlinaux et en synclinaux, il arrive habituellement que les plis synclinaux ou plis en bassins, » échappent pendant longtemps grâce à cette disposition, aux effets des dénudations ; les plis » anticlinaux saillants, sont au contraire exposés pendant ce temps à tous les agents destructeurs, à » l'air, à la pluie, à l'eau des rivières ou de la mer, et sont par conséquent dénudés »

« En d'autres termes, une partie des couches plissées se trouve si bas que les agents destructeurs » ne peuvent parvenir jusqu'à elle, elle échappe à la dénudation, et ce que les géologues appellent » un *bassin* est ainsi conservé. C'est pour cette raison que le T. houiller est si souvent disposé en

(1) A. Ramsay. Phys Geol. of Britain, p. 68.

» bassins; le Carbonifère ne s'est pas déposé en bassins comme on le supposait, mais des » mouvements du sol ont ainsi plissé ces couches, ce qui les a préservées des dénudations. De » semblables bassins sont communs à tous les terrains. » Dans cette théorie les bassins sont donc en général postérieurs aux dépôts qu'ils renferment; ils sont dûs à un plissement des couches, après lequel l'anticlinal est rasé et le synclinal conservé.

Je ne puis m'occuper ici des terrains houillers sans trop sortir de mon sujet, il y aurait cependant à dire sur cet exemple choisi par M. Ramsay! Je passe donc directement au bassin crétacé de Londres; il y a beaucoup de divergence entre les géologues, au sujet de l'époque de son plissement et des dénudations, après l'Eocène pour les uns, le Crag pour les autres, ou même pendant le Quaternaire. M. Prestwich est je crois le seul partisan de la dénudation prétertiaire.

La remarque faite plus haut que le tertiaire de ce bassin repose sur des zones crétacées différentes, sur la craie à Belemnitelles, sur la craie à Marsupites, fait avancer cette question; elle établit d'une façon indiscutable que l'on ne peut remettre jusqu'au tertiaire la formation des bassins.

La craie à Belemnitelles placée dans la série, entre la craie à Marsupites et les couches de Thanet, n'a pu être enlevée après le dépôt de ces couches tertiaires. L'observation montre que cette craie manque en certains points; il faut donc admettre, que les bassins ont existé pendant toute la durée du Crétacé et que la craie à Belemnitelles s'est déposée en leur centre seulement, ou bien que ces bassins se sont formés entre le Crétacé et le Tertiaire, les plis anticlinaux ayant été dénudés et les synclinaux préservés avant le Tertiaire.

Ces deux hypothèses sont possibles : j'ai donné dans le § 1 (Chap. I, 2e Partie) des faits à l'appui de la première, je vais exposer ici quelques observations qui me semblent défavorables à la seconde.

La disposition de la craie en synclinaux et anticlinaux, étant supposée postérieure à son dépôt, il faudrait expliquer pourquoi les synclinaux sont préservés tandis que les anticlinaux sont nivelés. L'explication est facile s'il se produit une plaine de dénudation marine, ou s'il se produit une inondation, ou une formation quelconque de dépôts qui recouvre et préserve les synclinaux tandis que les agents atmosphériques détruisent les anticlinaux; mais l'explication devient bien difficile dans le cas présent, où l'on n'observe entre la Craie et l'Eocène inférieur ni plaine de dénudation marine, ni inondation, ni sédimentation dans les synclinaux.

Cette époque comprise entre la Craie et l'Eocène fut une période d'émersion, et par suite une période de dénudation atmosphérique; les synclinaux sont exposés à ces influences aussi bien que les anticlinaux; ceux-ci s'abaissent, ceux-là se creusent. Les mêmes agents atmosphériques qui abaissent nos montagnes actuelles, élargissent de la même façon nos vallées lorsque ces vallées sont ouvertes. Mais non-seulement les synclinaux n'ont pas été épargnés par les dénudations prétertiaires, j'ai montré (§ 3. n° 2) que la plus grande influence des dénudations à cette époque devait s'exercer au N. des Wealds, dans la dépression synclinale correspondant au bassin tertiaire de Londres. Il n'y a donc pas d'évidence de dénudations ayant rasé les anticlinaux de craie et respecté les synclinaux au S. de l'Angleterre, entre le Crétacé et le Tertiaire. Les dénudations de cette époque si l'on cherche leur rôle réel dans cette région se sont bornées à faire reculer l'escarpement de la craie des Chiltern Hills et des Wealds, et à former l'argile à silex.

La Craie s'est étendue certainement beaucoup plus loin qu'on ne l'observe de nos jours, car ce dépôt ne s'est pas terminé en un escarpement; cet escarpement crétacé tourné de tous côtés vers les couches plus anciennes est le résultat évident de dénudations atmosphériques, qui ont commencé leur œuvre dès l'émersion de ces couches.

Le mode de formation de l'argile à silex a été recherché à plusieurs reprises; MM. Hughes (¹), Whitaker, (²), Codrington (³), sont d'accord à penser que ce lit de silex verdis, qui se trouve partout dans le Sud de l'Angleterre entre le Tertiaire et la craie, est dû à la décomposition, à la dissolution des parties supérieures de la craie, postérieurement au dépôt des sables de Thanet, par des infiltrations d'eaux chargées d'acide carbonique. M Hughes a observé que ces silex verdis ne sont jamais roulés, usés, brisés, ni décomposés; leur couleur seule les distingue de ceux qui sont en place dans la craie sous-jacente. M. Dowker (⁴) croit que ce lit de silex s'est formé par décomposition de la craie pendant que cette craie était émergée entre le Crétacé et le Tertiaire. Cette explication me semble préférable à la première : les *downs* crétacées jonchées de silex nous montrent en effet la formation contemporaine d'une couche semblable; enfin cette argile à silex ne se trouve pas sous les dépôts quaternaires qui reposent sur la craie et à travers lesquels l'eau filtre comme à travers les dépôts tertiaires, elle se trouve au contraire à la base du tertiaire aux plus grandes profondeurs où l'eau doit arriver difficilement; enfin en Belgique, où cette argile à silex recouvre la craie comme en Angleterre, elle a été signalée au-dessus du calcaire grossier de Mons qu'elle ravine, par MM. Briart et Cornet (⁵).

Je pense pour conclure que la craie à Belemnitelles a pu se déposer sur le Weald et la région septentrionale du Hampshire; mais que s'il en a été ainsi, elle n'a pas été enlevée à une époque prétertiaire parce que la dénudation des anticlinaux était plus active que celle des synclinaux, mais bien parce que son épaisseur était moindre sur les anticlinaux que dans les synclinaux.

Dans l'état actuel de nos connaissances je crois donc qu'il est préférable d'admettre que les bassins n'ont été que modifiés et non formés après leurs dépôts, ils étaient au moins ébauchés avant l'accumulation des dépôts que nous y trouvons. Cette hypothèse permet seule d'expliquer la plus grande partie des faits directement observés.

---

(¹) Prof. Hughes. Quart. journ. Geol. Soc. Vol. XXII, p. 402.
(²) W. Whitaker Geol. Survey. Vol. IV.
(³) T. Codrington. Mag. of the Wilts. archœol. and nat. hist. Soc. Vol. IX, p. 167.
(⁴) G. Dowker. Geol. mag. Vol. III, p. 210, 289.
(⁵) Briart et Cornet. Bull. acad. Belg. 2ᵉ sér., tome XXII, 1866, p. 8.

Les bassins en général ont donc préexisté aux dépôts qui les remplissent; les vallées étant des sortes de bassins où se forment des dépôts positifs (attérissements) ou négatifs (érosions), il convient aussi de chercher ici si elles ont de même préexisté aux eaux qui forment ces dépôts, c'est-à-dire aux rivières?

**2. Formation des vallées.** — La recherche des causes de l'orographie actuelle du sol a beaucoup occupé les géologues anglais. Deux écoles ont été longtemps en présence, celle des partisans des dénudations marines, et celle des partisans des dénudations atmosphériques (Subaërialists). La première représentée par Sir C. Lyell, Sir R. Murchison, Prof. Sedgwick, Prof. Phillips, MM. Edward Hull, Mackie, Mac Intosh, regarde la mer comme le principal agent de la dénudation (1); la seconde école qui est celle de Prof. Ramsay, MM. Jukes, Geikie, Scrope, Colonel Greenwood, Dr Foster, Whitaker, Topley, etc., attribue les inégalités de la surface de la terre aux causes atmosphériques.

Les rivières du Sud de l'Angleterre semblent présenter un cours singulier; plusieurs des rivières des Chiltern Hills, toutes les rivières du Weald, coulent perpendiculairement aux couches, coupant l'escarpement crétacé au lieu de le longer dans la vallée basse du gault. Cette disposition anormale est surtout frappante dans les Wealds, où elle a donné lieu à de nombreuses discussions.

**Vallées du Weald** : Les arguments mis en avant par M. Ramsay (2) contre les partisans de la dénudation marine du Weald me semblent décisifs; je ne m'occuperai donc ici que de la seconde théorie, celle des Subaërialists.

La théorie de M. Ramsay, soutenue et développée par MM. le Neve Foster et Topley (3) est en résumé celle-ci : La mer qui déposa les sables et grès ferrugineux au haut des North-downs (Eocène d'après M. Whitaker et de nombreux géologues, Crag d'après M. Prestwich), transforma la région des Wealds en une plaine de *dénudation marine* (4). La craie à silex fut ainsi enlevée du bombement Wealdien; ce dôme devint une table, dont le niveau était le même que celui des North downs et des South downs. La mer se retire, et les eaux pluviales qui tombent sur ce plateau peuvent (might, p. 115) s'écouler également vers le N. et vers le S. — Ces rivières primitivement à l'altitude du sommet des downs actuelles, se creusent un lit dans la craie au N. et au S. du Weald. Les couches qui forment le centre de la région des Wealds étant plus tendres que la craie, sont dénudées plus rapidement qu'elle; leurs débris étant entrainés et enlevés par les cours d'eaux, la craie forme bientôt ainsi un escarpement autour du Weald, et les lits que les rivières avaient antérieurement creusé deviennent des gorges à travers lesquelles leur passage était auparavant un problème.

---

(1) S. V. Searles Wood On the evidence... Quart. journ. Geol. Soc. Vol. XXVII, p. 3, 1871.

(2) A. Ramsay. Phys. Geol. 1874, p. 108.

(3) Dr Le Neve Foster et Topley. Mem. Geol. Survey, the Weald.

(4) M. A. Ramsay appelle *plaine de dénudation marine*, la plaine ou plutôt la plage formée par une mer qui envahit lentement une terre, lorsque les falaises s'éboulent et sont enlevées par les eaux, à mesure que la mer s'avance. Une contrée ainsi dénudée, est comme le dit M. A. Ramsay (p. 205) une contrée rasée.

(p. 116) : « On any other supposition it is not easy to understand how these channels were formed, » unless they were produced by fractures or by marine denudation, of neither of which there is any » proof. »

Cette manière d'expliquer le passage des rivières à travers un escarpement est si ingénieuse, que l'on est tout d'abord porté à l'admettre ; mais en la regardant de plus près, il se présente bientôt à l'esprit des difficultés.

Il semble étonnant d'abord que les eaux d'un bassin hydrographique si restreint que l'île tertiaire des Wealds, aient creusé des vallées transversales si nombreuses et si profondes ; de plus on ne peut se dissimuler que l'existence de la *plaine de dénudation marine* n'est pas prouvée directement, elle est admise par M. Ramsay comme les fractures avaient été admises par Martin et Hopkins, parce qu'elle est nécessaire à son explication.

Il n'est pas prouvé que la mer du London clay ait passé au-dessus du Weald, car les dépôts de cet âge sont bien différents dans le bassin de Londres et le bassin de Paris. Il n'est pas mieux établi que la mer du calcaire grossier ait recouvert ce dôme tout entier, les Bracklesham beds diffèrent bien des Middle Bagshot beds du bassin de Londres. Si on recherche enfin s'il est probable que la mer Pliocène (les sables ferrugineux auxquels M. Ramsay rapporte la dénudation) ait ainsi rasé tout le pays des Wealds et de l'Artois ; Je citerai cette phrase de M. Ortlieb [1] : « Nous sommes encore dans » l'ignorance au sujet du système Diestien : son âge et son mode de formation, lacustre, fluviatile, ou » marin nous sont inconnus. » M. Prestwich [2] dit de ces couches qu'elles sont « ordinarily without » any distinct stratification » ; Aux Noires-Mottes (Pas-de-Calais) il y a de nombreuses fausses stratifications semblables à celles des dépôts lacustres. Les eaux tertiaires du reste, ont pu envahir et inonder le Weald, sans le niveler en une plaine de dénudation marine,

Ces objections ne prouvent évidemment rien contre la théorie de M. Ramsay, elles montrent seulement que cette théorie repose sur des hypothèses. Il faut chercher à prouver ces hypothèses, ou à donner une explication qui puisse s'en passer. — L'observation que j'ai faite (p. 32) des plissements de la craie perpendiculaires à l'axe du Weald, fournissent une explication de ce genre.

**Préexistence des vallées des Wealds à leurs rivières** : J'ai montré dans la coupe de Beachy-Head à Lewes (fig. 3, p. 31), ainsi que dans celle de l'île de Thanet (p. 133) que les couches crétacées qui forment des deux côtés des Wealds, les South downs, et les North downs, présentent deux séries d'inclinaisons perpendiculaires entre elles.

Les South downs ont d'abord une inclinaison générale Sud, qui devient S.-O. vers Beachy-Head, où le grand axe anticlinal du Weald s'infléchit au S.-E. vers le Boulonnais ; elles montrent en outre d'autres inclinaisons perpendiculaires à la première, et déterminées par les ridements transversaux.

---

[1] Ortlieb. Mt des Chats, Annal. Soc. Géol. Nord. T. II, p. 210.
[2] J. Prestwich. Quart. journ. Geol. Soc. Vol XIV, p. 322, 323.

J'ai décrit ces ridements de Beachy-Head à Lewes, ils se reconnaissent dans toute l'étendue des South downs, M. Topley [1] a montré que l'Adur et l'Arun coulaient dans des plis synclinaux transversaux.

Les North downs présentent de la même façon une inclinaison générale vers le N., et des inclinaisons E.-O. qui lui sont perpendiculaires. Vers Douvres l'inflexion de l'axe des Wealds au S.-E. vers le Boulonnais convertit l'inclinaison générale N. en inclinaison N.-E. ; les inclinaisons perpendiculaires deviennent alors N.-O. et S.-E., comme je l'ai indiqué pour l'île de Thanet. Ces plissements transversaux offrent la même généralité dans les North downs que dans les South downs : dans le Kent M. T. Mck. Hughes [2] a décrit des plis anticlinaux dans la vallée de la Medway, à Lower Hartlip, à Key street, dans la vallée de Sindall, et des synclinaux à Rainham, etc.... ; il conclut à l'existence d'une série d'accidents parallèles dirigés au N. N. E., parallèlement à l'inclinaison générale des North-downs, c'est-à dire perpendiculairement à l'axe des Wealds. M. Topley [3] reconnaît que la Stour, la Medway, coulent dans des plis transversaux.

C'est donc un fait général que les escarpements crétacés qui forment les South downs et les North downs présentent en outre de leur plongement général S. et N., un système d'inclinaisons perpendiculaires aux premières et déterminées par une série de plissements transversaux. Les rivières des Wealds coulent dans ces plis transversaux, dans les synclinaux, ou dans les anticlinaux quand ils sont brisés.

Le cours des rivières du Weald, est ainsi expliqué d'une façon simple ; les plissements de la craie ont déterminé le cours de ces rivières, qu'il y ait eu ou non formation d'une plaine de dénudation marine.

Ce régime des eaux est postérieur à l'Eocène, puisque les plissements transversaux sont postérieurs aux grands mouvements du Weald et de l'Artois, qui datent de cette époque. Pendant toute la durée de l'Eocène, le Weald ordinairement émergé fut dénudé par les agents atmosphériques; cette dénudation jointe à l'épaisseur primitivement faible du dépôt crétacé sur ce bombement, s'accordent à montrer qu'une très-grande portion, peut-être toute la craie, avait été enlevée de sa partie centrale lorsque les plissements se produisirent. En tous cas elle ne tarda pas à en être enlevée, et à partir de ce moment les roches qui affleurent au centre du Weald sont moins résistantes que la craie qui en forme la ceinture ; les agents atmosphériques les désagrègent donc plus rapidement que celles-ci, entraînent et font passer leurs débris par les plissements transversaux de la ceinture crétacée, et déterminent finalement ainsi la grande vallée centrale du Weald.

L'escarpement crétacé qui entoure aujourd'hui cette vallée des Wealds est donc dû comme on

(1) W. Topley. Mem. Geol. Survey. The Weald. 1875, p. 277.
(2) T. Mck. Hughes. Mem. Geol. Survey. Vol. IV, p. 350.
(3) W. Topley. Mem. Geol. Survey. The Weald, 1875, p. 277.

l'a dit souvent déjà, à ce que la craie résiste mieux aux agents atmosphériques que les argiles et les sables Wealdiens. Je reviens donc presque à l'ancienne théorie de MM. Martin et Hopkins, pour qui les vallées transversales des Wealds étaient dûes à des failles.

**Relations entre les accidents du sol et les vallées** : En décrivant la craie du bassin du Hampshire, j'ai montré que les failles de cette région : Ridgeway, Purbeck, Winterborne-Abbas, etc., étaient des plis exagérés, plis synclinaux ou anticlinaux. Ce n'est pas une règle générale, que toute faille soit un pli crevé, il y a de nombreux exemples du contraire ; mais dans le Crétacé du Hampshire, je n'ai pas rencontré une seule faille de quelque importance qui ne soit clairement un pli crevé. Par conséquent, dans ces régions, il n'y a pas de distinction essentielle à faire entre les plis, les fractures, et les failles : ils ne représentent qu'un même accident à différents états.

J'ai montré de plus que ces accidents avaient des rapports intimes, avec la configuration actuelle du sol et la formation des vallées, les érosions qui ont produit ces vallées étant déterminées par les fentes préalables, ou par des dépressions synclinales ou anticlinales. Les dénudations dûes aux agents atmosphériques ont naturellement façonné ensuite les vallées ainsi ébauchées par les accidents anciens.

Je dois donc poser en règle générale pour la région crétacée de l'Angleterre toute entière, cette articipation des accidents à la formation des vallées, ou comme je le disais en commençant la préexistence des vallées. Je ne puis croire que les rivières aient tracé leur cours au hasard sur une plaine de dénudation marine, alors que les eaux du bassin du Hampshire comme celles de la région des Wealds, celles de la chaîne crétacée des Chiltern Hills comme celles du bassin crétacé français de la Manche, sont en relation avec les anciens accidents du sol ; quand enfin la direction de la Tamise aussi bien que celle de la Seine, suivent des axes anticlinaux avec fractures.

Les agents atmosphériques sont la *cause immédiate* de nos vallées ; mais les mouvements du sol, les accidents stratigraphiques en sont souvent les *causes premières*.

**Pas-de-Calais** : Les rapports entre les accidents qui ont affecté le T. Crétacé supérieur dans les bassins de Paris et dans le Sud de l'Angleterre, ont aujourd'hui un intérêt d'actualité tout particulier à propos du tunnel de la Manche.

Dans le bassin crétacé du Hampshire et dans les Wealds, il y a deux séries très-nettes d'accidents perpendiculaires entre eux, les grands axes étant dirigés de E. à O., les accidents transversaux de N. à S. ; A l'Est de la région des Wealds toutefois, le grand axe des Wealds s'infléchit au S.-E. vers le Boulonnais, les accidents transversaux lui restent perpendiculaires et sont par conséquent dirigés comme je l'ai montré plus haut, du S.-O. au N.-E. — Ces deux séries se retrouvent dans le bassin de Paris, où elles ont été étudiées en détail et à plusieurs reprises par M. Hébert [1], ainsi que par M. de Mercey [2].

---

(1) Hébert. Bull. Soc. Geol. France — 2e sér. T. XX, p. 615 ; 3me Sér, Vol. 3, p. 512.
» Comptes-rendus Acad. Sciences. No 1, 1876, p. 101.

(2) De Mercey. Bull. Soc. Geol. France. 2e Sér. T. XX, p. 643.

Je me suis déjà occupé des accidents du bassin de Paris (chap. I, partie 2) ; les grands accidents (axe de l'Artois, de la Bresle, du Bray) perpendiculaires à la Manche, sont en rapport avec les rivières du pays ; les accidents transversaux sont parallèles à la direction générale de la Manche, ils déterminent ainsi d'après M. Hébert une série de bombements et de dépressions, dirigés du S.-O. au N.-E. d'une amplitude qui dépasse souvent 100 mètres (1).

Le fait que les plissements transversaux de la craie des deux côtés du détroit sont dirigés du S.-O. au N.-E, ainsi que la direction S.-O. au N.-E. du détroit lui-même, et la découverte des bombements des Quenocs et du Riden-rouge faite récemment par MM. Potier et de Lapparent (2) s'accordent à montrer que les eaux du Pas-de-Calais comme celles des rivières du Sud de l'Angleterre coulent dans des accidents transversaux de la craie.

Les travaux de MM. Potier et de Lapparent, ainsi que les dernières études de M. Hébert en France; les observations de MM. Hughes, Topley, ainsi que les miennes en Angleterre, confirment la manière de voir que j'avais exprimée, que le grand axe de l'île de Wight ne passe pas dans le détroit, mais que ce détroit était en rapport avec un accident transversal (3).

Cette opinion en ce qu'elle a d'essentiel avait été émise auparavant par MM. de Mercey, et Hébert ; elle ne diffère pas quant au fond de celle de MM. Prestwich (4) et Topley (5). M. Topley, en effet, pensant que le lit du détroit est l'ancien lit des rivières venant du Weald (Rother) doit aussi admettre avec MM. de Mercey, Hébert, et moi-même, que le détroit coule dans un accident transversal, depuis qu'il a lui-même prouvé que plusieurs des rivières du Weald coulaient dans des plis synclinaux transverses (6).

On peut faire encore un rapprochement intéressant entre les accidents qui ont affecté la craie en France et en Angleterre : En Angleterre les rivières actuelles de ces régions coulent dans les *accidents transversaux*, elles suivent en France les *grands accidents*. En France, l'Avre, la Somme, le Thérain, l'Yères, coulent dans de grands synclinaux ; l'Authie, la Bresle, la Béthune dans les anticlinaux. A l'époque quaternaire les eaux anglaises du bassin crétacé du Hampshire, coulaient dans les *grands axes* comme les eaux françaises actuelles (voir vallée synclinale de la Frome, p. 67).

(1) Hébert. Comptes-rendus Acad. Sciences. N° 1, 1876, p. 101.
(2) Potier et de Lapparent. Rapport sur les sondages du Pas-de-Calais. Paris 1875.
(3) Ch. Barrois. Annal. Soc. Géol Nord. Vol. 2, p. 85. Mars 1875.
(4) P. Prestwich Quart. journ. Geol. Soc. Vol. XXI, p. 442 : « Entre Calais et Douvres une rivière venue des Wealds, se jetait dans le détroit. »
(5) W. Topley. Geol of the Weald. Mem. Geol. Survey. 1875, p. 272.
(6) id. id. p. 280.

# Chapitre III.

## CRÉTACÉ SUPÉRIEUR DU NORD DE L'ANGLETERRE.

### INTRODUCTION.

Au Nord des bassins crétacés précédemment étudiés, la craie affleure encore en Angleterre dans le Lincolnshire et dans le Yorkshire. Ce ne sont pas cependant les dépôts crétacés les plus septentrionaux de la Grande-Bretagne ; le N.-E. de l'Ecosse est parsemé de fragments de roches crétacées, à l'O. de cette contrée la craie se montre en place dans les îles de Mull et le Morvern, comme l'ont appris les brillantes découvertes de M. Judd [1]. C'est à la craie d'Irlande qu'il faut comparer la craie de l'Ecosse, je m'en occuperai donc seulement dans le chapitre suivant.

La craie des comtés de Lincoln et de York ne diffère pas notablement de celle du Norfolk. J'ai relevé plusieurs coupes dans la craie du Yorkshire, qui me permettent d'établir positivement ce fait ; le temps m'a manqué jusqu'ici pour parcourir ces comtés comme ceux du S. de l'Angleterre, je ne pourrai donc entrer ici dans les mêmes détails.

### § 1. Lincolnshire [2].

Les « Lincolnshire Wolds » s'étendent de la ville de Burgh à la rivière Humber ; ces collines ne sont pas nues et stériles comme les downs du Sud de l'Angleterre, la craie étant recouverte d'une épaisse couche de dépôts superficiels, il s'y développe une riche végétation.

---

(1) *J. W. Judd.* Sec. rocks of Scotland. Quart. journ. Geol. Soc. Vol. XXX. 1874, p. 220.

(2) *Bogg* Outlines of the Geol. of the Lincolnshire Wolds. Trans. Geol. Soc. Ser. 1. Vol. 3, p. 392.

*W. H. Dikes and J. E. Lee.* Mag. Nat. Hist. 2e Ser. Vol. I. 1837, p. 501.

*Prof. Phillips:* Manual of Geology, 1855, p. 3[illegible]2.

*J. W. Judd:* On the strata that form the base of the Lincoln. Wolds. Quart. journ. Geol. Soc. Vol. XXIII. 1867, p. 227.

Cette région a fourni à M. Judd le sujet d'importants travaux ; il a reconnu la succession des couches suivantes au-dessus de la *craie rouge d'Hunstanton* (ou zone à *Am. inflatus*).

1. Hunstanton red rock . . . . . . . . . . . . . . . . . . . . . . . . . . . . 4,00
2. Sponge bed . . . . . . . . . . . . . . . . . . . . . . . . . . . . . . . . 0,50
3. Arenaceous chalk with Inocerami . . . . . . . . . . . . . . . . . . . . . . .
4. Hard chalk destitute of flints.

Cette craie est dure, ses différentes couches présentent de grandes variations dans leurs caractères physiques et chimiques. C'est elle qui forme les sommets de la chaîne des collines crétacées du Lincolnshire.

5. Chalk with flints.

Les silex sont des nodules disposés en bancs, ou en plaques tabulaires, ou disséminés ; les *Paramoudras* sont rares.

M. Judd a comparé (p. 236-237) ses divisions à celles qui avaient été établies dans le Norfolk par S. Woodward et C. Rose ; voici le résultat de cette comparaison :

| Lincolnshire. — (Judd). | Norfolk. — (Woodward). |
|---|---|
| 1. Red rock. | Red chalk. |
| 2. Sponge bed. | Chalk marl. |
| 3. Arenaceous chalk. | |
| 4. Hard chalk. | Hard chalk. |
| 5. Chalk without flints. | Medial chalk. |
| | Upper chalk. |

D'après M. Judd *l'upper chalk* de Woodward manque donc dans le Lincolnshire ; on n'en connaît pas les fossiles, et si cette division y existe elle est cachée par les dépôts récents si épais du Lincolnshire marsh. Je me rallie d'autant plus volontiers à la manière de voir de M. Judd qu'une grande partie de l'*upper chalk* (craie de Norwich) manque au Nord dans le Yorkshire.

Avant d'essayer de comparer les divisions de M. Judd aux miennes, je dois indiquer les subdivisions qu'il a établies dans le *Hard chalk* (n° 4), il y a de bas en haut (p. 238) :

N° 4.
- *a.* Craie blanche..... plus de 13$^{m}$.
- *b.* Craie rouge de Louth, avec nodules à Louth Union, et dans la vallée de la Lud.
- *c.* Craie blanche, avec quelques lits rouges.

| Lincolnshire. — (Judd). | Norfolk (p. 167) |
|---|---|
| 1. Hunstanton red rock. | Craie rouge de Hunstanton. |
| 2. Sponge bed. | Banc à éponges. |
| 3. Arenaceous chalk. | Craie feuilletée de Hunstanton. |
| 4. Hard chalk. — *a*. craie blanche. | Marne grise de Hunstanton. |
| » *b*. craie rouge. | Craie de Shernborne. |
| » *c*. craie blanche. | Craie de Sedgeford. |
| 5. Chalk with flints. | Craie de Bircham-Newton. |
| | Craie de Stanhoe. |
| | Craie de Burnham-Overy. |
| | Craie de Wells. |
| | Craie de Norwich. |

La craie rouge de Hunstanton (z. à *Am. inflatus)* se suit donc d'une manière continue au N. dans le Lincolnshire ; elle augmente graduellement d'épaisseur (Judd). Il en est de même du Sponge bed (chloritic marl) ; la zone à *Pecten asper* est absente.

L'arenaceous chalk correspond à D de ma coupe d'Hunstanton, partie inférieure de la craie feuilletée (zone à *H. subglobosus*). La craie blanche (a) du n° 4, correspond je crois à la partie supérieure de la zone à *Holaster subglobosus*, et à la marne grise d'Hunstanton à *Belemnites plenus*.

La craie rouge de Louth (b) primitivement assimilée à la craie rouge d'Hunstanton, a été rangée à sa véritable place par M. Judd ; je la compare à la craie de Shernborne (zone à *I. labiatus*), pour plusieurs raisons stratigraphiques et lithologiques. Elle occupe sensiblement le même niveau au-dessus du chloritic marl que la zone à *I. labiatus* dans le Norfolk et le Yorkshire ; elle est colorée en rouge comme dans le Yorkshire, elle est dure et noduleuse comme dans tout le reste de l'Angleterre.

La craie rouge de Louth correspond d'après moi au *Rother planer* du Harz ; je dois dire toutefois que la liste des fossiles de M. Judd ne semble pas appuyer cette manière de voir. Aussi je me hâte de faire remarquer que je ne connais pas le Lincolnshire, et qu'on ne doit pas ajouter la même importance à ces comparaisons qu'à celles qui ont été faites plus haut ; je ne m'étendrai donc pas davantage sur ce dernier tableau.

## § 2. YORKSHIRE.

1. Les Wolds du Yorkshire ressemblent bien aux downs du Sud de l'Angleterre ; ce sont des collines sèches, sans arbres, et à contours arrondis. Ces collines s'étendent de Hessle sur l'Humber au Sud, à Fimber et Wharram au Nord ; de là elles se dirigent à l'Est pour se terminer à la côte au cap de Flamborough.

Les parties inférieures de cette masse de craie sont plus dures que les parties supérieures, elles résistent mieux par conséquent aux agents atmosphériques et forment comme dans le Lincolnshire et le Norfolk les sommets de ce massif. Ces sommités se trouvent à l'O. de la région, l'inclinaison générale étant vers l'Est; les plus grandes altitudes sont Hunsley Beacon 177m, Garraby Beacon 268m, de là les couches crétacées s'abaissent doucement vers la mer, elles sont recouvertes à l'Est par les dépôts quaternaires et récents de la plaine d'Holderness.

Les nombreux puits forés dans la région des Wolds du Yorkshire, ont tous rencontré d'après Phillips la craie rouge sous la craie blanche, mais sous cette craie rouge les couches traversées sont bien différentes. On a rencontré le Kimmeridge clay sous la craie rouge à Sherburn (1) et le Lias à Huggate ; la craie, y compris la craie rouge, est donc en stratification discordante avec les terrains plus anciens. Cette discordance signalée par Phillips, a été reconnue par M. Judd dans le Yorkshire (2) et même dans le Hanovre (3) ; c'est à cause de cette disposition stratigraphique constante de la zone à *Am. inflatus* (craie rouge) que je rapporte comme je l'ai dit déjà à plusieurs reprises, cette division au crétacé supérieur plutôt qu'à l'inférieur (4).

Je vais étudier d'abord le crétacé supérieur de ce comté dans les falaises, puis je suivrai quelques-unes de ces divisions de la côte vers l'intérieur du pays.

2. **Falaises du Yorkshire** : Ces falaises ont souvent attiré l'attention des géologues :

*N. J. Winch.* Observations on the Eastern Part of Yorkshire. Trans. Geol. Soc. Sér. 1. Vol V, p. 545.
*Young and Bird* : Survey of Yorkshire Coast. 1e Edit. 1822, 2e Edit. 1828.
*Prof. Sedgwick* : On the classif. of the strata which appear on the Yorkshire coast. Ann. of Philos. V. XI 1826, p. 339.
*Prof Phillips.* Geol of the Yorkshire coast, 1829, 1835, 1874.
*J. E. Lee* : Notice sur les zoophytes non décrits du Yorkshire. Mag. nat. Hist. Jan. 1839 — ibid. Vol. IV, p. 46. 1840.
*J. Leckenby* ; Speeton clay; the Geologist 1859, p. 9.
*J. W. Judd* : On the Speeton clay Quart. journ. Geol. Soc. 1868, p. 218. Vol. XXIV.
*id.* : On the Neocomian strata of Yorks. And Lincoln. Quart journ. Geol. Soc. 1870. Vol. XXVI, p. 326.
*C. J. A. Meyer* : On the red chalk of Speeton : Geol. Mag. Vol. VI, p. 13. 1869.
*Rev. T. Wiltshire* : On the red chalk of Speeton : Wright's. Mon. Brit. cret. Echinodermata. Vol. XI, p. 8. (Monog. Palæontog. Soc.)
*Rev. J. F. Blake* : Note on the red chalk of Yorkshire. Geol. Mag. 2e Dec. V. I, p. 362. 1874.

La partie inférieure du terrain crétacé se montre à Speeton ; j'ai visité cette localité fameuse en juillet 1875 avec l'Association géologique de Londres conduite par sir Charles Strickland, les professeurs Morris, Rupert-Jones, et MM. Carruthers président de la société, Hudleston, Strangways; je suis heureux de pouvoir ici les remercier de leur direction.

---

(1) Prof Phillips. Geol. of the Yorkshire coast, 2e Edit., p. 17.
(2) J. W. Judd. Quart. journ. Geol. Soc. 1868, p. 223 ; id — ibid. — 1870. Pl. 23, fig. 2.
(3) id, id. 1870, p. 341.
(4) Ch. Barrois. Annal. Soc. Geol Lille. Vol. 2, p. 1

Les argiles si intéressantes qui constituent à Speeton la base du T. crétacé, ont longtemps donné lieu aux discussions ; mais depuis les beaux travaux de M. Judd elles sont devenues le type du Néocomien de la partie septentrionale de l'Angleterre et de l'Allemagne.

Je passe donc de suite à la craie rouge qui repose sur ces argiles, et forme la base du crétacé supérieur (Pl. III. Fig. 11). La craie rouge à *Am. inflatus* a ici une épaisseur de 10m; elle va donc en augmentant graduellement d'épaisseur du Norfolk au Lincolnshire, et au Yorkshire. C'est une marne argileuse, rouge, homogène, elle ne contient plus de galets étrangers comme à Hunstanton ; il y a vers sa partie supérieure des nodules blancs, plus calcaires et plus durs.

J'y ai recueilli :

| | Bas. | Milieu. | Haut. |
|---|---|---|---|
| *Belemnites minimus* (1), List. | + | .... | + |
| *Kingena lima*, Defr | + | + | + |
| *Rhynchonella lineolata*, Phill. | .... | .... | + |
| *Terebratula biplicata*, Sow. | + | + | + |
| » *Dutempleana*, d'Orb. | + | + | + |
| » *capillata*, d'Arch. | .... | + | .... |
| » » d'Arch. var A (2) | .... | + | .... |
| » *semiglobosa*, Sow. | + | + | + |
| *Avicula gryphœoïdes*, Sow | + | + | + |
| » *sp.* | + | .... | .... |
| *Plicatula sigillina*, Wood | + | .... | .... |
| *Ostrea vesicularis*, Lamk. ? | + | + | + |
| » *vesiculosa*, Sow. (3). | + | .... | .... |
| » *sp.* | + | .... | .... |
| *Spondylus striatus*, Gold. | + | .... | .... |
| *Inoceramus* (*tenuis ?*) Mant. | + | + | .... |
| *Cidaris gaultina*, Forb | .... | .... | + |
| *Vermicularia convaca*, Sow | + | .... | .... |
| » *sp.* | + | + | + |

On peut ajouter à cette liste plusieurs espèces intéressantes citées par M. Mëyer (4).

*Inoceramus sulcatus*, Park.
*Vermicularia Phillipsii*, Rœm.
*Terebratulina striata, var.*, Wahl.
» *rigida*, Sow.

---

(1) Je réunis à cette espèce B. Listeri, et B attenuatus, à l'exemple de M. Judd.

(2) Cette espèce est voisine de la Var. A. de d'Archiac ; elle en diffère cependant par sa forme beaucoup plus bombée et son sommet recourbé. Cette variété de la *capillata* est assez commune à Speeton tandis que je n'ai qu'un seul échantillon se rapprochant du type du Tourtia.

(3) Echantillons très-bien caractérisés ; il est singulier que cette espèce si caractéristique de la base de la craie glauconieuse, n'ait pas encore été citée à Speeton.

(4) C. J. A Mëyer, Geol. mag. Vol. VI, p. 14.

Je crois avec M. Judd [1] que ces marnes de Speeton et de Hunstanton correspondent au Flammenmergel du N.-E. de l'Allemagne; Le Flammenmergel a les mêmes rapports avec le Cénomanien que la craie rouge. Ces rapports sont tels que l'on ne peut d'après M. von Strombeck faire passer entre eux de grande limite : « Dass dazwischen eine Hauptgrenze, wie die der mittleren und oberen-Kreide, nicht gezogen werden darf [2] ».

La craie rouge à Speeton se voit des deux cotés du ravin de Speeton gap ; ce ravin semble correspondre à une cassure, mais les plissements et les éboulements encombrent tellement cette partie des falaises crétacées qu'il est difficile de se rendre un compte exact de la structure véritable. Au-dessus de la craie rouge à *Am. inflatus*, dont la partie supérieure est en certains points irrégulière et ravinée, j'ai relevé la coupe suivante :

*A.* Craie blanche très-dure. . . . . . . . . . . . . . . . . . . . . . . . . . . . . . 8,00

| | |
|---|---|
| *Inoceramus.* | *Discoidea cylindrica*, Ag. |
| *Avicula gryphæoïdes*, Sow. [3] | *Pseudodiadema* |
| *Rhynchonella lineolata*, Phil. | *Cidaris dissimilis*, Forbes. |
| *Holaster subglobosus*, Ag. | » *vesiculosa*, Gold. |

Cette craie représente la base de l'assise à *Holaster subglobosus*, ainsi que peut-être le Chloritic marl : la zone à *Pecten asper* manque dans les falaises du Yorkshire.

*B.* Craie légèrement colorée en rouge, alternant avec des bancs blancs. . . . . . . . . . . 5,00

| | |
|---|---|
| *Vermicularia umbonata*, Sow. | *Terebratula semiglobosa*, Sow. |
| *Inoceramus striatus*, Mant. | *Kingena lima*, Defr. |
| *Plicatula inflata*. Sow. | *Cidaris vesiculosa*. Gold. |

*C.* Craie blanc grisâtre, dure, noduleuse, avec bancs roses. . . . . . . . . . . . . . . . . 4,00

| | |
|---|---|
| *Ammonites varians*, Sow. | *Terebratulina rigida*, Sow. |
| *Baculites baculoides*, d'Orb. | *Kingena lima*, Defr. |
| *Vermicularia umbonata*, Sow. | *Rhynchonella Martini*, Mant. |
| *Ostrea vesicularis*, Lk. | *Holaster subglobosus*, Ag. |
| *Terebratula squammosa*, Mant. | *Cyphosoma.* |
| » *semiglobosa*, Sow. | |

*D.* Banc dur corrodé.

---

(1) J. W. Judd. Quart. journ. Geol. Soc 1870, tableau, p. 331.

(2) Von Strombeck, Zeits. Deuts. Geol. ges. VIII Band, 3 Heft. 1856, p. 492.

(3) *Avicula gryphæoïdes*, si abondante dans la zone à *Am. inflatus*, n'en est pas absolument caractéristique. Elle se trouve à Cambridge dans le chloritic marl, je l'ai signalée au Blanc-Nez dans la zone à Pecten asper ; il en est de même en Allemagne : « Bei Braunschweig geht *av. gryphæoïdes* in denjenigen Theil des Cenoman über, der zunächst den Flammenmergel bedeckt, und mit der Tourtia identisch ist. In einzelnen Exemplaren wird sie sogar im noch jüngeren Varians-pläner, gleichfalls Cenoman, gefunden. » (Von Strombeck. Zeits. Deuts. Geol. Ges. VIII Band, 1856, p. 488).

La partie supérieure de *C* représente peut-être la zone à *Bel. plenus*; je ne l'ai pas toutefois reconnue. Ici s'arrête pour moi l'assise à *Hol. subglobosus*; les couches suivantes appartiennent au Turonien à *I. labiatus*.

*E.* Craie dure, blanc grisâtre, en plaquettes irrégulières; veinules de marne grise; *Slickensides*. . 14,00
*Inoceramus labiatus* (nombreux).
*Terebratulina striata*, Wahl.
*Terebratula semiglobosa* Sow.

Cette division (E) contient encore des bancs roses, avec Inocérames que j'ai rapportés aussi au *Inoceramus labiatus*.

Cette partie de la coupe de Speeton a déjà été donnée par M. Wiltshire (1); nos deux coupes sont assez bien d'accord pour les 12 mètres inférieurs (assise à *H. subglobosus*), mais ne concordent plus pour la partie supérieure. M. Wiltshire signale en effet : *Discoïdea cylindrica*, *Holaster subglobosus*, à 26 m. au-dessus de la craie rouge à *Am. inflatus*; l'assise à *Hol. subglobosus* aurait donc une beaucoup plus grande épaisseur d'après la coupe de M. Wiltshire que d'après la mienne.

Je ne connaissais pas malheureusement le travail de M. Wiltshire, lorsque je fis la coupe de Speeton, et j'ai pu me laisser égarer par un glissement (ils sont très-nombreux à Speeton) qui aurait fait descendre la zone à *I. labiatus* d'une vingtaine de mètres. Toutefois la réunion de *Ammonites peramplus* avec *Hol. subglobosus* vers la partie supérieure de la coupe de M. Wiltshire, m'empêche de trancher actuellement cette question; il faut remarquer de plus que « les 40 pieds de craie gris-jaunâtre, ne contenant que des fragments d'Inocérames » (de la coupe de M. Wiltshire), rappellent bien ma zone à *I. labiatus*.

Quoiqu'il en soit de l'épaisseur exacte de l'assise à *Holaster subglobosus*, la zone à *Inoceramus labiatus* existe à Speeton, elle est à l'état de craie grisâtre avec lits roses, et épaisse d'environ 15 m. — La couleur rouge continue donc à se montrer dans le Yorkshire jusque dans la craie à *I. labiatus*, il en est de même dans le Lincolnshire (craie de Louth), ainsi que dans le N.-O. de l'Allemagne.

Le Rother Planer à *I. labiatus* du Harz était considéré en 1858 par M. von Strombeck comme inférieur à la véritable marne à *I. labiatus* de la Westphalie; mais plus tard en 1863 (2) il revint sur cette manière de voir (3). — La craie E (zone à *I. labiatus*) est recouverte à Speeton par :

*F.* Craie blanche compacte, quelques silex. . . . . . . . . . . . . . . . . . . . . . . 20,00
*Inoceramus Brongniarti*, commun.
» *sp.*

*G.* Craie avec silex (parties difficilement abordables dans la falaise).
Zone à *Holaster planus*
Zone à *Micraster cortestudinarium* } . . . . . . . . . 60,00 (?)
Zone à *Micraster coranguinum*.

(1) Rev. T. Wiltshire, p. 8, in Monog. Brit. cret. Echinod. — Palæontographical Society.
(2) Von Strombeck. Über die Kreide von Luneburg, Zeits, Deuts. Geol. Ges. XV, p. 97.
(3) Dr U. Schloënbach. Neues Jahrbuch für min. 1869.

Le haut des falaises de Buckton cliff est formé par de la craie sans silex ; on peut s'assurer facilement de la composition de ces hauteurs dans une carrière située près de la gare de Speeton. Cette carrière à environ 70 m. au-dessus du niveau de la mer est ouverte dans une craie blanche, tendre, sans silex, où j'ai recueilli :

Spongiaires (assez nombreux).
*Echinocorys gibbus.*

C'est la craie à Marsupites ou craie de Bridlington.

L'inclinaison générale de la craie qui forme ces falaises est vers le Sud un peu Ouest, elle est faible. En suivant les falaises vers le Sud-Est, on coupe obliquement les couches et on passe successivement sur des couches de plus en plus récentes. Le pied des falaises étant inabordable, on doit faire la coupe en suivant le haut de l'escarpement ; mais l'épaisseur du quaternaire, les ondulations du sol et le manque de route, rendent cette étude pénible et peu profitable.

On remarque à Scale Nab un plissement des couches. La craie presque horizontale au N. et au S. de Scale Nab, est en ce point redressée, ridée, contournée, d'une façon étonnante. La partie supérieure de la falaise est ici formée par la craie à silex gris que je rapporte à la zone à *Holaster planus*. Ces plissements de Scale Nab avaient attiré déjà l'attention de tous les géologues, MM. Sedgwick (1), Phillips (2), Judd (3); ils sont très-mal représentés sur la coupe pl. III, fig. 11.

L'altitude des falaises s'abaisse notablement vers Thornwick Nab ; de 145 m. aux Bempton cliffs, elle descend ici à 40 m. Cette partie de la coupe est entrecoupée de petites baies où on peut étudier la composition des couches. A Thornwick Nab, la craie est très-pauvre en fossiles, elle est homogène et assez dure, et contient peu de silex, j'y ai recueilli plusieurs Inocérames : *I. Brongniarti.*

A North Sea, se trouve une autre baie où on peut également descendre, la craie y est découpée d'une façon pittoresque par de nombreuses cassures et cavernes dans lesquelles passe l'eau de la mer. Il y a ici 30 m. de craie très-dure, siliceuse, cristalline, avec nombreuses infiltrations spathiques et géodes tapissées de cristaux de carbonate de chaux. Cette craie contient des silex, ils sont gris de fumée, la plupart tabulaires, et en bancs épais de 0,10 à 0,20, espacés de 0,50 à 1,50. L'inclinaison est de 6° vers le Sud un peu Est.

J'ai recueilli dans la baie de North Sea :

*Inoceramus*
*Terebratula semiglobosa*, Sow.
*Rhynchonella Cuvieri*, d'Orb.
*Terebratulina striata*, Wahl.
*Holaster planus*, Mant.
*Echinocorys gibbus*, Lk.
*Cidaris hirudo*, Sorig.
*Bourgueticrinus.*

(1) Sedgwick. Annals of Philos. XI, p 342, 1826
(2) Phillips. Geol. of the Yorks. coast., 2e Edit. 1835, p. 45.
(3) Judd. Quart. journ. Geol. Soc. 1868, p. 221.

C'est la zone à *Holaster planus*, très-importante comme on voit dans le Yorkshire. Les zones immédiatement supérieures à *M. cortestudinarium* et à *M. coranguinum*, n'ont pas un grand développement dans cette région. Elles sont formées par une craie dure avec silex, et pauvre en fossiles ; elles affleurent vers Breil point, Cradle Head, et Stottle Bank nook, je n'ai pu les étudier. Leur puissance ne me semble pas supérieure à 30 mètres.

Le contact de la zone à *M. coranguinum* avec la zone à Marsupites est visible dans Silex Bay (1) à Flamborough Head. Il y a là de bas en haut :

*A.* Craie avec petits lits de marne grise, et deux bancs de silex gris espacés de 2 m. ; l'un est plus mince et tabulaire. . . . . . . . . . . . . . . . . . . . . . . . . . . 5,00

*Echinocorys gibbus*, Lk.

Cette craie est excessivement pauvre en fossiles ; elle appartient pour moi à la zone à *M. coranguinum*. Sa partie supérieure est dure, corrodée, et présente tous les caractères d'un banc limite; il est facilement reconnaissable à un creux qui se trouve au-dessus de lui dans la falaise. — Les couches inclinent de 2° à 3° vers le S. un peu O.

*B.* Craie sans silex, en bancs de 0,10 à 0,40, avec surfaces irrégulières, jaunies, durcies entre les bancs. 5,00

*Echinocorys gibbus*, Lk. *Bourgueticrinus*.
*Pseudodiadema*.

*C.* Lit mince, continu, de fragments d'Inocérames.

*D.* Craie blanche sans silex. . . . . . . . . . . . . . . . . . . . . . . . . . . 10,00

*Offaster corculum* (nombreux), Gold.

*E.* Craie sans silex.

Cette division *E* est recouverte par le quaternaire, qui forme les 2/5 de la hauteur de la falaise.— La craie blanche, tendre, sans silex, qui apparait à Flamborough head se suit sans interruption jusqu'à Bridlington, c'est-à-dire jusqu'aux derniers affleurements crétacés. C'est la zone à Marsupites ; elle se présente ici avec le même caractère lithologique que dans l'île de Thanet, et avec les mêmes caractères paléontologiques que dans tout le reste de l'Angleterre. J'évalue à 80 m. son épaisseur dans le Yorkshire.

De Flamborough head à South Sea, la craie sans silex est horizontale, son épaisseur y est d'environ 25 mètres. J'y ai recueilli (2):

*Belemnites Merceyi*, May.
*Ostrea vesicularis*. Lk.
» *minuta*, Roem.
*Inoceramus lingua*, Gold.
*Rhynchonella plicatilis*. Sow.
*Terebratula sexradiata*, Desl.
» *semiglobosa*, Sow.
*Marsupites ornatus*, Mil.
*Cidaris subvesiculosa*. d'Orb.
» *sceptrifera*, Mant.
*Echinocorys gibbus*, Lk.
*Offaster corculum*, Gold.
Astéries.
*Parasmilia monilis*, Dunc.
*Amorphospongia globosa*, V. Hag.

(1) Sans doute Selwicks bay de Phillips ; j'emploie ici comme dans tout le cours de ce travail, les noms tels qu'ils sont donnés sur la carte de l'Ordnance Survey. Ils ne correspondent pas toujours à ceux qui sont usités dans le pays, comme le montre la coupe de Phillips.

(2) Je ferai remarquer l'absence ou du moins la grande rareté ( je n'en ai pas trouvé ) du genre *micraster* dans la zone à Marsupites du Yorkshire, Schlüter a déjà appelé l'attention sur l'absence de ce genre en certains points de la zone à *Bel. quadrata* d'Allemagne : Gehrden, Quedlinburg (Neues Jahrbuch 1870, p. 932).

De South Sea à Danes' Dyke les couches cessent d'être horizontales, elles inclinent insensiblement vers le Sud, et on passe sur des couches plus récentes.

J'ai recueilli :

*Belemnitella vera*, Mil.
*Ostrea vesicularis*. Lk.
*Ostrea.*
*Bourgueticrinus ellipticus*, Mil.

Le gisement fossilifère de Danes'Dyke est célèbre depuis Phillips, qui y signala l'abondance des marsupites, ainsi que de nombreuses éponges. C'est une craie blanche, tendre, sans silex, où les fossiles sont en effet abondants.

J'y ai trouvé :

*Inoceramus lingua*, Gold.
*Ostrea vesicularis*, Lk.
*Rhynchonella plicatilis*, Sow.
*Terebratula semiglobosa*, Sow.
*Cyphosoma Kœnigi*, Ag.
*Cidaris pseudo-hirudo ?* Cott.
» *sceptrifera*, type, Mant.
» *subvesiculosa*, d'Orb.
*Echinocorys gibbus*, Lk.
*Bourgueticrinus ellipticus*, Mil.
*Marsupites ornatus*, Mil.
Astéries.
*Amorphospongia globosa*, V. Hag.
*Parasmilia centralis*, Mant.
*Caryophyllia cylindracea*, Reuss.

Les beaux spongiaires de Danes'Dyke ont été décrits par Phillips (1), ainsi que par Lee (2) ; on pourra donc en trouver la liste dans leurs travaux. Je ne citerai ici que les quelques espèces que j'ai recueillies et que j'ai pu comparer aux types allemands de F. Rœmer (3). Je n'adopte la classification de Rœmer, que pour pouvoir comparer les espèces des deux pays.

J'ai donc reconnu à Danes'Dyke :

*Cœloptychium agaricoïdes*, Gold. Pet. Germ. Taf. IX, fig. 20. = *Spongia plana* (Phill. pl. 1. Fig. 1).

*Chenendopora aurita* F. Rœm. Spongit. 1864. — Taf. XVI, fig. 2. = *Spongia marginata*. Phill. 1. fig. 5.

*Coscinopora zippei*, Reuss. Verst. Boh. Taf. XVIII, fig. 5. = *Spongia cribosa*, Phill. pl. 1. fig. 7.

*Verrucospongia osculifera*, Rœm., Phillips sp. = *V. turbinata*, Rœm. Kreide Taf. 1. fig. 5. = *Spongia osculifera* Phill. Tab. 1, fig. 8.

*Cupulospongia marginata*, Rœm. Verst. Nord. Kreid. 1841. Taf. 2, fig. 7. = *Spongia capitata*, Phill., pl. 1, fig. 2, et *Spongia terebrata*. Phill. pl. 1, fig. 10.

*Ventriculites infundibuliformis*, Wood. Norfolk, pl. IV, fig. 21. = *Ventriculites multicostatus* F. Rœm. Spong.

*Jerea radiciformis*, Rœm., Phillips sp. (Spongitarien p. 34) = *Spongia radiciformis* Phill. pl. I, fig. 9.

Ces espèces, d'après F.-A. Rœmer sont caractéristiques de la zone à *Belemnitella quadrata* d'Allemagne. Le *Ventriculites infundibuliformis* semble faire exception ; il se trouve en Allemagne dans la craie à *Cuvieri* (zone à *M. cortestudinarium*), mais comme le type de Woodward provenait de Norwich, on ne peut s'étonner de le trouver aussi à un niveau intermédiaire entre la craie à *I. Cuvieri* et à *B. quadrata*.

(1) Prof. Phillips. Geol. of the Yorkshire coast, 1820, 1835, 1874.

(2) J. E. Lee. Notice sur les zoophytes non décrits du Yorkshire. Mag. Nat. Hist. Janv. 1839 ; ibid. Vol. IV, p. 46, 1840.

(3) F. A. Rœmer. Die Spongitarien des Norddeutsch. Kreide-gebirges-Palœontog, 1864.

Si on veut laisser de côté les spongiaires, dont la valeur stratigraphique n'est pas encore bien établie, la comparaison des mollusques et des Echinodermes seuls amène à ce même résultat : La craie de Bridlington correspond à la craie à *Bel. quadrata* de MM. von Strombeck, Hosius, Schlüter, Brauns. L'*Inoceramus lingua* est constamment cité comme un des fossiles caractéristiques en Allemagne, les Marsupites que je n'ai jamais trouvés ailleurs qu'à ce niveau en Angleterre, se trouvent aussi dans la zone à *B. quadrata* d'Allemagne : ils y ont été cités par M. Hosius aux environs de Dorsten (¹). Je considère donc comme établi que la zone à Marsupites d'Angleterre correspond au Sénonien à *Belemnitella quadrata* du N.-O. de l'Allemagne.

La comparaison entre ces deux zones dans le Yorkshire peut encore se pousser plus loin. M. Schlüter a subdivisé la craie à *Bel. quadrata* des environs de Münster en 2 parties (²) :

| Schichten mit *B. quadrata* | Zone inférieure à *Inoceramus lingua* et *Scaphites binodosus*. |
|---|---|
| | Zone supérieure à *Becksia Soekelandi*. |

Ces subdivisions sont parfaitement reconnaissables dans le Yorkshire ; la couche à *Becksia Soekelandi* est surtout caractérisée par sa richesse en éponges, or les bancs riches en éponges de Danes'Dike se trouvent aussi vers la partie supérieure de la zone à Marsupites de Bridlington.

Je reviens à la coupe des falaises du Yorkshire, de Danes'Dyke vers Bridlington. Au-delà de Danes'Dyke (Pl. III, fig. 11) la craie est encore tendre, sans silex ; on la suit jusqu'à Sewerby.

J'ai recueilli dans ce parcours :

| | |
|---|---|
| *Belemnitella quadrata*, Defr. | *Echinocorys gibbus*, Lk. |
| » *vera*, Mil. | *Offaster corculum*, Gold. |
| *Inoceramus lingua*, Gold. | *Cyphosoma*. |
| » Grande espèce plate. | *Bourgueticrinus ellipticus*, Mill. |
| *Ostrea sp.* | Astéries. |
| *Rhynchonella plicatilis*, Sow. | *Caryophyllia cylindracea*, Reuss. |
| *Terebratula semiglobosa*, Sow. | *Amorphospongia globosa* V. Hag. |

A Sewerby la craie disparaît ; la falaise est constituée en entier jusqu'à Bridlington par le quaternaire qui s'étale ensuite sur la plaine d'Holderness. La craie à *Belemnitella mucronata* n'affleure donc pas dans le Yorkshire.

3. **Craie des Yorkshire Wolds** : Je n'ai pu consacrer que bien peu de temps à l'étude de cette région ; je serai donc très-bref.

La craie rouge à *Am. inflatus* a été décrite à Givendale church, à Garrowby Park, à Kirby underdale, par le Rev. J.-F. Blake ; elle y présente le même aspect qu'à Speeton. L'assise à *Holaster subglobosus*, doit être représentée à Warter, où M. Blake signale une craie blanche avec lits rouges, au-dessus de la craie rouge de la zone à *Am. inflatus*.

(¹) Hosius. Beitrage zür Geognosie Westphalens. Zeits. Deuts. Geol. ges. XII Band, 1860, p. 74.
(²) Dr C. Schlüter : Ueber die Spong. Baenke des Münster Landes, Bonn 1872.
id. : Der Emscher Mergel. Verh. d. nat. Ver. Jahrg. XXXI. 1874. p. 89.

J'ai étudié les niveaux supérieurs sur les bords de la rivière Humber. A Hessle, il y a d'importantes exploitations de craie ; la partie inférieure des carrières montre une craie blanche, dure, sans silex.

*Inoceramus labiatus*, Schlt.
*Rhynchonella Cuvieri*, d'Orb.

Elle appartient à la zone à *I. labiatus*. Au-dessus, craie blanche, très-homogène, exploitée pour la fabrication du blanc et de la chaux, des lits d'argile gris-noirâtre séparent les bancs de craie. Epaisseur, 20 mètres.

*Ptychodus mammillaris*, Ag.
*Inoceramus Brongniarti*, Sow.
*Rhynchonella Cuvieri*, d'Orb.
» *plicatilis*, Sow.
*Terebratulina gracilis*, Schlt.
*Terebratula semiglobosa*, Sow.
*Holaster*.
*Echinoconus subrotundus*, Mant.
*Bourgueticrinus ellipticus*, Mil.
Asteries.

C'est la zone à *Terebratulina gracilis*, la mieux caractérisée : elle est identique à celle que l'on exploite dans le Kent et le Sussex. Les couches sont presque horizontales, l'inclinaison générale étant vers l'Est. Cette craie contient quelques silex gris ; à la partie supérieure des grandes carrières, les silex sont plus abondants, et forment des bancs espacés de 1 à 2m., il y a encore des lits d'argile gris noirâtre :

*Holaster planus*, Mant
*Rhynchonella Cuvieri*, d'Orb.
*Terebratula semiglobosa*, Sow.

La zone à *Holaster planus* est ainsi représentée, quoique bien faiblement au haut de ces carrières. — Je n'ai pu observer les couches supérieures, il n'y a plus d'affleurements à l'Est vers Hull.

La zone crétacée la mieux développée, et qui occupe la plus grande surface des Yorkshire Wolds, est sans contredit la zone à Marsupites, ou craie sans silex de Bridlington. On la suit d'une façon continue sur la bordure orientale des Wolds. Je l'ai étudiée aux environs de Great Driffield en compagnie de M. Mortimer, bien connu pour sa belle collection de fossiles crétacés du Yorkshire. Je n'ai pu voir cette collection ; mais je dois à M. Mortimer la communication d'une carte géologique de la craie du Yorkshire, dressée par lui, et où il a séparé la *craie avec silex* de la *craie sans silex* ; il a pu suivre cette division dans le comté tout entier.

Sa *craie sans silex* correspond à ma zone à Marsupites, sa *craie avec silex* correspond à tout ce qui est inférieur à la zone à Marsupites ; on voit combien cette division lithologique de la craie est peu comparable aux divisions de même nature établies dans la craie des comtés du Sud. Ce fait suffirait à lui seul il me semble pour faire renoncer à cette ancienne division des géologues anglais.

La craie à Marsupites des environs de Great-Driffield est blanche, tendre, sans silex.

J'y ai recueilli en compagnie de M. Mortimer :

*Bemnitella quadrata*, Defr.
*Ventriculites infundibuliformis*, Wood.
Et autres spongiaires.

L'assise à *Belemnitella mucronata*, n'affleure donc pas dans le Yorkshire.

### § 3. — Résumé et conclusions.

Le terrain crétacé supérieur du Nord de l'Angleterre, Lincolnshire, Yorkshire, ne diffère guère de celui du Norfolk ; les divisions paléontologiques de la craie de ce bassin septentrional sont les mêmes que celles des comtés du Sud. Le tableau suivant résumera les divisions de la craie du Yorkshire :

| CLASSIFICATION GÉNÉRALE. | DIVISIONS DU YORKSHIRE. | ÉPAISSEURS. |
|---|---|---|
| Zone à Am. inflatus. | Craie rouge de Speeton. | 10$^{m}$ |
| Zone à Pecten asper. | Manque. | |
| Chloritic marl. | Banc à Eponges (Lincolnshire). | |
| Zone à Holaster subglobosus. | Craie à bancs roses de Speeton. | 12 |
| Zone à Belemnites plenus. | Craie ? | |
| Zone à Inoceramus labiatus. | Craie dure à bancs roses de Speeton. Craie rouge de Louth ? (Lincolnshire). | 14 |
| Zone à Tina gracilis. | Craie de Hessle. | 20 |
| Zone à Holaster planus. | Craie à silex gris de North Sea. | 30 |
| Zone à M. Cortestudinarium. | Craie de Breil point. | 30 |
| Zone à M. coranguinum. | Craie de Flamborough head. | |
| Zone à Marsupites. | Craie de Bridlington. { Eponges rares. Ep. nombreuses. | 80 |
| Zone à Belemnitelles. | | |

L'épaisseur du T. Crétacé dans le Yorkshire est donc de 196$^{m}$ d'après mes coupes, Phillips [1] l'avait évaluée à 500 pieds, Young et Bird [2] de 500 à 600 pieds ; elle est donc moindre que dans les bassins de Londres et du Hampshire. Puisque l'accumulation des dépôts a été plus considérable dans ces bassins que dans le Yorkshire qui dépendait de la mer du Nord, il est naturel de penser que ces bassins existaient, et étaient des dépressions, des bas fonds, lors de la formation de la craie.

La zone à *Am. inflatus* se suit à l'état de craie rouge du Norfolk, à Flamborough head ; son épaisseur augmente graduellement dans cette direction. La zone à *Pecten asper* fait entièrement défaut dans toute cette région.

Le chloritic marl, qui n'est à proprement parler que le banc de base de l'assise à *Holaster subglobosus*, existe probablement d'une manière continue dans ces comtés. M. Judd l'a reconnu dans le Lincolnshire ; sa composition minéralogique étant ici la même que celle du reste de l'assise à *Holaster subglobosus*, en rend la distinction difficile. Cette assise conserve à peu près la même épaisseur du Norfolk au Yorkshire ; elle est beaucoup moindre que dans le Sud. Cette craie contient ici des bancs roses.

(1) Phillips. Geol. of the Yorks. Coast. 2e Edit. 1835, p. 17.
(2) Young and Bird. Survey of Yorkshire Coast. 1822, p. 47.

La zone à *Inoceramus labiatus* montre les derniers bancs roses ; de même que la zone suivante à *T^{ina} gracilis*, elle n'atteint pas la même importance que dans les comtés du Sud. La zone à *Holaster planus* se fait remarquer au contraire par sa grande puissance ; je n'ai pas pu bien étudier les zones à *Micraster cortestudinarium* et *Micraster coranguinum*, elles sont peu développées.

La craie à *Marsupites*, ou craie sans silex, a presque la même épaisseur à elle seule que toutes les zones précédentes réunies ; elle est riche en fossiles, et très-belle par conséquent dans le Yorkshire. La craie à *Belemnitella mucronata* enfin, fait défaut dans le Yorkshire ; elle manque aussi dans le Lincolnshire d'après M. Judd.

Un caractère du crétacé du Yorkshire, et du Lincolnshire qui mérite de fixer l'attention, c'est sa ressemblance avec celui du N.-O. de l'Allemagne. Dans le N.-O de l'Allemagne, la craie à *B. mucronata* est peu développée, la zone à *B. quadrata* (= z. à Marsupites) a au contraire une grande extension : « Die altere Senon mit *B. quadrata* den grossten Theil des Beckens von Münster und Paderborn einnimmt » (1). J'ai indiqué que les subdivisions elles-mêmes de la craie à *B. quadrata* d'Allemagne se retrouvaient dans la craie à Marsupites. La zone à *Holaster planus* du N. de l'Angleterre rappelle bien la couche à *Spondylus spinosus* de la Westphalie, et les bancs à Scaphites du Harz ; il en est de même de la craie à *I. labiatus* et à bancs rouges de Louth et de Speeton, et du Rother Planer du Harz à *I. labiatus*. — Le Flammenmergel est comparé depuis longtemps à la craie rouge à *Am. inflatus* du N. de l'Angleterre.

Mes observations sur le T. Crétacé supérieur du N. de l'Angleterre, viennent donc parfaitement confirmer les résultats auxquels M. Judd (2) était arrivé par l'étude du Crétacé inférieur. D'après lui l'uniformité des couches Néocomiennes du Brunswick au Yorkshire montre bien que ce district est une province naturelle, représentant probablement un ancien bassin maritime. Ce bassin Néocomien a existé également pendant le Crétacé supérieur.

Je ne connais pas assez la structure du sous-sol, ni l'orographie des terrains primaires, du N. de l'Angleterre et de l'Allemagne, pour essayer de rechercher les causes de cette disposition, où d'expliquer ce bassin comme je l'ai tenté pour ceux du Sud de l'Angleterre. C'est un résultat auquel on arrivera plus tard.

La craie d'Angleterre est donc facilement comparable à celle du continent, et notamment la craie du Yorkshire à celle du N.-O. de l'Allemagne, la craie du bassin de Londres à celle du N. de la France, la craie du bassin du Hampshire à celle de la Picardie et de la Normandie. La craie d'Irlande dont je vais maintenant m'occuper, permet d'établir des rapports du même genre, c'est en Ecosse et en Scanie qu'on trouve les termes de comparaison.

(1) Von der Marck. Zeits. Deuts. Geol. ges. XVIII Band, p. 190, 1866.
(2) J. W. Judd. Additionnal observations... — Quart. Journ. Geol. Soc. Vol. XXVI. 1870, p. 346.

# Chapitre IV.

## TERRAIN CRÉTACÉ SUPÉRIEUR D'IRLANDE.

### § 1. — INTRODUCTION.

L'Irlande est la partie la plus occidentale de l'Europe où des dépôts crétacés aient été signalés, ils appartiennent au grand massif crétacé du Nord de l'Europe. Les travaux de M. Ami Boué (1) et de L. de Buch (2) ont fait ressortir le peu d'extension de la craie vers les pôles, Thistedt dans le Jutland sous le 57° est le point le plus septentrional de la terre où on ait reconnu la craie. On a longtemps considéré les affleurements crétacés de la petite île Rathlin près la Chaussée des Géants comme les plus septentrionaux de la Grande-Bretagne ; mais les belles études de M. Judd (3) sur l'Ecosse ont reculé la limite de la craie bien loin au Nord jusque dans l'île de Mull et le Morvern, à la latitude du Jutland.

Ces considérations donnent un intérêt tout spécial à l'étude de la craie d'Irlande.

Le terrain crétacé supérieur affleure au Nord-Est de l'Irlande dans les comtés d'Antrim, de Down, de Tyrone, et de Londonderry ; il est surtout développé dans le comté d'Antrim, où on le suit d'une façon continue. Cette partie de l'Irlande est une contrée marécageuse où le sol ondulé se trouve à une altitude élevée, il est essentiellement formé par une nappe épaisse et uniforme de laves augitiques ; c'est une Auvergne en ruines dont les cônes et les anciens cratères auraient disparu, et où les coulées resteraient seules.

La nappe basaltique du N.-E. de l'Irlande présente approximativement la forme d'un rectangle ; deux de ses côtés de Lough Foyle à Fair Head, et de Fair Head à Belfast Lough, sont tournés du

(1) A. Boué. Essai sur l'Ecosse.
(2) L. von Buch. Monatsberichte der Akad. der Wissens. zu Berlin. 1849, p. 117.
id. Betracht. ueber d. Verbreit. u. d. grenz. Kreidebild.— Bonn. Verh. der Preus. Rheinlande. 1849.
(3) J. W. Judd. Quart. journ. Geol. Soc. Vol. XXIX, p. 97.

côté de la mer ; les deux autres de Belfast Lough à Lough Neagh, et de Lough Neagh à Lough Foyle, sont à peu près parallèles aux premiers. C'est autour de ce vaste amas de laves, et au pied des escarpements qui le terminent, que l'on peut observer et suivre d'une manière continue le cordon peu épais du crétacé Irlandais (voir la carte, pl. II).

Cette disposition rend très-facile l'étude stratigraphique de ce terrain ; les éruptions des volcans tertiaires ont il est vrai, brisé et plissé par places le Crétacé, ailleurs les éboulements obscurcissent la coupe, mais la superposition normale des couches est toujours facile à constater dans tous les ravins qui amènent vers la plaine les eaux du plateau basaltique. Ces ravins pittoresques portent dans le pays le nom de « *Glens* ».

**Historique** : De nombreux géologues ont déjà décrit la craie d'Irlande.

Les premiers observateurs commencent par signaler l'existence d'un calcaire blanc à silex, qu'ils comparent à la craie d'Angleterre : Tel est le résultat des travaux de Whitehurst [1], de Hamilton [2].

On reconnaît bientôt que sous le calcaire blanc, se trouve un calcaire glauconieux appelé *Mulatto* par les ouvriers, qu'il convient également de rapporter au terrain Crétacé. Les travaux de MM. Sampson [3], Conybeare [4], Allan [5], Boué [6], Griffith [7], Bryce [8], font connaître ce fait, en même temps qu'ils s'occupent de la répartition géographique de ces couches et de leur comparaison avec le Crétacé d'Angleterre. On est généralement d'accord à cette époque, comme le montre l'*Histoire des progrès de la géologie* de M. d'Archiac [9], pour rattacher le *Mulatto* à l'upper green sand ou *craie Tuffeau*, et le *calcaire blanc* à la *craie blanche*.

Le général Portlock [10] essaya le premier dans son grand travail sur le comté de Londonderry de tracer des niveaux paléontologiques dans la craie d'Irlande ; cet exemple fut suivi par Bryce [11], puis enfin avec beaucoup de succès par M. Ralph Tate. Le tableau suivant montrera les subdivisions établies par ces derniers géologues, ainsi que leur comparaison avec les zones de M. Hébert, telles qu'elles ont été indiquées par M. R. Tate [12].

---

(1) Whitehurst. Original state, etc., of the Earth. 1786. 2e Edit, p. 248.
(2) Hamilton. Letters, Northern Coast of Antrim. 1790.
(3) Sampson. Expl. Chart and Survey, co. Derry. 1814.
(4) Conybeare. Trans. Geol. Soc. Vol. III. 1816.
(5) Allan. Trans. Royal Soc. Edinb. Vol. IX, p. 393. 1821.
(6) Boué. Essai Géol. sur l'Ecosse.
(7) Griffith. Outline of the Geol. of Ireland. 1838.
(8) Bryce. Trans. Geol. Soc. 2e s. Vol. V, p. 78. 1837.
(9) d'Archiac. Hist. des progrès de la Géol. p. 12.
(10) Portlock. Report Geol. of Londonderry. 1843.
(11) Bryce. Chalk of Ireland. 1852.
(12) R. Tate. Quart. journ. Geol. Soc. Vol. XXI, p. 15. 1865.

| PORTLOCK. | BRYCE. | RALPH TATE. | | HÉBERT. BASSIN DE PARIS. | |
|---|---|---|---|---|---|
| Greensand 6[1] | Greensand. Calc. sandstone | Hibernian Greensand | Zone of E. Conica | Groupedu Pecten asper (Triger). | |
| | | | Zone of O. carinata | | |
| | | | Zone of I. Cripsii | | |
| | | | Zone of E. columba. | Groupe ue Am. navicularis (Triger). | |
| | | | Manque. | Turonien. | |
| | | | Manque. | Sénonien à Micrasters. | |
| Lower Chalk 6[2] | Greyish Limestone | Upper chalk | Z. of A. Gibbus. | Zone à B. quadrata. | Assise à B. mucronata. |
| | | | Spongarian zone. | | |
| | | | White limestone. | Zone à B. mucronata. | |
| Upper chalk 6[3] . | Hard white chalk | Upper part of White limestone | | Maëstricht. | |

Les études des géologues du Geological Survey d'Irlande ont fait connaître en détail la distribution géographique de la craie ; on doit d'intéressantes observations à MM. J. Beete-Jukes (¹), G.-V. du Noyer (²), Hull (³).

MM. Sharpe (⁴), King (⁵), Harte (⁶), Judd (⁷) se sont occupés également de la craie d'Irlande ; M. E. Hardman (⁸), en a donné des analyses chimiques.

### § 2. Description des couches.

Je commencerai la description du crétacé d'Irlande par les couches les plus récentes, et en les suivant du Nord au Sud ; à l'exemple des premiers géologues qui ont étudié ce pays, je m'occuperai d'abord du *calcaire blanc* puis dans un deuxième paragraphe des *couches glauconieuses*.

**Calcaires blancs** : Les couches supérieures du crétacé sont magnifiquement exposées dans les falaises du Nord de l'Irlande. La falaise la plus occidentale est située à l'Ouest de Downhil (Londonderry), elle montre une craie blanche, très-dure, compacte, avec des nodules de silex noirâtres en lits espacés de $1^m$ à $2^m$; avec :

(¹) J. Beete Jukes. F. R. S The chalk of Antrim. Geol. mag Vol. V. 1868, p. 345
(²) G. V. du Noyer. Notes on the strat. pos. of the Giants' Causeway. The Geol. 1860. p. 3.
(³) Prof. Hull. Globigérines de la craie d'Antrim. Geol. mag. Vol. IX. 1872, p. 334.
(⁴) Sharpe. Palœontog. Society. 1853, p. 47.
(⁵) King. Synoptical table. 5th edit. 1863.
(⁶) W. Harte. The chalk of Antrim. Geol. mag. Vol. V. 1868, p. 438.
(⁷) J. W. Judd. Quart. journ. Geol. Soc. Vol. XXX. 1874, p. 227.
(⁸) E. T. Hardman. On analysis of White chalk from the County of Tyrone. Geol. mag. Vol. X, 1873, p. 434.

*Belemnitella mucronata*, Schlt.
*Echinocorys ovatus*, Lk.
*Ostrea vesicularis*, Lk.

A l'Est de Portrush, entre Slidderycove Pt. et le vieux château de Dunluce, le contact du calcaire blanc crétacé et du basalte est visible dans les falaises ainsi que dans plusieurs carrières. J'évalue à 40m l'épaisseur maxima de ce calcaire blanc à silex gris noirâtre, et brunâtre.

J'ai recueilli vers sa partie supérieure aux environs de Portrush :

*Belemnitella mucronata*, Schlt.
*Dentalium planicostatum*, Héb.
*Pecten cretosus*, Defr.
*Spondylus æqualis*, Héb.
*Inoceramus Cripsii*. Mant.
*Rhynchonella plicatilis*, Sow.
*Terebratula carnea*, Sow.
*Echinocorys ovatus*, Lk.
*Cidaris*. nov. sp.
*Cidaris pseudo-hirudo*, Cott.
*Cyphosoma* sp.
Osselets d'astéries, voisins de *Asterias quinqueloba*, Gold.
*Ceriopora*.
*Amorphospongia globosa*, V. Hag.

Entre Downhill et cet affleurement de Portrush, le crétacé présente un pli synclinal et les roches éruptives forment seules la falaise. Il en est de même à l'Est du château de Dunluce, où les laves augitiques divisées en prismes, descendent jusqu'au niveau de la mer. En continuant vers l'Est, un nouveau pli anticlinal ramène le Crétacé au jour près de l'embouchure de la rivière Bush, il disparaît bientôt de nouveau sous le niveau de la mer : on est arrivé à la fameuse Chaussée des Géants.

Bengore Head est formé en entier par des colonnades basaltiques, plus loin la baie de White Park montre un bel affleurement crétacé. Au-delà de cette baie il y a une nouvelle dépression du Crétacé sous Knockfoghy hill, puis relèvement jusqu'à la baie de Ballycastle.

Le Crétacé au Nord de l'Irlande présente donc une série de plissements dont la direction est perpendiculaire à celle de la côte.

C'est sur cette côte septentrionale de l'Irlande que le *calcaire blanc* de la partie supérieure du crétacé se présente avec le plus beau développement. Son épaisseur varie entre 30 et 40 mètres; il conserve partout les mêmes caractères qu'à Portrush : la coupe de la baie de White Park présente cependant un intérêt particulier.

A l'Ouest de la baie, le *calcaire blanc* à silex a une épaisseur de 30 mètres, il m'a fourni les mêmes fossiles qu'à Portrush ; il faut remarquer près de sa base un banc très-net de gros nodules verdis et roulés.

A l'Est de la baie, on observe de bas en haut :

C. 1. Calcaire blanc avec grains de glauconie, contenant de petits nodules brunâtres, de phosphate de chaux. . . . . . . . . . . . . . . . . . . . . . . . . . . . . . 0,50

Spongiaires.
Banc d'*Echinocorys gibbus* à la base.

2. Calcaire blanc avec grains de glauconie peu nombreux. . . . . . . . . . . . . . . 0,75
3. Banc jauni, avec quelques petits nodules verts roulés.

B. 3. Calcaire blanc sans silex. . . . . . . . . . . . . . . . . . . . . . . . . . 1,50

| | |
|---|---|
| *Belemnitella vera*, Mil. | *Micraster* (2, indéterminables). |
| *Serpula* | *Cidaris hirudo*, Sorig. |
| *Ostrea laciniata*, Gold. | » *subvesiculosa*, d'Orb. |
| » *lateralis*, Nilss. | *Marsupites ornatus*, Mil. |
| » *sp.* | *Bourgueticrinus ellipticus*, Mil. |
| *Terebratula semiglobosa*, Sow. | Astéries (osselets). |
| *Terebratulina striata*, Wahl. | *Amorphospongia globosa*, V. Hag. |

5. Calcaire blanc avec trois bancs de silex. . . . . . . . . . . . . . . . . . . 2,00
Nombreux fragments de gros Inocérames.
*Echinocorys gibbus*, Lk.

6. Nodules verdis, roulés.

A. 7. Calcaire blanc compacte à silex. . . . . . . . . . . . . . . . . . . . . . . 30,00

*Belemnitella quadrata* (à la base).
*Belemnitella mucronata*, Schlt.
*Echinocorys ovatus*, Lk.

L'étude de la côte Nord de l'Irlande permet de reconnaître dans le *calcaire blanc* crétacé, deux divisions paléontologiques : *A. Assise à Belemnitelles, B. zone à Marsupites.* Elles se présentent avec les mêmes caractères pétrographiques et avec la même faune qu'en Angleterre, elles s'en distinguent surtout par leur épaisseur; l'assise à Belemnitelles a généralement ici 30 m., la zone à Marsupites pas plus de 4 à 5 m. C'est sans doute à un effet de métamorphisme causé par les éruptions volcaniques qu'il faut attribuer la grande dureté du *calcaire blanc* d'Irlande ; sa structure microscopique (1) et sa composition chimique (2) sont identiques à celles de la craie d'Angleterre.

La côte orientale de l'Irlande montre de beaux affleurements crétacés : le rivage de Glenarm est formé par de splendides colonnades noires reposant sur un soubassement de calcaire crétacé blanc. De ce côté le Crétacé affleure d'une façon continue ; il ne conserve pas toutefois longtemps la même altitude, mais présente comme au Nord de ce pays des ondulations. Ces plissements sont par conséquent perpendiculaires aux premiers ; le crétacé d'Irlande présente en outre bien d'autres accidents provoqués par les éruptions volcaniques qui eurent lieu après son dépôt.

De Glenarm à Ballygalley Head et à Larne, j'ai recueilli dans le calcaire d'assez nombreux fossiles de l'assise à Belemnitelles :

| | |
|---|---|
| *Belemnitella mucronata*, Schlt. | *Magas pumilus*, Sow. |
| *Rhynchonella limbata*, Dav. | *Echinocorys ovatus*, Lk. |
| » *lentiformis*, Wood. | *Holaster pilula*, Lk. |
| *Crania Ignabergensis*, Retz.(3) | |

(1) *Prof. Hull.* Globigérines de la craie d'Antrim. Geol. mag. Vol. IX, p. 394, 1872.
(2) *E. T. Hardman.* Analysis chalk of Tyrone, Geol. mag. Vol. X. 1878, p. 434.
Voir aussi à la page 100 de ce mémoire.
(3) Schloenbach. Krit. Stud. p. 61, var B des mucronaten schichten de Coesfeld.

A Glynn, il y a d'importantes carrières dans le *calcaire blanc* compacte ; son épaisseur devient un peu moindre qu'au Nord, j'y ai trouvé les mêmes fossiles. Ce calcaire est encore exploité à White Head, les silex sont noirâtres et disposés en bancs; on remarque de plus de gros silex isolés connus en Angleterre sous le nom de *Paramoudras*. Buckland (¹) a déjà appelé l'attention sur les *Paramoudras* du Crétacé d'Irlande : ils se trouvent donc partout dans la craie à Belemnitelles de la Grande-Bretagne : Lulworth (p. 99), Norwich (p 163), etc...

J'ai trouvé à White Head :

*Belemnitella mucronata*, Schlt.
*Ostrea vesicularis*, Grossc variété de Meudon.
*Rhynchonella limbata*, Dav.
*Echynocorys ovatus*, Lk.
*Cidaris serrata*, Desor.
*Parasmilia centralis*, Mant.
Spongiaire.

Les carrières de White Head montrent le contact du Crétacé et de la roche éruptive. Le calcaire est surmonté par un banc d'argile rougeâtre de 0,20 à 1 m., avec silex gris, blanchis en dehors, et présentant souvent à leur intérieur des alternances de bandes rouges et grises; elle est directement recouverte par la masse des laves augitiques.

L'existence de cette argile entre le crétacé et les laves est constante en Irlande ; son épaisseur varie de 0,30 à 2 m., elle remplit souvent les irrégularités de la surface de la craie. L'argile à silex est quelquefois recouverte par un lit d'argile avec lignites, sur lequel MM. Ralph Tate (²) et Beete Jukes (³) ont déjà attiré l'attention, et sur lequel je devrai revenir plus loin.

Le calcaire blanc à Belemnitelles diminue d'épaisseur au Sud vers Woodburn et Belfast ; M. R. Tate en donne une coupe intéressante à Kilcorig près Lisburn. Il y a de haut en bas. :

*Coupe de Kilcorig.*

| | | |
|---|---|---|
| *A.* | 1. Calcaire blanc à silex. . . . . . . . . . . . . . . . . . . . . . . . . . . | 7,00 |
| | 2. *Flinty Flag*, calcaire avec silex disséminés, très-fossilifère, contenant des éponges rameuses dans un lit glauconieux. . . . . . . . . . . . . . . . . . . . . . | 0,30 |
| *B.* | 3. Deux bancs calcaires séparés par une couche de glauconie. . . . . . . . . . . . | 0,60 |
| | 4. Calcaire blanc avec silex. . . . . . . . . . . . . . . . . . . . . . . . . . . | 4,30 |

Les fossiles trouvés par M. R. Tate proviennent en grande partie du Flinty Flag ; il compare avec raison cette faune à celle de Norwich, mais réunissant ce *Flinty Flag* à la division inférieure B (5" de sa coupe) il se demande ensuite si la partie supérieure (A. 1), ne correspond pas à la craie de Maëstricht ?

Forbes (⁴) avait déjà exprimé l'idée que la craie de Maëstricht était représentée en Irlande ; les rapports du crétacé d'Irlande avec celui de la Suède rendent ce fait probable, mais c'est encore là

(¹) Rev. W. Buckland Trans. Geol. Soc. Vol. IV. 1re sér. pl. 24.
(²) R. Tate. Quart journ. Geol. Soc. Vol. XXI, p. 26.
(³) J. Beete Jukes. F. R S. Geol mag. Vol. V, 1868, p. 345.
(⁴) Forbes. Quart. journ. Geol. Soc. Vol. X, p. LV.

aujourd'hui une découverte qui reste entièrement à faire. La coupe de la baie de White Park explique naturellement celle de Kilcorig ; les couches B, 3, 4, appartiennent à la zone à Marsupites, A est à l'assise à Belemnitelles. Tous les fossiles que j'ai recueillis moi-même dans ces couches, et jusques au contact des roches éruptives, appartiennent à l'assise à Belemnitelles de Norwich ; je n'ai pu voir en Irlande aucun représentant du Danien.

Le Sud du massif crétacé d'Irlande représente le bord méridional d'un ancien bassin crétacé, les couches s'amincissant ou disparaissant de ce côté. Le calcaire blanc compacte repose tantôt sur le calcaire glauconieux *C*, tantôt sur les grès qui se trouvent normalement sous ce dernier ; M. R. Tate a montré qu'il repose au Sud sur le Trias de Colin Glen à Kilcorig et Moira.

Le calcaire blanc compacte, c'est-à-dire l'assise à Marsupites, repose donc en stratification discordante sur les couches crétacées sous-jacentes ; c'est un fait à l'appui de la manière de voir des géologues allemands qui considèrent cette assise comme formant la base du Sénonien.

**Couches glauconieuses.— Succession des couches.** — La partie inférieure du Terrain Crétacé est formée par des couches dont la composition pétrographique est variée, mais toujours plus ou moins glauconifères. On avait rapporté longtemps cet ensemble au Cénomanien, M. R. Tate a montré qu'il fallait subdiviser ces couches glauconieuses d'Irlande pour pouvoir les comparer aux couches synchroniques des régions voisines.

Voici de haut en bas les divisions de M. R. Tate :

| | |
|---|---|
| Upper chalk | 1. Chloritic chalk (zone à Echinocorys gibbus). |
| Hibernian Greensand | 2. Chloritic sands and sandstones (z. à O. columba, et I. Cripsii). |
| | 3. Grey marls and yellow sandstones (z. à O. carinata). |
| | 4. Glauconitic sands (z. à O. conica) |

Je conserve à ces zones les noms qui leur ont été donnés par M. R. Tate qui les a reconnues.

Au Nord de l'Irlande ces couches se montrent dans le comté de Londonderry à l'Est de Lough Foyle, j'ai indiqué le chloritic chalk (C) dans la coupe de White Park, mais c'est surtout sur la côte orientale de cette contrée qu'elles sont bien exposées.

Au Sud du cap de Ballygalley Head, on voit de haut en bas :

*Coupe de Balleygalley Head.*

| | | | |
|---|---|---|---|
| A. B. | 1. | Calcaire blanc avec silex. | |
| | 2. | Nodules roulés, (banc limite). | |
| C. | 3. | Calcaire très-peu glauconieux, pauvre en fossiles | 0,30 |
| | 4. | Calcaire dur glauconieux | 1,00 |

| | |
|---|---|
| *Belemnitella.* | *Cidaris* sp. |
| *Serpula lombricus*, Defr. | *Cyphosoma Kœnigi*, Ag. |
| *Serpula.* | *Echinoconus conicus*, Breyn. |
| *Inoceramus.* | *Echinocorys gibbus.* Lk. |
| *Ostrea canaliculata*, d'Orb. | *Parasmilia centralis*, Mant. |
| » *semiplana*, Sow. | *Ceriopora micropora* (¹) Gold. |
| *Spondylus spinosus*, Sow. | *Amorphospongia globosa*. V. Hag. |
| » *latus*, Sow. | *Pleurostoma lacunosum*, Roëm. |
| *Pecten undulatus*, Nilss. | *Coscinopora infundibuliformis*, Gold. |
| *Terebratula Hibernica*, Tate. | *Camerospongia fungiformis*, Gold. |
| » *semiglobosa*, Sow. | *Cribrospongia Murchisoni*, Gold. |
| *Rhynchonella plicatilis*, Sow. | *Retispongia alternans*, Rœm. |
| *Terebratulina striata*, Wahl. | *Etheridgia mirabilis*, R. Tate. |
| *Cidaris sceptrifera*. Mant. | |

D. 5. Calcaire sableux très-riche en glauconie . . . . . . . . . . . . . . . . . . . . . . 0,50
6. Lit de fragments d'Inocérames, galets.
7. Grès tendre, vert et rouge, à gros grains de quartz et de glauconie. . . . . . . . . . . 1,00
*Spondylus spinosus*, Sow.
E. 8. Grès gris, tendre, nodules siliceux (cherts).
Spongiaires rameux.

L'épaisseur de cette dernière couche est masquée par les éboulements ; elle correspond aux *Grey marls and yellow sandstones* de M. R. Tate, D correspond aux *Chloritic sands and sandstones*, C au *Chloritic chalk*. La faune de cette dernière division, très-riche à Ballygalley Head, montre que comme M. Tate l'a reconnu, elle n'a aucun rapport avec le Cénomanien

**Age du chloritic chalk** : L'âge du chloritic chalk C est cependant difficile à préciser exactement. La coupe de White Park Bay montre qu'il est inférieur à la zone à Marsupites, on ne peut donc plus penser à le comparer à l'assise à *Belemnitella mucronata.* Le chloritic chalk fait partie de la zone à Marsupites ou d'une zone inferieure à Micrasters ; plusieurs raisons rapprochent cette craie glauconifère de la zone à Marsupites, mais il convient, je crois, de les repousser.

Les spongiaires si abondants dans le chloritic chalk C sont cités comme des espèces de la craie à *Belemnitella quadrata* d'Allemagne par Rœmer ; les Belemnitelles du chloritic chalk se rapprochent surtout des *Belemnitella vera* de la craie à Marsupites de Margate.

Il faut toutefois observer que les éponges se trouvent surtout en Allemagne à la partie supérieure de la craie à *B. quadrata* (zone à *Becksia Sœkelandi* de Schlüter), tandis qu'elles se trouvent en Irlande à la base de cette craie : on ne peut donc assimiler ces deux niveaux de spongiaires. J'ai identifié la craie à Marsupites de Danes'-Dike (Yorkshire) à la zone à *Becksia Sœkelandi* de Schlüter, on voit en comparant les listes des spongiaires de Danes'Dyke et de Ballygalley Head qu'il n'y a pas une seule

(¹) Le type est d'Essen ; cette espèce a depuis été indiquée dans la craie à *B. quadrata* du Harz par le Dr D. Brauns (Bonn 1874.)
Le *Heteropora cryptopora*, var. signalé par Portlock en Irlande, se rapporte sans doute à la même espèce.

espèce commune à ces deux gisements. Si on considère enfin que la valeur stratigraphique des spongiaires n'est pas encore bien solidement établie, on devra reconnaître que l'étude de ce groupe d'animaux ne nécessite pas l'assimilation du chloritic chalk C à la zone à Marsupites, (z. à B. quadrata des Allemands).

Les Belemnitelles sont communes dans le chloritic chalk, j'en ai recueilli 8 échantillons à Bally galley Head, mais ce calcaire est tellement dur que je n'ai pu dégager aucun de mes échantillons d'une façon satisfaisante, et ne puis donc les déterminer avec certitude. La taille, et la forme générale de ces Belemnites les rapprochent bien de la petite *B. vera*, qui semble caractéristique de la craie à Marsupites ; mais on pourrait les comparer aussi bien avec les *Belemnites Westfalicus* (Schlüter) de l'île de Bornholm.

Les autres mollusques du chloritic chalk C se trouvent dans la craie à micrasters d'Angleterre ; les échinodermes de cette couche présentent les mêmes formes et les mêmes variétés que ceux des zones à *Micraster coranguinum* (silex zonés de M. Hébert), et à *Micraster cortestudinarium* ; les formes les plus caractéristiques de la zone à Marsupites (*Offaster corculum, Marsupites*) y font au contraire défaut.

Ces raisons jointes à leur différence minéralogique m'engagent à séparer le chloritic chalk C du calcaire blanc B à Marsupites, et à le comparer aux zones à Micraster du reste de l'Angleterre. Le chloritic chalk (C) d'Irlande représente pour moi la zone à *Micraster coranguinum* (silex zonés de M. Hébert), ou la zone à *Micraster cortestudinarium;* en attendant une étude plus complète de sa faune qui permettra une assimilation plus rigoureuse, j'y verrai un dépôt de mer peu profonde correspondant à l'ensemble de ces zones.

Avant de rechercher l'âge des couches D, E, je vais revenir sur leur composition et leur faune.

**Description des couches Hiberniennes de M. R. Tate** : Dans la falaise de Waterloo H° au Nord de Larne, j'ai pris la coupe suivante ; les lettres désignent toujours les mêmes couches :

*Coupe de Waterloo.*

| | | |
|---|---|---|
| A. B. | 1 Calcaire blanc à silex. | |
| | 2. Banc durci noduleux. | |
| C. | 3. Calcaire dur, glauconieux, grains de quartz, fragments d'Inocérames, banc d'*Echinocorys gibbus*, à la base | 1,00 |
| D. | 4. Calcaire glauconieux sableux | 0,50 |
| | 5 Lits de fragments d'Inocérames. | |
| | 6. Calcaire glauconieux, sableux, rougeâtre | 0,50 |

*Spondylus spinosus*, Sow.
*Janira æquicostata* ? Lamk.
» *quinquecostata*, Sow.

Moules internes de Dimyaires.
*Terebratula Hibernica*, Tate.
*Rhynchonella Toilliezana*, C. et B.

7. Lit ondulé de fragments d'Inocérames.

8. Grès tendre, glauconieux, à grains grossiers, jaune verdâtre et rougeâtre . . . . . . . 0,25

| | |
|---|---|
| *Spondylus spinosus*, Sow. | *Rhynchonella Toilliezana*, C. et B. |
| *Inoceramus* | *Terebratula Hibernica*, Tate. |
| *Ostrea.* | » *semiglobosa*, Sow. |
| *Rhynchonella robusta*, Tate. | *Cidaris subvesiculosa*, d'Orb. |
| » *Cuvieri*, d'Orb. | *Echinoconus subrotundus*, Breyn. |

E. 9. Grès vert rougeâtre, avec nodules calcaréo-siliceux (cherts), à la base . . . . . . . . . 0,50

| | |
|---|---|
| *Ditrupa deformis*, Lamk. | *Inoceramus.* |
| *Terebratula biplicata*, Bro. | Eponges rameuses (à la base). |

Dans les carrières de Glynn on observe la même succession :

*Coupe de Glynn.*

| | | |
|---|---|---|
| A. B. | Calcaire blanc à silex. . . . . . . . . . . . . . . . . . . . . . . . . . . . . | 20,00 |
| C. | Calcaire glauconieux . . . . . . . . . . . . . . . . . . . . . . . . . . . . . | 2,00 |
| D. | Grès calcareux glauconieux . . . . . . . . . . . . . . . . . . . . . . . . . | 1,50 |
| E. | Grès calcareux glauconieux avec éponges rameuses . . . . . . . . . . . . . . . | 1,00 |
| F. | Sable argileux vert, avec un banc de nodules de phosphate de chaux . . . . . . . . . . | 8,00 |

*Ostrea conica*, Sow.
*Janira quinquecostata*, Sow.
*Pecten laminosus*, Mant.

M. Ralph Tate a décrit des coupes tout-à-fait comparables dans l'île Magee, à White Head, ainsi que plus loin au Sud vers Carrickfergus et Belfast. Il donne comme typique une coupe prise à Woodburn près de Carrickfergus ; son importance m'engage à la copier ici, je n'indiquerai que les fossiles recueillis et déterminés par moi-même. On peut faire facilement cette coupe en suivant le ravin de Woodburn-River ; la craie affleure à environ 4 kilomètres de la station de Carrickfergus.

*Coupe de Woodburn.*

*A. B.* 1. Calcaire blanc à silex. . . . . . . . . . . . . . . . . . . . . . . . . . . . 3 à 4$^m$

| | |
|---|---|
| *Belemnitella mucronata*, Schlt. | *Rhynchonella octoplicata*, Sow. |
| *Terebratula abrupta*, Tate. | *Micraster Brongniarti*, Héb. |
| *Rhynchonella limbata*, Dav. | |

C. 2. Partie dure, noduleuse.

3. Calcaire glauconieux, éponges à la base. . . . . . . . . . . . . . . . . . . . . . . 0,10

4. Calcaire glauconieux, lit d'Echinocorys à la base. . . . . . . . . . . . . . . . . . . 0,60

*Echinocorys gibbus*, Lk.

*D.* 5. Grès glauconieux calcareux. . . . . . . . . . . . . . . . . . . . . . . . . . . . 0,40

6. Grès calcareux glauconieux avec un lit de fragments d'Inocérames . . . . . . . . . . 0,10

| | |
|---|---|
| *Belemnites.* | *Janira quinquecostata*, Sow. |
| *Spondylus spinosus*, Sow. | *Rhynchonella robusta*, Tate. |
| *Ostrea semiplana*, Sow. | *Terebratula Hibernica*, Tate. |
| » *canaliculata*, d'Orb. | *Cidaris subvesiculosa*, d'Orb. |
| *Inoceramus.* | |

7. Grès calcareux glauconieux. . . . . . . . . . . . . . . . . . . . . . . . . 0,50

*E.* 8. Marne gris de fer, avec glauconie et nodules de *cherts* ; sa partie supérieure est ravinée. . 1,00

Éponges rameuses.

*F.* 9. Sable argileux, très-glauconifère, vert foncé, avec un petit lit de nodules de phosphate de chaux au milieu. . . . . . . . . . . . . . . . . . . . . . . . . 2,50

*Belemnites ultimus*, d'Orb. (1)
*Ostrea conica* (nombreuses).
» *haliotoïdea*, Gold.
*Pecten asper* (rare), Lk.
» *laminosus*, Mant.
*Arca carinata*, Sow.

10. Argile Schistoïde du Lias inférieur.

Le calcaire glauconieux *C* ne se prolonge pas au Sud au-delà de Cave Hill (au Nord de Belfast), et les calcaires blancs *A*, *B*, reposent directement sur *D*, comme l'a remarqué M. R. Tate. Les grès calcareux-glauconieux *D* changent de caractère pétrographique vers Belfast, ils deviennent plus siliceux ; je ne vois ici qu'un changement de faciès d'une même couche, et ne crois pas qu'il y ait lieu de distinguer deux zones d'âge différent : (zone à Inoceramus Crispi, zone à Ostrea columba). M. R. Tate dit du reste qu'il n'a jamais vu ces zones superposées.

La composition de la partie inférieure du Terrain Crétacé du Sud du massif irlandais, est nettement exposée dans le ravin de Colin Glen, cette coupe a déjà été donnée par M. Tate.

*Coupe de Colin Glen.*

*A. B.* — Calcaire blanc.

*C.* — Manque.

*D.* Grès glauconieux. . . . . . . . . . . . . . . . . . . . . . . . . . 5,00

*Ostrea columba*, Lk.
*Janira quinquecostata*, Sow.
*Ostrea semiplana*, Sow.

*E.* Grès jaune avec nodules de Cherts. . . . . . . . . . . . . . . . . . . . . . . 10,00

*F.* Sable argileux glauconifère. . . . . . . . . . . . . . . . . . . . . . . . 8,00

Le calcaire blanc *A*, *B*. s'avance plus loin au Sud que ces dernières couches ; de Colin Glen, à Kilcorig et à Moira, il s'étend jusque sur le Trias.

**Age des couches Hiberniennes** : Il est plus facile de comparer les subdivisions de ces couches avec les zones de la craie d'Angleterre qu'avec celles de la Sarthe, comme avait dû le faire M. R. Tate.

La zone *F* glauconie à *Ostrea conica*, *Pecten asper*, *Belemnites ultimus*, *Ammonites varians*, correspond d'une manière qui me semble certaine à la zone cénomanienne à *Pecten asper*, aux *Warminster beds* d'Angleterre, à la zone à *Holaster nodulosus* de M. Hébert. Elle rappelle singulièrement par sa faune et ses caractères pétrographiques la zone du même nom du Nord-Est de la France.

La zone *E* grès avec Cherts à *Ostrea carinata*, *micrabacia coronula*, etc., reposant sur la zone à

(1) M. R. Tate signale à ce niveau *Ammonites varians*.

*Pecten asper* et contenant une faune cénomanienne sans mélange, se place naturellement à côté de la zone à *Holaster subglobosus* d'Angleterre. Les éponges rameuses que l'on trouve partout à la base de cette zone en Irlande, ont la même taille et identiquement les mêmes formes que les *Spongia paradoxica*, Wood. qui occupent la même position stratigraphique dans le Norfolk.

La zone *D* comme on peut s'en assurer dans mes listes (bien incomplètes je l'avoue) ne m'a pas fourni un seul fossile franchement cénomanien ; ces fossiles quoique peu nombreux sont cependant des plus caractéristiques.

Le *Spondylus spinosus* vient au premier rang : on le trouve dans le Sénonien, mais il pullule surtout dans le Turonien et notamment à sa partie supérieure en Angleterre comme en France et en Allemagne. Je ne me souviens pas qu'on l'ait encore cité dans le Cénomanien.

Les oursins viennent ensuite pour l'importance : *Cidaris subvesiculosa* est Sénonien et Turonien ; *Echinoconus subrotundus* est caractéristique du *Galeriten Plaeners* d'Ahaus et de Graës en Westphalie; je l'ai trouvé à la même place dans le bassin de Paris et en Angleterre du Devonshire au Yorkshire, il rapproche également la zone *D* de la partie supérieure du Turonien.

Les *Ostrea columba, semiplana, canaliculata,* ne sont pas caractéristiques du Turonien ; ce sont cependant des espèces souvent très-communes à ce niveau. Je n'ai pas osé déterminer l'Inocérame dont les fragments forment des lits dans le grès *D*, car je n'ai pu en obtenir un seul en bon état ; des fragments de charnières rappellent pourtant bien celles de l'*Inoceramus Brongniarti.* Si on remarque de plus que c'est avec un point de doute ([1]) que cette espèce a été rapportée à l'*Inoceramus Crispi*, Mant., et que l'*Inoceramus Brongniarti*, Sow. au contraire a été signalée à l'état remanié par M. Salter ([2]) dans le terrain glaciaire de l'Ecosse, on sera je crois fort porté à rapporter à cette dernière espèce les fragments d'Inocérame des *chloritic sandstones* (*D*) d'Irlande.

Les Belemnites sont rares dans le Turonien ; l'échantillon unique que j'ai rencontré dans la zone *D* est indéterminable. Cette Belemnite est de petite taille, il serait intéressant de la comparer avec *Belemnites Strehlensis*, Fritsch ([3]) de la partie supérieure du Turonien de Bohême.

Les Brachiopodes sont abondants dans la zone *D*, ils semblent avoir fournis la meilleure raison pour la faire entrer dans le Cénomanien ; M. R. Tate a cité et décrit les formes suivantes : ([4])

*Terebratulina striata*, Wahl.
*Terebratula carnea*, Sow., var. *Hibernica*, Tate.
» *obesa*, Sow.
» *biplicata ?* Brocchi.
*Waldheimia Hibernica*, Tate.
*Rhynchonella limbata*, Schl., var. *robusta*, Tate.
» *latissima*, Sow. var. voisine de *plicatilis*, Sow.

---

([1]) Ralph Tate. Quart. journ. Geol. Soc. Vol. XXI, p. 36.
([2]) Salter. Quart. journ. Geol. Soc. Vol. XIII, p. 85, 1857.
([3]) A. Fritsch. Ceph. d. bohm. Kreidef. — Prag. 1872. — Pl. 16. Fig. 10, 11, 17.
([4]) R. Tate. l. c. Vol. XXI, pl. V.

*Terebratulina striata*, se trouve partout; *Terebratula carnea*, Sow., var. *Hibernica* Tate, pourrait bien constituer d'après M. Davidson une nouvelle espèce. Elle a été considérée à tort comme spéciale à l'Irlande, j'ai recueilli des échantillons parfaitement caractérisés à Setques (Pas-de-Calais), ainsi qu'à Chapes (Ardennes), dans le Turonien à *Holaster planus*.

*Terebratula obesa*, Sow. est une espèce citée du Cénomanien au Sénonien, mais qui me semble encore mal délimitée. Je ne dirai rien de *Terebratula biplicata* citée avec un point de doute, ni de *Waldheimia Hibernica*, nouvelle espèce propre à ce gisement; je n'ai pas trouvé ces dernières espèces.

*Rhynchonella limbata*, var. *robusta*, est une variété que j'ai recueillie également en France dans la zone à *Holaster planus* à Setques, et au haut du cap Blanc-Nez (Pas-de-Calais).

*Rhynchonella latisima* var. voisine de *plicatilis*, Sow.; est-ce cette même forme que M. Davidson [1] appelle *Rh. dimidiata*, var. *convexa*, Sow. var. plus convexe que celle de Warminster? La détermination de cette espèce me semble encore un peu douteuse. Peut-être l'espèce ainsi désignée en Angleterre, est-elle celle que j'ai crû devoir assimiler dans mes listes à la *Rhynchonella Toilliezana*, Cornet et Briart [2]; elle est caractéristique du Turonien supérieur en Belgique, je l'ai également recueillie à Setques dans la zone à *Holaster planus*. Voici d'après mes recherches la liste des Brachiopodes du *chloritic sandstone D* d'Irlande :

| | CÉNOMANIEN | TURONIEN | SÉNONIEN |
|---|---|---|---|
| Terebratulina striata, Wahl. . . . . . . . . . . | | + | + |
| Terebratula Hibernica, Tate. . . . . . . . . . . | . . . . . . . | + | . . . . . . . |
| » obesa, Sow. . . . . . . . . . . | + | + | + |
| » semiglobosa, Sow. . . . . . . . . . | + | + | + |
| Rhynchonella robusta, Tate. . . . . . . . . . . | . . . . . . . | + | . . . . . . . |
| » Toilliczana Corn. et Bri. . . . . . . | . . . . . . . | + | . . . . . . . |
| » Cuvieri, d'Orb. . . . . . . . . . . | . . . . . . . | + | + |

Tous les fossiles que j'ai recueillis dans cette zone *D* étant Turoniens, cette zone doit être considérée comme faisant partie de cet étage. Je n'ai pas rencontré de fossiles de la zone inférieure à *Inoceramus labiatus*, c'est aux zones supérieures à *Terebratulina gracilis* et à *Holaster planus* qu'il faut comparer le *chloritic sandstone D* d'Irlande.

(1) T. Davidson. Pal. Soc. Vol. XXVII, 1873.

(2) Cornet et Briart. Mém. Soc. Sciences. Hainaut, 1867 3e sér. T. I. Fig. 1.

## RÉSUMÉ :

Le tableau suivant résumera la succession des zones de la craie d'Irlande, ainsi que leur comparaison avec celles du reste de l'Angleterre.

| IRLANDE. | | ANGLETERRE. | |
|---|---|---|---|
| A. Calcaire blanc à silex. . . . . . . . | 20 à 30m | Assise à Belemnitella mucronata. | Sénonien. |
| B. Calcaire blanc à silex. . . . . . . . | 4 à 5m | Zone à Marsupites. | |
| C. Chloritic chalk . . . . . . . . . . | 1 à 2m | Zone à Micraster coranguinum.<br>Zone à Micraster cortestudinarium | |
| D. Chloritic sand and sandstone . . . . | 1 à 5m | Zone à Holaster planus.<br>Zone à Terebratulina gracilis | Turonien. |
| E. Grey marls and yellow sandstones . . | 1 à 10m | Assise à Holaster subglobosus | Cenomanien |
| F. Glauconitic sands . . . . . . . . . | 2 à 3m | Zone à Pecten asper | |

Il n'y a pas en Irlande de couches crétacées inférieures à la zone à Pecten asper.

### § 3. — Histoire du crétacé d'Irlande.

Après avoir étudié la composition du T. Crétacé d'Irlande, il convient encore de rechercher les conditions dans lesquelles il s'est déposé, et s'est conservé jusqu'à nous, c'est à dire son mode de formation et sa dénudation.

**1. Mode de formation du crétacé d'Irlande.** Doit-on attribuer à la latitude les différences qui existent entre le Crétacé d'Irlande et celui d'Angleterre ? On a attribué à l'influence du climat le peu d'extension du Crétacé vers les pôles.

Cette action sur laquelle MM. A. Boué, et L. de Buch ont attiré l'attention a dû être bien faible ; les travaux de MM. O Heer [1] et Leo Lesquereux [2] sur la flore du Crétacé supérieur ont montré qu'à cette époque le climat était identique dans le Groënland et le Dakota ; MM. de Saporta et Marion [3] font remarquer l'identité des types végétaux crétacés dans le Groënland et en Europe, l'humidité était plus intense au Groënland, ce qui semble avoir été le seul effet de la latitude.

Si on compare enfin la faune du Crétacé d'Irlande avec celle du Sud de l'Angleterre, il y a plus lieu de s'étonner de leurs analogies que de leurs différences. La différence la plus importante qui existe entre les dépôts de cet âge dans ces deux contrées, est leur différence pétrographique. En Irlande, les dépôts mécaniques dominent, en Angleterre les dépôts crétacés sont surtout chimiques et animaux.

(1) O. Heer. Flore du Groënland. Zeits. Deuts. Geol. Ges. Vol. XXIV, p. 155.
(2) Leo Lesquereux. Contrib. fossil Flora West. Territories. — Cret. Flora. — Washington. 1874, p. 41.
(3) De Saporta et Marion. Flore Heersienne. Mém. acad. Belgique, p. 15. 1878.

La cause en est dans les conditions physiques de ces dépôts : le Crétacé d'Irlande s'est formé dans un golfe moins profond. Les éléments grossiers qui forment les couches glauconieuses d'Irlande en sont une première preuve ; les bancs noduleux durcis, la disposition des fossiles en lits, l'immense variabilité d'épaisseur des zones d'un point à l'autre de cette contrée, ainsi que l'absence de plusieurs d'entre elles et leur stratification transgressive vers le Sud, sont autant d'arguments à l'appui de ce fait.

C'est au Sud du massif crétacé d'Irlande que se trouvait le rivage, il était formé par la crête silurienne du comté de Down. Cette crête est le prolongement évident de la chaîne des collines siluriennes de Lammermoor en Ecosse ; on doit donc suivre les couches crétacées en Ecosse au Nord de cette chaîne.

**Crétacé d'Ecosse** : La chaîne silurienne de Lammermoor forme un plateau élevé qui sépare actuellement l'Ecosse de l'Angleterre ; les couches qui forment ce massif plongent au Nord, donnant ainsi naissance à une vaste vallée synclinale appelée les *Lowlands* de l'Ecosse ; ces couches se relèvent ensuite pour constituer la région des *Highlands* où elles sont très-métamorphisées.

On doit croire que les Highlands ont été recouverts par la craie ; rien ne porte à admettre que ces dépôts aient existé sur les collines de Lammermoor. M. J. Judd [1] a découvert le Crétacé en place à l'Ouest des Highlands, (Ile de Mull, Morvern), il a étudié les blocs remaniés signalés déjà dans l'Est de cette partie de l'Ecosse (Aberdeenshire, Banffshire, Sutherland, Caithness), par le duc d'Argyll [2], Geikie [3], Ferguson [4], Salter [5]. M. J. Judd n'a malheureusement pas encore publié son travail, il a fait seulement savoir que le Crétacé du Nord de l'Ecosse présentait les mêmes caractères que celui de l'Irlande.

L'absence du Crétacé au Sud de l'Ecosse, et l'existence de la barrière silurienne de Lammermoor et de Down, montre que la mer Crétacée qui battait le Nord de cette chaîne ne devait pas arriver en Angleterre par la mer d'Irlande actuelle, mais devait remonter au Nord de l'Ecosse et descendre au Sud par la mer du Nord

**Crétacé de Suède** : J'ai cherché déjà à comparer les couches crétacées des deux côtés de la mer du Nord : la craie du Yorkshire au Norfolk a, je l'ai montré plus haut, de nombreux rapports avec celle de la Westphalie ; la comparaison de l'Irlande et de la Scanie est beaucoup plus difficile et moins instructive.

La craie à *Belemnitella mucronata* (A) d'Irlande correspond exactement au Kopinge sandstein à *Belemnitella mucronata*, et à la craie qui forme les falaises de l'île de Moën. Les couches supérieures

---

(1) J. W. Judd. Quart. journ. Geol. Soc. Vol. XXIX p. 97. 1873.
(2) Duke of Argyll. Quart. journ. Geol. Soc. Vol. VII. 1851, p. 94.
(3) Prof. Geikie. Proc. Roy. Soc. Edin. Vol. VI. 1867, p. 72.
(4) Ferguson. Quart. journ. Geol. Soc. Vol. XIII. 1857, p. 85.
(5) Salter. Quart. journ. Geol. Soc. Vol. XIII. 1857, p. 88.

à cette craie à *Belemnitella mucronata*, c'est-à-dire la craie à coraux de Faxoe, et le Saltholmskalk à *A. sulcatus*, font défaut en Irlande.

Les couches qui se trouvent sous la craie à *B. mucronata* en Irlande, semblent faire défaut au Nord-Est de l'Europe. D'après les travaux de M. Schlüter (1) il est vrai, on pourrait comparer le Trümmerkalk à *Belemnites subventricosus* à la zone à Marsupites (B), et la « Kreide von Bornholm à *Bel. Westfalicus* » au chloritic marl (C) ; mais M Hébert (2) a montré que la craie à *B. subventricosus* était supérieure à la craie à *B. mucronata*.

2. **Dénudation du crétacé d'Irlande** : Le terrain Crétacé d'Irlande a été dénudé avant et après la période des éruptions volcaniques. Les dénudations quaternaires et récentes, postérieures aux éruptions, ont formé l'escarpement où l'on peut actuellement étudier le Crétacé. Les dénudations antérieures aux éruptions ont plus d'importance au point de vue général ; elles peuvent contribuer à expliquer la particularité la plus intéressante que présente le Crétacé d'Irlande comparé à celui d'Angleterre, c'est-à-dire le grand développement relatif de sa partie supérieure, l'assise à Belemnitelles.

La craie à Belemnitelles recouvre en Irlande toutes les couches crétacées antérieures, elle les dépasse même toutes ; cette assise en Angleterre au contraire, ne se trouve plus qu'au centre des bassins (Bassin du Hampshire, Norfolk, etc ). J'ai crû devoir expliquer ce fait pour l'Angleterre, en admettant que le grand exhaussement du sol qui détermina l'émersion du Sud de l'Angleterre pendant le Danien, avait commencé à se faire sentir dès l'époque de la craie à Belemnitelles, et que ce dépôt avait eu une extension moins vaste que le dépôt précédent de la craie à Marsupites (3). Je craignais cependant que cette manière de voir ne fût pas admise favorablement au premier abord en Angleterre, aussi je suis très heureux de trouver ici un nouvel argument en sa faveur.

Beaucoup de géologues voyant dans la craie un dépôt formé dans les mêmes conditions que la vase blanche actuelle du fond de l'Atlantique, pensent que ce dépôt de mer profonde a dû recouvrir l'Angleterre d'un manteau continu. Pour eux, un plissement suivi de la dénudation de cette craie, aurait produit plus tard et rasé les anticlinaux, les zones supérieures n'auraient été préservées que dans les parties synclinales de ces *soi-disant bassins*. Je dois faire remarquer que dans ce cas, il reste à expliquer comment les dénudations si puissantes en Angleterre, ont épargné l'assise à Belemnitelles en Irlande ?

Ou les dénudations ont été plus actives en Angleterre qu'en Irlande, ce que l'on n'a aucune raison

(1) *Dr C. Schlüter*. — Bericht über eine geog. palœont. Reise in Südlichen Schweden. Neues Yahrb. 1870, p. 929.
*Von Seebach* Beitrage zur geog. der Insel. Bornholm.— Zeits. Deuts. geol. ges. Bd. XVII. 1865, p. 346.
*Dr C. Schlüter*. — Uber die Scaphiten der Insel Bornholm. Sitzungsb. der Nieder Rhein. Ges. in Bonn. 1873.
id. Die Belemniten der Insel Bornholm. Zeits. Deuts. Geol. gese. 1874, p. 827.

(2) Hébert Recherches sur la craie du Nord de l'Europe. Comptes rendus acad. 2 nov. 1869.

(3) Voir chap. I, 2e partie, § 1; — et chap. II, p. 175 et suivantes.

de croire ; ou ces dénudations se sont exercées pendant un temps plus long en Angleterre qu'en Irlande, hypothèse qui mérite d'être examinée.

L'Eocène inférieur reposant en Angleterre sur des zones crétacées différentes, les dénudations qui ont pu former les bassins crétacés de cette contrée ont dû s'accomplir avant ces dépôts éocènes ; il faut donc chercher si en Irlande les roches éruptives qui ont recouvert et ainsi sauvé le Crétacé des dénudations, se sont produites avant l'Eocène le plus inférieur. Or il en est tout autrement, et les dénudations qui ont enlevé la craie à l'époque tertiaire ont agi beaucoup plus longtemps en Irlande qu'en Angleterre. Les travaux de M. Judd sur l'Ecosse, ainsi que ceux de M. Hull, sur l'Irlande, l'ont mis hors de doute.

« Dans aucun cas, d'après M. Judd [1], la surface des roches sous les laves ne laisse voir la moindre trace de l'action d'une dénudation marine ». Avant l'éruption des laves, la surface de la craie où se formait l'argile à silex, était recouverte par des végétaux terrestres ; on en a des preuves à Slieve-Gallion, dans l'île Rathlin, à Kilcorig, au O.-N.-O. de Lisburn, où MM. Portlock [2], R. Tate, J. Beete-Jukes [4] ont signalé au-dessus de l'argile à silex des argiles noires avec lignites.

Ces argiles noires avec lignites se retrouvent encore à plusieurs niveaux, et en différents points de la masse même des laves augitiques, où ils sont la preuve d'interruptions dans les éruptions. On exploite un lit de lignites épais de 1 mètre au milieu des basaltes à Killymorris (Ballimena) ; il y en a un autre épais de 2 mètres à la Chaussée des Géants, un autre à Ballypalidy, etc. ; leur flore étudiée par Forbes [5], Harkness [6], Baily [7], Heer, est miocène.

Les premières éruptions qui se produisirent en Irlande après le Crétacé (laves trachytiques) remontent peut-être à l'Eocène d'après MM. Judd et Hull; mais les éruptions postérieures (laves augitiques) évidemment miocènes, recouvrant immédiatement de leurs coulées le Crétacé en un grand nombre de points, prouvent que les dénudations ont agi beaucoup plus longtemps sur le Crétacé en Irlande qu'en Angleterre.

Les dénudations prétertiaires n'expliquent donc pas la conservation de la craie à Belemnitelles en Irlande, ni sa destruction en Angleterre ; c'est bien aux mouvements du sol que l'on doit rapporter les différences que présente ce dépôt dans les deux pays, ainsi que ses rapports avec les dépôts antérieurs.

---

(1) J. W. Judd. Quart. journ. Geol. Soc. Vol. XXX. 1874, p. 227.
(2) Gen. Portlock. Geol. Report on Londonderry. Dublin. 1843.
(3) Ralph Tate. Quart. journ. Geol. Soc. Vol. XXI, p. 26. 1865.
(4) J. Beete.— Jukes. Geol. mag. Vol. V, p. 345. 1868.
(5) Forbes. Quart. journ. Geol. Soc. Vol. VII, p. 103. 1853.
(6) Prof. Harkness. Brit. Assoc. Report. 1856, p. 66.
(7) W. H. Baily. Quart. journ. Geol. Soc. Vol. XXV, p. 357.

# Chapitre V.

## CONCLUSIONS. — ÉTAT DE LA GRANDE-BRETAGNE A L'ÉPOQUE DE LA CRAIE.

**Conclusions** : J'ai montré dans les chapitres précédents que le Terrain Crétacé supérieur de l'Angleterre et de l'Irlande, se composait d'un certain nombre de zones également caractérisées paléontologiquement et stratigraphiquement.

Ce sont de bas en haut :

(*Voir le tableau de la page suivante.*)

L'étude particulière des différentes zones de la craie m'a conduit à des conclusions consignées et résumées dans les différents chapitres ; je n'en rappellerai pas ici le détail, la table placée à la fin de ce mémoire permettant de retrouver aisément ces résumés. J'ai montré l'envahissement de la mer au commencement du Crétacé supérieur, ses mouvements de va-et-vient pendant cette époque, enfin son retrait graduel indiqué déjà en Angleterre, comme en France (M. Hébert) dès l'âge de la craie à Belemnitelles.

Les subdivisions de la Craie de la Grande-Bretagne sont entièrement comparables à celles qui ont été établies dans le bassin de Paris, et dans le N.-O. de l'Allemagne ; toute cette région faisait partie d'une même zone climatérique, elle a été soumise aux mêmes mouvements généraux du sol, j'ai décrit ces mouvements avant, pendant, et après l'époque crétacée ; les mouvements du sol antérieurs à cette époque ont eu des rapports avec la formation des bassins crétacés, les mouvements postérieurs ont déterminé les plissements de ces couches.

J'ai suivi ces plissements en Angleterre et sur le continent, et ai signalé leurs relations avec les accidents anciens, en même temps que l'identité des phénomènes de dislocation dans cette région après les époques Silurienne, Carbonifère et Crétacée.

Ces plissements ont exercé leur influence sur la marche des dénudations postérieures : Les rivières du Nord du bassin de Paris coulent dans les grands plissements crétacés, comme celles du bassin du Hampshire à l'époque quaternaire ; les rivières actuelles du Sud de l'Angleterre coulent dans les accidents transversaux.

TERRAIN CRÉTACÉ SUP

| CLASSIFICATION GÉNÉRALE | | | SUSSEX | HAMPSHIRE | WILTSHIRE DORSETSHIRE DEVONSHIRE | ILE DE PURBECK DORSETSHIRE (Sud) | K |
|---|---|---|---|---|---|---|---|
| **Cénomanien** | A. à O. conica | Zone à Am. inflatus | Grès gris de Langrish | Gaize de Devizes | Blackdown beds | Sable argileux de Lulworth cove | M de Fo |
| | | Zone à Pecten asper | Sable vert de Barrow hill | Sable vert et cherts de Warminster | Craie à grains de quartz de Lyme-Regis | Grès de Durdle cove | Gla de Fc |
| | A. à H. subglobosus | Chloritic marl | Marne glauconieuse d'Eastbourne | Marne glauconieuse d'Uichfont | Craie à grains de quartz de White Cliff | Calcaire glauconieux de Man-of-War cove | M glau de Fc |
| | | Zone à H. subglobosus | Marne d'Eastbourne | Marne d'Alton | Marne de Maiden Newton | Craie à silex de Worbarrow | Gre 7 de |
| | | Zone à Bel. plenus | Marne d'Holywell | Marne de Wilsham | Craie? | Marne de Lulworth cove | Cha 6 de |
| **Turonien** | | Zone à I. labiatus | Marne de Houghton | Marne de Charlton | Calcaire sableux des carrières de Beer. | Craie noduleuse de Sandy-Hill. | Craie co Shakes |
| | | Zone à Terebratulina gracilis | Marne de Ramscombe | Marne de Winchester | Craie à silex de la baie de Beer. | Craie de White nore | Craie de |
| | | Zone à H. planus | Chalk-rock de Beachy-Head | Chalk-rock de Stapleford | Chalk rock de White-Sheet-Hill. | Chalk rock de Mewps Bay | Craie de |
| **Sénonien** | A. à Micrasters. | Zone à Micraster cortestudinarium | Craie de Cuckmare-Haven | Craie de Stockbridge | Craie de Broad chalk. | Craie de Steepleton | Crai de |
| | | Zone M. coranguinum. | Craie de Berling-Gap. | Craie de Leckford | Craie du Signal de Beer. | Craie de Ballard Hole | de Br |
| | A. à Marsupites | Zone à Marsupites | Craie de Brighton | Craie de Salisbury | Craie de Dorchester | Craie des Pinnacles | de |
| | A. à Belemnitelles | Zone à Belemnitelles | Craie de Portsdown | | Craie de Piddletown | Craie de Studland bay | |

RANDE-BRETAGNE

| EY | BERKSHIRE | BUCKINGHAMSHIRE | CAMBRIDGESHIRE | NORFOLK | YORKSHIRE | IRLANDE |
|---|---|---|---|---|---|---|
| tone ham | Grès de Woolstone | Marne de Puttenham | Cambridge | Craie rouge d'Hunstanton | Craie rouge de Speeton | |
| ne ham | Sable de Wallingford | Sable de Buckland | Manque | Manque | Manque | F. Glauconitic sands |
| marl | Chloritic marl ? | Marne grise | Marne de Cambridge | Banc à éponges | Banc à éponges (Lincolnshire) | E. Grey marls and Yellow Sandstones |
| rise den | Craie de Compton-Beauchamp | Marne de West End | Marne grise de Cherry-Hinton | Craie feuilletée d'Hunstanton | Craie à bancs roses de Speeton | |
| aune den | Craie | Craie | Marne jaune de Cherry-Hinton | Marne grise d'Hunstanton | Craie | |
| len-Park s | Craie d'Uffington-Castle | Totternhoe stone | Craie conglomérée de Cherry-Hinton | Craie de Shernborne | Craie dure à bancs roses de Speeton | |
| f beds | Craie de Streatley | Craie | Craie de Fulbourn-Lodge | Craie de Sedgeford | Craie de Hessle | D. Chloritic sands and Sandstones |
| ley beds tie) | Craie de Bassildon | Chalk rock | Craie | Craie de Bircham-Newton | Craie à silex gris de North Sea | |
| ley beds rtie) | Craie de Pangbourn | | | Craie de Stanhoe | Craie de Breil point | C. Chloritic chalk |
| enley s | Craie de Chase farm | Craie | Craie | Craie de Burnham-Overy | Craie de Flamborough Head | |
| beds | Craie de Reading | | | Craie de Wells | Craie de Bridlington | B. Calcaire blanc à silex |
| | | | | Craie de Norwich | | A. Calcaire blanc à silex |

**État de l'Angleterre à l'époque de la craie** : Les travaux de d'Orbigny, Forbes, Constant-Prévost, MM. Godwin-Austen, Rupert Jones, ont montré que la craie blanche était un dépôt de mer profonde et ouverte ; MM. Huxley, Carpenter, W. Thompson, ont assimilé cette craie à la vase qui se forme actuellement dans l'Atlantique et ont dit « nous vivons encore à l'époque crétacée. »

Il ne m'appartient pas de discuter cette opinion ; la comparaison de la Craie à la vase calcaire du fond de l'Atlantique, a porté beaucoup de géologues à y voir un dépôt de mer très profonde, on l'a appelé « *l'abysmal chalk* ». Ces géologues pensent qu'à partir du Wealdien, la région jurassique anglaise s'abaissa lentement, et que la mer crétacée envahit cette contrée en s'avançant de l'E. à l'O., et nivelant devant elle une plaine de dénudation marine. La craie s'étend loin à l'Ouest, elle recouvre les affleurements jurassiques, vient buter contre les terrains primaires du pays de Galles, communique ainsi directement de ce côté avec l'Atlantique, et enfin d'après un illustre géologue anglais recouvre peut-être les plus hautes sommités elles-mêmes du Pays de Galles.

Les faits précédemment exposés dans ce travail, montrent que l'envahissement de la mer de la craie n'a été ni si uniforme, ni si étendu. Les bassins crétacés du Hampshire, de Londres, du Nord de l'Angleterre, et de l'Écosse-Irlande, étaient des golfes dépendants de la mer du Nord, qui couvrait alors comme l'a indiqué M. Hébert, les régions basses constituant la plaine de l'Europe au Nord des monts Hercyniens.

Les escarpements qui limitent aujourd'hui ces bassins crétacés, prouvent avec évidence que ces bassins ont eu jadis une extension plus vaste ; il me semble actuellement impossible de tracer leurs rivages exacts, ou de fixer la limite que les eaux de la mer crétacée n'ont pas dépassée. Quand on considère toutefois qu'à l'époque de la craie à Marsupites, dépôt profond le mieux caractérisé de la craie anglaise, il se formait seulement un dépôt de 4 à 5 m. en Irlande, et qu'en même temps de nombreuses Myricées, Quercinées, etc. fleurissaient au N.-O. de l'Allemagne ; on ne saurait être porté à faire avancer l'envahissement de la mer crétacée beaucoup au-delà de la bande des affleurements Jurassiques des Cotswolds.

Les golfes de l'ancienne mer du Nord qui ont déposé la craie en Angleterre, me semblent comparables au golfe de Gascogne actuel, où à l'océan Ibérique ; les sondages de M. Gwyn-Jeffreys, les cartes de M. Delesse montrent que la vase calcaire et la faune des grandes profondeurs s'y trouvent à une faible distance des côtes, la profondeur des golfes crétacés devait toutefois être moins considérable. Il faut encore noter que la présence dans la craie de Ptérodactyles, de Tortues, implique l'existence de terres peu éloignées.

Je devrais pour terminer ce travail donner les listes des fossiles des différentes zones de la craie, ainsi que les descriptions des espèces nouvelles que j'y ai trouvées ; je m'abstiendrai toutefois de le faire ici. Je n'ai recueilli comme on a pu le voir dans le courant de ce mémoire que les espèces les plus communes de la craie d'Angleterre, et il existe dans ce pays de nombreuses et magnifiques collections de fossiles, mes listes n'auraient donc qu'un faible intérêt au point de vue purement paléontologique. Je dirai de plus que je n'ai pas eu la prétention de tenter une description complète du Terrain Crétacé d'Angleterre et d'Irlande ; les recherches que j'ai faites dans la Grande-Bretagne sur ce terrain, devront être bien approfondies et étendues avant que l'on puisse espérer retracer l'histoire des faunes qui se sont succédé dans le Crétacé des îles Britanniques.

Vu et approuvé :
Paris, le 24 Mars 1876.
*Le Doyen de la Faculté des Sciences,*
MILNE-EDWARDS.

Vu et permis d'imprimer :
Paris, le 24 mars 1876.
*Le Vice-Recteur de l'Académie de Paris,*
A. MOURIER.

# EXPLICATION DES PLANCHES

## PLANCHE I

Fig. 1. — Carte géologique du bassin crétacé du Hampshire. Échelle 1/320000ᵉ.
Les numéros de la légende s'appliquent aussi aux coupes non colorées de la planche III.

N. B. — (Dans l'île de Purbeck comme dans l'île de Wight, les différentes zones de la craie sont toutes représentées; elles forment des bandes parallèles, peu nettes sur cette carte dont l'échelle est trop petite pour cette partie).

## PLANCHE II

Fig. 2. — Carte indiquant les affleurements crétacés du bassin de Londres et du bassin du Nord de l'Angleterre. Le Crétacé supérieur est distingué par les hachures. Échelle 1/1500000.

Fig. 3. — Carte indiquant les affleurements crétacés de l'Irlande.

## PLANCHE III

Les numéros sont les mêmes que ceux de la planche I.

Fig. 1. — Coupe des South downs, falaises de Brighton à Seaford. Échelle des longueurs, 1/32000ᵉ; Échelle des hauteurs, 1/8000ᵉ, p. 14.

Fig. 2. — Coupe (suite de la précédente) ; le numéro 5 indique dans cette coupe comme dans les coupes suivantes la zone à *Holaster planus*.

Fig. 3. — Coupe de Basingstoke à Otterbourn ; vallée de l'Itching. Échelle des longueurs, 1/64000ᵉ, p. 38.

Fig. 4. — Coupe de Kingsclere à Mottisfont ; vallée de la Test. Échelle des longueurs, 1/64000ᵉ, p. 46.

Fig. 5. — Coupe de la faille du Ridgeway à Five-Meers. Échelle des longueurs. 1/32000ᵉ, p. 78.

Fig. 6. — Coupe de la faille de Winterborne-Abbas. Échelle des longueurs, 1/6400ᵉ, p. 78.

Fig. 7. — Coupe de Ballard down. Échelle des longueurs, 1/6400ᵉ ; Échelle des hauteurs, 1/10000ᵉ, p. 89.

Fig. 8. — Coupe générale du bassin crétacé du Hampshire. Échelle des longueurs, 1/320000ᵉ, p. 109.

Fig. 9. — Coupe de l'île de Thanet. Échelle des longueurs, 1/32000ᵉ. Les hauteurs indiquées ne sont qu'approximatives, p. 130.

Fig. 10. — Coupe de la craie du Norfolk. Échelle des longueurs, 1/130000ᵉ ; le pointillé sur fond blanc indique sur cette coupe comme sur la suivante, les accumulations de dépôts quaternaires, p. 156.

Fig. 11. — Coupe de la craie de Flamborough head (Yorkshire). Échelle des longueurs, 1/64000ᵉ ; Échelle des hauteurs, 1/10000ᵉ, p. . .

# TABLE DES MATIÈRES

## INTRODUCTION



## CHAPITRE Ier

### *Crétacé supérieur du Bassin du Hampshire*



### 1re Partie

### *Description géologique des couches*

#### § 1. — Région orientale



#### § 2. — Région septentrionale

§ 3. — Région occidentale



§ 4. — Région méridionale



## 2me Partie

### *Allure des couches, mouvements du sol du bassin crétacé du Hampshire*

§ 1. — Oscillations contemporaines des dépôts crétacés



§ 2. — Oscillations postérieures aux dépôts crétacés



§ 3. — Relations des lignes anticlinales du crétacé avec les accidents anciens



§ 4. — Comparaison des lignes anticlinales du crétacé du bassin du Hampshire et de celles du bassin de Paris

## CHAPITRE II

### *Crétacé supérieur du Bassin de Londres*



### 1re Partie

### *Description géologique des couches*



### 2me Partie

### *Constitution du Bassin de Londres, des causes qui ont amené des variations dans la craie de cette région*

#### § 1. — Causes préparatoires ou antérieures au dépôt du terrain crétacé supérieur



#### § 2. — Causes contemporaines du dépôt du terrain crétacé supérieur



#### § 3. — Causes postérieures aux dépôts crétacés

*LILLE, Imprimerie typographique et lithographique de SIX-HOREMANS. 76906.*

Pl. 1

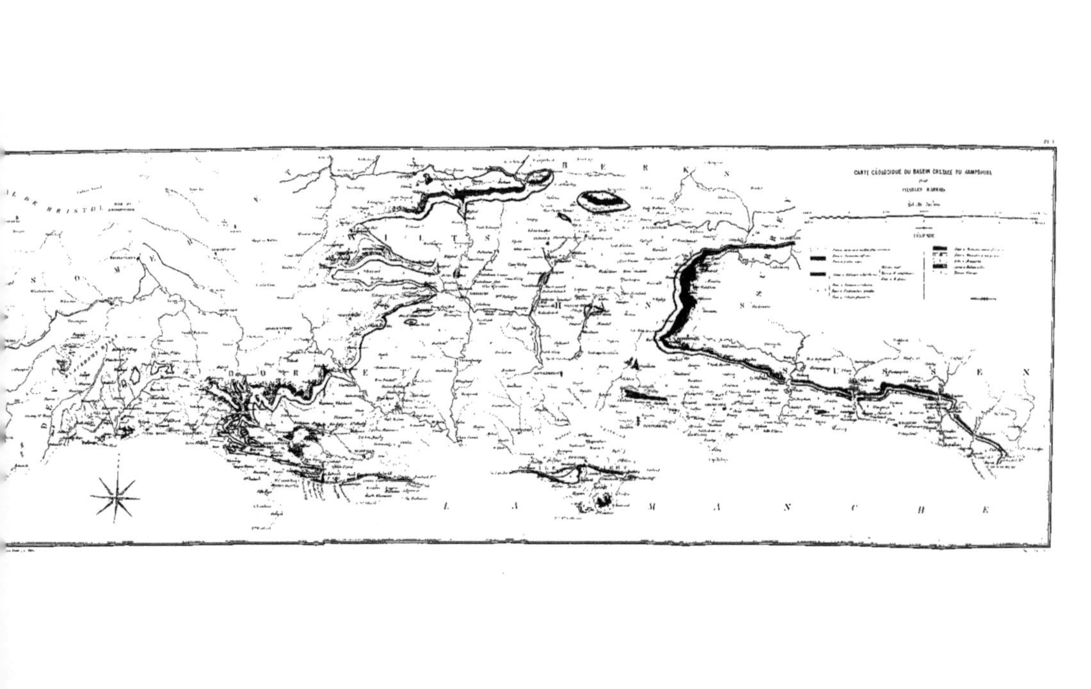

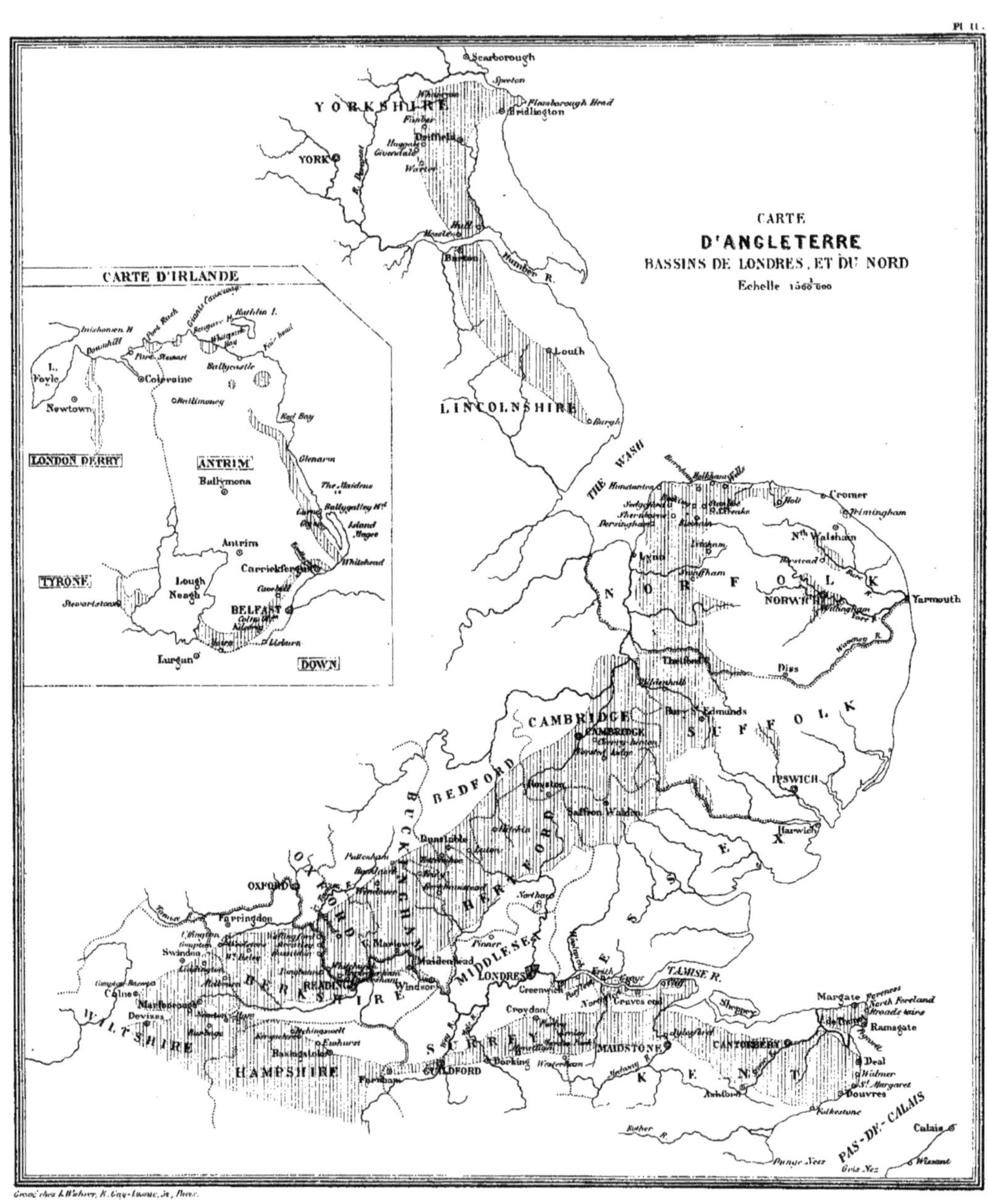


Gravé chez L. Wuhrer, R. Gay-Lussac, 34, Paris.

BIBLIOTHÈQUE
DES
SOCIÉTÉS
SAVANTES

www.ingramcontent.com/pod-product-compliance
Ingram Content Group UK Ltd.
Pitfield, Milton Keynes, MK11 3LW, UK
UKHW021045220726
13924UKWH00005B/2022